普通高等教育"十一五"国家级规划教材

应用高等数学·理工类

（第4版）

主　　编　周承贵

副主编　熊启才　王国安

主　　审　龙伟忠

U0240264

重庆大学出版社

内 容 简 介

本书是根据教育部最新制订的《高职高专高等数学课程教学的基本要求》编写的.

考虑到专科层次的特点,本书以"掌握概念、强化应用、培养能力"为重点,以"应用为目的,以必需、够用为度"的原则编写.全书包括函数、极限、连续、空间解析几何简介、微分学、积分学、微分方程、无穷级数、拉普拉斯变换和软件 mathematica 应用入门等内容.各节配备有较丰富的例题和习题,为了方便学生自学,书末还附有部分习题的答案.带 * 号的内容供部分专业选学.本教材的教学参考学时数为 90 学时,带 * 号的内容需另加学时.

本书可供高职高专院校师生使用.

图书在版编目(CIP)数据

应用高等数学·理工类/周承贵主编.—4 版.—
重庆:重庆大学出版社,2015.10(2023.8 重印)
高职高专基础课系列教材
ISBN 978-7-5624-3059-9

Ⅰ.①应… Ⅱ.①周… Ⅲ.①高等数学—高等职业教育—教材 Ⅳ.①013

中国版本图书馆 CIP 数据核字(2011)第 052112 号

普通高等教育"十一五"国家级规划教材

应用高等数学·理工类
(第 4 版)

主 编 周承贵
副主编 熊启才 王国安
主 审 龙伟忠

责任编辑:周 立   版式设计:周 立
责任校对:邬小梅   责任印制:张 策

*

重庆大学出版社出版发行
出版人:陈晓阳
社址:重庆市沙坪坝区大学城西路 21 号
邮编:401331
电话:(023) 88617190   88617185(中小学)
传真:(023) 88617186   88617166
网址:http://www.cqup.com.cn
邮箱:fxk@ cqup.com.cn(营销中心)
全国新华书店经销
重庆华林天美印务有限公司印刷

*

开本:787mm×1092mm   1/16   印张:15.5   字数:387 千
2015 年 10 月第 4 版   2023 年 8 月第 16 次印刷
印数:51 651—53 650
ISBN 978-7-5624-3059-9   定价:38.00 元

第4版前言

本教材出版并成功申报为"普通高等学校"十一五"国家级规划教材"至今,数次重印,共发行了近 25 000 册.现今随着高等教育的大众化,高职学生高考入学总成绩、数学基础知识水平早已不可同日而语,在学生数学基础知识差异日益加大的情况下,为了更好地与现阶段高职学生的数学基础水平保持一致,在本教材作为桂林理工大学"十二·五"规划教材建设重点项目立项后,我们深入调研,认真听取专家的意见和建议,面对目前入学的高职学生数学基础水平普遍较差的状况以及高等数学课程课时大幅减少的现实,我们组织编者对教材进行认真修订,期望修订后的教材能更贴合高职高专学生的数学基础水平,更加体现教材的高职特点.本次修订由周承贵老师总负责,重点对"积分学及其应用"一章进行了重新编排,对一些教学难点进行了分散处理,其他章节也作略微改动.参加本次修订工作的还有宋江艳、潘冬老师,在此表示衷心的感谢!

本书此次修订得到"桂林理工大学教材建设基金"的资助,在此对桂林理工大学在本书修订过程中的大力支持表示衷心的感谢!

由于我们水平有限,恳切希望读者对本书的缺点和错误予以批评指正.

编　者

2015 年 6 月

第3版
前言

　　为了适应教育部关于高职高专教学改革的要求,理有利于培养高等技术应用型人才,在本教材以普通高等教育"十一五"国家级规划教材第 3 版发行时,我们对本书再进行了认真的修改与完善.在修订过程中,我们保持了教材原有的结构和特点,对部分章节、部分例题和习题作了一些修改和完善,改写了部分章节中的内容.如把原来的第 1,2 章合并为一章,降低了对向量代数和空间解析几何的要求;把第 5,6 章合并为"积分学及其应用",增加了拉普拉斯变换、Γ 函数等内容;每 1 章都增加了一些复习题;纠正了一些错误,特别是重新核对了习题参考答案;对不属于教学基本要求的内容均打上了 * 号.

　　参加本书修订工作的有段瑞(第 1 章)、周承贵(第 2,3,7章)、熊启才(第 4 章)、韩乐文(第 5,6 章).全书框架结构安排、统稿、定稿工作由周承贵承担.

　　由于我们水平有限,恳切希望读者对本书的缺点和错误给予批评指正.

　　本书在修订过程中得到许多同志的关心和支持,在此我们表示衷心的感谢!

编　者
2011 年 6 月

第 2 版 前言

本教材以普通高等教育"十一五"国家级规划教材再版发行时,我们认真按照普通高等教育"十一五"国家级规划教材再版要求,对本书进行了修改与完善,使其更有利于培养高等技术应用型人才.

在修订过程中,我们保持了教材原有的结构和特点,对部分章节、部分例题和习题作了一些修改和完善.具体有以下几方面:

1. 增加了数学软件 mathmatica 应用入门一章;

2. 改写了部分章节中的内容,如把原来的第 5 章、第 6 章合并为——积分学及其应用,增加了拉普拉斯变换、Γ 函数等内容;

3. 每一章都增加了复习题;

4. 纠正了一些错误,特别是重新核对了参考答案;

5. 删去了积分表的使用及附录;

6. 对不属于教学基本要求的内容均打上了 * 号.

参加本书修订工作的有段瑞(第 1,2 章)、周承贵(第 3,4,8 章)、熊启才(第 5 章)、韩乐文(第 6,7 章).全书框架结构安排、统稿、定稿工作由周承贵承担.

由于我们水平有限,恳切希望读者对本书的缺点和错误给予批评指正.

本书在修订过程中得到许多同志的关心和支持,特别是主审龙伟忠副教授提出了很多好的建议,在此我们表示衷心的感谢!

编　者
2008 年 1 月

第1版前言

本书是根据教育部最新制订的《高职高专高等数学课程教学的基本要求》编写的.

教材内容的选取充分体现了高职高专基础课教学以"掌握概念、强化应用、培养能力"为重点,以"应用为目的,以必需、够用为度"的原则为依据,既考虑到本学科的特点,同时又考虑到应尽可能体现基础课要为专业课服务的思想.因此本教材一是不过分追求理论体系的完整性,而是对传统内容体系进行组合,把方法相同或相似的内容放在一起讲授,避免相关内容的重复,学生也可以学以致用.二是在保证科学性的基础上,许多概念、定理尽可能采用学生容易理解的方式叙述,并减少理论推导,注重培养学生基本运算能力、分析问题的能力和解决问题的能力,叙述中力求通俗易懂,循序渐进.三是教材选配适量的例题和习题,使学生通过练习能掌握基本的理论和方法.四是用极少量的篇幅介绍了软件 mathematica 的应用入门,加强对学生使用计算机能力的培养.五是为适应不同的学生和不同专业的需要,配置了一些用 * 号表示的内容,以供选学.

参加本书编写工作的同志有段瑞(第 1 章、2 章)、周承贵(第 3、4、8 章)、熊启才(第 5 章)、韩乐文(第 6 章、7 章).全书框架结构安排、统稿、定稿工作由周承贵承担.由于我们的水平有限,书中难免存在一些缺点和错误,敬请读者批评指正.

本书在编写过程中得到许多同志的关心和支持,特别是主审龙伟忠副教授提出了很多好的建议,在此我们表示衷心的感谢!

编　者

2004 年 1 月

目 录

第1章　函数　极限　连续 ······················· 1

　1.1　函数 ·· 1

　习题1.1 ·· 14

　1.2　函数的极限 ······························ 15

　习题1.2 ·· 27

　1.3　函数的连续性 ·························· 28

　习题1.3 ·· 33

　复习题1 ·· 34

第2章　微分学 ·································· 37

　2.1　导数的概念 ······························ 37

　习题2.1 ·· 43

　2.2　导数的运算法则 ······················ 44

　习题2.2 ·· 51

　2.3　高阶导数、隐函数及参变量函数的求导 ········· 52

　习题2.3 ·· 56

　2.4　偏导数 ···································· 57

　习题2.4 ·· 63

　2.5　微分 ······································ 64

　习题2.5 ·· 70

　复习题2 ·· 71

第3章　微分学的应用 ······················ 74

　3.1　微分中值定理　罗比塔法则 ·········· 74

　习题3.1 ·· 77

　3.2　一元函数的单调性与极值 ············ 78

　习题3.2 ·· 82

3.3　一元函数的最大值和最小值 ·················· 82

习题3.3 ············ 85

3.4　一元函数图像的描绘 ··············· 85

习题3.4 ············ 89

*3.5　曲率 ············ 90

习题3.5 ············ 93

3.6　二元函数的极值 ············· 93

习题3.6 ············ 96

复习题3 ············ 96

第4章　积分学及其应用 ············ 99

4.1　不定积分的概念、基本积分公式与直接积分法 ······ 99

习题4.1 ············ 102

4.2　不定积分的换元积分法与分部积分法 ············ 103

习题4.2 ············ 111

4.3　定积分的概念及其性质 ··············· 112

习题4.3 ············ 116

4.4　定积分的计算公式 ·············· 117

习题4.4 ············ 120

4.5　定积分的换元积分法与分部积分法 ············ 121

习题4.5 ············ 122

4.6　定积分的应用 ·············· 123

习题4.6 ············ 132

4.7　广义积分和 Γ 函数 ············ 133

习题4.7 ············ 137

4.8　二重积分 ············ 137

习题4.8 ············ 146

4.9　曲线积分与格林公式 ··············· 147

习题4.9 ············ 155

复习题4 ············ 156

第5章　微分方程 ············ 159

5.1　微分方程的基本概念 ············ 159

习题5.1 ············ 161

5.2　一阶微分方程 ············ 162

习题5.2 ············ 167

5.3　二阶常系数线性微分方程 ·············· 168

习题5.3 ············ 173

*5.4　几类特殊可降阶的高阶微分方程 ················ 174

习题 5.4 ·· 175

复习题 5 ·· 175

第 6 章　无穷级数与拉普拉斯(Laplace)变换 ············ 177

6.1　数项级数的概念和性质 ························ 177

习题 6.1 ·· 179

6.2　常数项级数的审敛法 ·························· 180

习题 6.2 ·· 184

6.3　幂级数 ······································ 184

习题 6.3 ·· 189

6.4　函数展开成幂级数 ···························· 189

习题 6.4 ·· 194

*6.5　傅立叶(Fourier)级数 ························ 194

习题 6.5 ·· 199

*6.6　拉普拉斯变换 ······························ 199

习题 6.6 ·· 203

复习题 6 ·· 203

第 7 章　数学软件 Mathematica 应用入门 ·············· 205

7.1　软件 Mathematica 简介 ························ 205

7.2　函数作图 ···································· 212

7.3　微积分的基本运算操作 ························ 217

部分习题参考答案 ································ 223

第 1 章
函数　极限　连续

　　函数是自然现象或工程技术过程中变量依从关系的反映. 极限方法是研究变量的一种基本方法,是微积分学的重要工具. 本章将在函数有关知识的基础上,讨论函数的极限和函数的连续性等问题.

1.1　函　数

本书常用到区间、邻域和区域这几个概念,下面分别介绍.

1.1.1　区间、邻域

(1)区间

区间是微积分中常用的一类实数集. 现将区间的定义、符号简述如下:

设 a,b 都是实数,且 $a < b$,

数集 $\{x \mid a < x < b\}$ 称为开区间,记作 (a,b),即

$$(a,b) = \{x \mid a < x < b\}$$

数集 $\{x \mid a \leqslant x \leqslant b\}$ 称为闭区间,记作 $[a,b]$,即

$$[a,b] = \{x \mid a \leqslant x \leqslant b\}$$

类似地,数集 $\{x \mid a \leqslant x < b\}$ 及数集 $\{x \mid a < x \leqslant b\}$ 称为半开半闭区间,分别记作 $[a,b)$ 及 $(a,b]$,

即

$$[a,b) = \{x \mid a \leqslant x < b\},(a,b] = \{x \mid a < x \leqslant b\}$$

　　以上这些区间都称为有限区间,a 和 b 称为这些区间的端点,数 $b-a$ 称为这些区间的长度. 这些区间在数轴上表示如图 1.1 所示.

　　引进记号 $+\infty$(读作正无穷大)及 $-\infty$(读作负无穷大),则全体实数 **R** 的集合也记作 $(-\infty,+\infty)$,它是无限的开区间. 此外还有一些无限区间表示如下,如图 1.1 所示。

$$[a,+\infty) = \{x \mid x \geqslant a\};(-\infty,b] = \{x \mid x \leqslant b\} \text{ 为无限的半开区间}$$

$$(a,+\infty) = \{x \mid x > a\};(-\infty,b) = \{x \mid x < b\} \text{ 为无限的开区间}$$

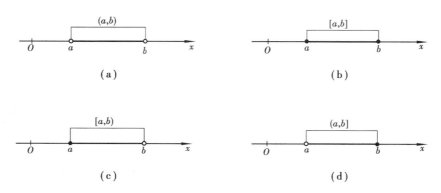

图 1.1

它们在数轴上表示如图 1.2 所示.

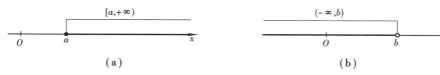

图 1.2

以后在论述时为了方便,可用"区间 I"代表各种类型的区间.

(2) 邻域

邻域也是在微积分中经常用到的概念.

设 a 与 δ 是两个实数,且 $\delta > 0$,数集 $\{x \mid |x-a| < \delta\}$ 称为点 a 的 δ 邻域,记作 $U(a,\delta)$,即

$$U(a,\delta) = \{x \mid |x-a| < \delta\}$$

点 a 叫做 $U(a,\delta)$ 的中心,δ 叫做 $U(a,\delta)$ 的半径.

因为 $|x-a| < \delta$ 相当于 $a-\delta < x < a+\delta$,所以

$$U(a,\delta) = \{x \mid a-\delta < x < a+\delta\}$$

由此看出,$U(a,\delta)$ 也就是开区间 $(a-\delta, a+\delta)$,这个区间以点 a 为中心,而长度为 2δ(图 1.3).可见 $U(a,\delta)$ 也可以表示到定点 a 的距离小于定长 δ 的一切点 x 的全体.

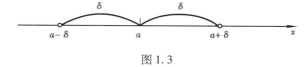

图 1.3

有时用到的邻域需要把邻域中心去掉,$U(a,\delta)$ 去掉中心 a 后,称为点 a 去心的 δ 邻域,记作 $\overset{0}{U}(a,\delta)$,即

$$\overset{0}{U}(a,\delta) = \{x \mid 0 < |x-a| < \delta\}.$$

1.1.2　平面区域

由 xoy 平面上的一条或几条曲线围成的部分平面或整个平面叫平面区域,简称区域.围成区域的曲线称为区域的边界,边界上的点称边界点.包括边界在内的区域称为闭区域,不包括边界在内的区域称开区域.

如果一个区域 D 内任意两点之间的距离都不超过某一常数 M，则称 D 为有界区域，否则称 D 为无界区域。

如 $\{(x,y) \mid -\infty < x < +\infty, -\infty < y < +\infty\}$、$\{(x,y) \mid a \leq x \leq b, c \leq y \leq d\}$ 分别表示为整个平面区域和一个包含边界的矩形个区域.

而圆域 $\{(x,y) \mid \sqrt{(x-x_0)^2 + (y-y_0)^2} < \delta\}$ 一般称为平面上点 $P_0(x_0, y_0)$ 的 δ 邻域，记作 $U(P_0, \delta)$，也可简记作 $U(P_0)$，而称不包含点 $P_0(x_0, y_0)$ 的邻域为去心邻域，记为 $\overset{0}{U}(P_0, \delta)$.

1.1.3　函数的定义

(1) 一元函数

1) 定义

设 x 和 y 是两个变量，D 是一个给定的数集，如果对于每个数 $x \in D$，变量 y 按照某一对应法则 f 总有确定的数值和它对应，则称 y 是 x 的函数，记作 $y = f(x)$，数集 D 叫做这个函数的定义域，x 叫做自变量，y 叫做因变量. 当 $x_0 \in D$ 时，与 x_0 对应的 y 的数值称为函数在点 x_0 处的函数值，记作 $f(x_0)$，函数值全体组成的数集 $W = \{y \mid y = f(x), x \in D\}$ 称为函数的值域.

函数 $y = f(x)$ 中表示对应关系的记号 f 也可改用其他字母，如函数 $y = \varphi(x)$，$y = \psi(x)$，$y = F(x)$ 等.

如果自变量在定义域内任取一个数值时，对应的函数值总是只有一个，这种函数叫做单值函数，否则称为多值函数. 如由关系式 $x^2 + y^2 = R^2$ 所确定的函数 $y = \pm\sqrt{R^2 - x^2}$ 是多值函数. 多值函数可以分成多个单值函数讨论，**以后我们所讨论的函数都为单值函数，简称函数**.

由定义可看出，确定函数要有两个要素：定义域 D 与对应法则 f.

如果两个函数定义域和对应法则都相同，则称这两个**函数相同**，否则就是不相同函数. 如 $y = x$ 与 $y = (\sqrt{x})^2$ 是两个不相同的函数.

在实际问题中，函数的定义域是根据问题的实际意义确定的. 如匀速直线运动中，$s = vt$ 的时间 t 的取值范围是 $[0, +\infty)$. 在数学中，有时不考虑函数的实际意义，这时我们**约定**：定义域是自变量所能取的使算式有意义的一切实数值.

例 1　求函数 $y = \lg \dfrac{x}{x-2} + \arcsin \dfrac{3x-1}{5}$ 的定义域.

解　为了使 y 有意义，必须满足条件：

$$\begin{cases} \dfrac{x}{x-2} > 0 \\ \left| \dfrac{3x-1}{5} \right| \leq 1 \end{cases} \quad 即 \begin{cases} x > 2 \text{ 或 } x < 0 \\ -\dfrac{4}{3} \leq x \leq 2 \end{cases}$$

解之得

$$-\dfrac{4}{3} \leq x < 0$$

所以函数的定义域为 $\left[-\dfrac{4}{3}, 0 \right)$.

例 2　已知 $f(x) = \dfrac{1}{1-x}$，求 $f\{f[f(x)]\}$.

解
$$f[f(x)] = \frac{1}{1-\frac{1}{1-x}} = 1 - \frac{1}{x}$$

$$f\{f[f(x)]\} = \frac{1}{1-\left(1-\frac{1}{x}\right)} = x.$$

2）分段函数

分段函数是一类比较特殊的函数. 我们把在定义域的不同范围内用不同的对应法则来表示的函数称为**分段函数**. 类似的函数在今后会经常遇见. 下面举例说明.

例 3　求取整函数 $y = [x]$ 的定义域和值域及 $f(\sqrt{2})$，$f(-3.5)$，并作出函数的图形. 其中 $[x]$ 表示不超过 x 的最大整数.

解　函数 $y = [x]$ 的定义域 $D = (-\infty, +\infty)$，值域为全体整数 **R**.
$$f(\sqrt{2}) = [\sqrt{2}] = 1, f(-3.5) = [-3.5] = -4.$$
它的图形如图 1.4 所示，称为阶梯曲线.

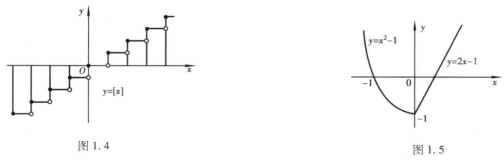

图 1.4 图 1.5

例 4　已知函数 $f(x) = \begin{cases} 2x-1, & x > 0 \\ x^2-1, & x \leq 0 \end{cases}$，求 $f(x)$ 的定义域及 $f(-1)$，$f(1)$，并作出函数的图形.

解　$f(x)$ 的定义域为 $D = (-\infty, +\infty)$.

当 $x \in (-\infty, 0]$ 时，$y = x^2 - 1$；因为 $-1 \in (-\infty, 0]$，所以 $f(-1) = (-1)^2 - 1 = 0$.

当 $x \in (0, +\infty)$ 时，$y = 2x - 1$；因为 $1 \in (0, +\infty)$，所以 $f(1) = 2 \times 1 - 1 = 1$.

函数图形如图 1.5 所示. 应该注意的是分段函数是表示一个函数而不是多个函数，其定义域为是各段定义域的并集.

3）反函数

定义　设给定函数 $y = f(x)$，如果把 y 当作自变量，x 当作函数，则由关系式 $y = f(x)$ 所确定的函数 $x = \phi(y)$ 称为函数的反函数，而 $y = f(x)$ 称为直接函数. 习惯上总是用 x 表示自变量，而用 y 表示函数，因此，往往把 $x = \phi(y)$ 改写成 $y = \phi(x)$，称为 $y = f(x)$ 的矫形反函数，记作 $y = f^{-1}(x)$. $x = \phi(y)$ 称为 $y = f(x)$ 的直接反函数.

若函数 $y = f(x)$ 在某区间的自变量 x 与函数值 y 一一对应，则 $y = f(x)$ 在此区间一定有反函数 $y = f^{-1}(x)$. 且 $y = f(x)$ 与 $y = f^{-1}(x)$ 的图像关于直线 $y = x$ 对称.

例 5　求函数 $y = 2^x + 1$ 的反函数.

解　由关系式 $y = 2^x + 1$ 解出 x，得　$x = \log_2(y-1)$.

依照习惯写法知,所求的反函数为 $y = \log_2(x - 1)$.

（2）多元函数

一元函数中有且只有一个自变量,但是在许多实际问题中所遇到的情况是一个变量依赖于多个变量的变化,从而产生了多元函数的概念. 例如,正圆柱体的体积 V 和它的高 h 与底面半径 r 之间有关系式 $V = \pi r^2 h,(r>0,h>0)$,如果在观察过程中,r,h 是变化的,则关系式反映了 r,h 和 V 间的一种依赖关系. 下面给出二元函数的定义.

1）定义

设有变量 x,y 和 z,如果当变量 x,y 在一定范围内任取一对值 (x,y) 时,按照某一确定的对应法则 f,变量 z 总有唯一确定的值与其相对应,则称变量 z 为变量 x,y 的二元函数,记作 $z = f(x,y)$,其中 x,y 称为自变量,函数 z 称为因变量.

二元函数 $z = f(x,y)$ 在点 (x_0,y_0) 处的函数值记 $f(x_0,y_0)$. $z = f(x,y)$ 所有的函数值构成的集合就是该二元函数的值域.

和一元函数类似,二元函数的定义域是使 $z = f(x,y)$ 有意义的自变量取值 (x,y) 的全体所确定的集合,在几何上就是平面上的一个点集,通常为一个平面区域.

类似地,可以定义三元函数以及三元以上的函数. 二元以及二元以上的函数统称为**多元函数**.

和一元函数类似,函数的定义域与对应法则仍是多元函数的两个要素.

从一元函数到二元函数,由于自变量个数的增加,往往产生许多新问题,而从二元函数到二元以上的多元函数则可类推,所以多元函数中以研究二元函数为主.

我们可以用 xoy 坐标面上的点 $P(x,y)$ 来表示二元函数的自变量的取值. 因此,二元函数 $z = f(x,y)$ 的定义域是 xoy 平面上的点集,表示二元函数的定义域常用到前面介绍过的邻域及区域的概念.

一般地,二元函数的定义域是使函数有意义的有序实数对的全体. 例如,函数 $z = \ln(x + y)$ 的定义域为适合 $x + y > 0$ 的点 (x,y) 的全体,即开区域:$\{(x,y) \mid x + y > 0\}$（如图 1.6 所示）.

函数 $z = \sqrt{1 - (x^2 + y^2)}$ 的定义域为适合 $x^2 + y^2 \leq 1$ 的点 (x,y) 的全体,即闭区域:$\{(x,y) \mid x^2 + y^2 \leq 1\}$（如图 1.7 所示）.

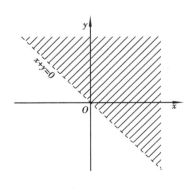

图 1.6

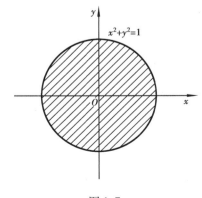

图 1.7

例 6 设 $f(x + y,xy) = x^2 + y^2$,求 $f(1,2)$.

解 因为 $f(x + y,xy) = (x + y)^2 - 2xy$

所以 $f(x,y) = x^2 - 2y$；$f(1,2) = 1^2 - 2 \times 2 = -3$

2）二元函数的图形

为了说明二元函数的图形,先对空间解析几何作简单介绍.

①空间点的直角坐标

过空间一个定点 O,作三条互相垂直的数轴 Ox,Oy,Oz,一般它们具有相同的长度单位. 这三条轴分别叫做 x 轴(横轴)、y 轴(纵轴)、z 轴(竖轴),统称为坐标轴. 它们的指向符合右手螺旋法则,即伸出右手,让四指与大拇指垂直,并使四指先指向 x 轴的正向,然后让四指沿握拳方向旋转 $90°$ 指向 y 轴的正向,此时大拇指的方向即为 z 轴的正向. 这样三条互相垂直的坐标轴就组成了一个空间直角坐标系,点 O 叫做坐标原点. 通常将 x 轴和 y 轴取水平位置,而 z 轴则是铅直向上的(图1.8).

三个坐标轴两两确定互相垂直的三个平面 xOy,yOz,zOx 称为坐标平面,这三个平面把空间分为八个部分,称为卦限. 以 x 轴正半轴、y 轴正半轴、z 轴正半轴为棱的那个卦限称为第 Ⅰ 卦限,在 xOy 平面上方的其他三个卦限按逆时针方向依次为第 Ⅱ，Ⅲ，Ⅳ 卦限,在 xOy 平面下方与第 Ⅰ 卦限相对的为第 Ⅴ 卦限,然后按逆时针方向依次为第 Ⅵ，Ⅶ，Ⅷ 卦限(图1.9). 下面我们建立空间的点与有序数组的关系.

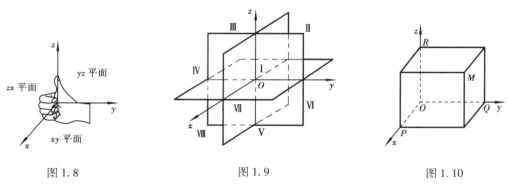

图 1.8   图 1.9   图 1.10

设 M 为空间一点,过点 M 作三个平面分别垂直于 x 轴、y 轴和 z 轴,它们与 x 轴、y 轴、z 轴的交点依次为 P,Q,R(图1.10),这三点在 x 轴、y 轴、z 轴上的坐标依次为 x,y,z. 于是空间点 M 就唯一地确定了一个有序数组 (x,y,z) 表示. 反过来,已知一个有序数组 (x,y,z),则可以分别在三个坐标轴上找到坐标为 x,y,z 的相应的点 P,Q,R,然后通过点 P,Q,R 分别作 x 轴、y 轴和 z 轴的垂直平面,由这三个垂直平面得到了唯一的交点 M (图1.10). 这样,空间的点 M 和有序数组 (x,y,z) 之间就建立了一一对应的关系,这组数 (x,y,z) 就叫做点 M 的坐标,并依次称 x,y 和 z 为点 M 的横坐标、纵坐标和竖坐标.

②空间两点间的距离

设 $M_1(x_1,y_1,z_1)$ 和 $M_2(x_2,y_2,z_2)$ 为空间两点,过点 M_1,M_2 各作三个分别垂直于坐标轴的平面,这六个平面围成一个以 M_1M_2 为对角线的长方体(图1.11).

因此

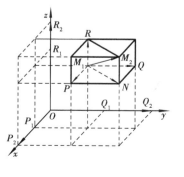

图 1.11

$$d^2 = |M_1M_2|^2 = |M_1P|^2 + |M_1Q|^2 + |M_1R|^2$$
$$= |P_1P_2|^2 + |Q_1Q_2|^2 + |R_1R_2|^2$$
$$= |x_2 - x_1|^2 + |y_2 - y_1|^2 + |z_2 - z_1|^2$$

即
$$d = \sqrt{(x_2 - x_1)^2 + (y_2 - y_1)^2 + (z_2 - z_1)^2}$$

这就是空间两点间距离公式.

特别地,点 $M(x,y,z)$ 到原点的距离为
$$d = \sqrt{x^2 + y^2 + z^2}$$

③曲面与方程

在平面解析几何中,平面上的一条曲线与方程 $F(x,y)=0$ 相对应,类似地,在空间直角坐标系中,也可以建立空间曲面 S 与方程 $F(x,y,z)=0$ 的对应关系.

定义 如果曲面 S 上任意一点的坐标都满足方程 $F(x,y,z)=0$,而不在曲面 S 上的点的坐标都不满足方程 $F(x,y,z)=0$,那么,方程 $F(x,y,z)=0$ 就叫做曲面 S 的方程,而曲面 S 就叫做方程 $F(x,y,z)=0$ 的图形(图 1.12).

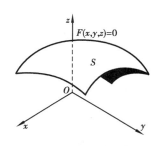

图 1.12

下面介绍几种常见的空间曲面:

a. 平面:称方程 $Ax + By + Cz + D = 0$ 所对应的空间曲面为平面(图 1.13).

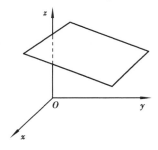

图 1.13

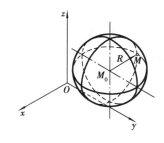

图 1.14

b. 球面:称方程 $(x - x_0)^2 + (y - y_0)^2 + (z - z_0)^2 = R^2$ 所对应的空间曲面为球心在 (x_0, y_0, z_0),半径为 R 球面(图 1.14).

c. 柱面:直线 L 沿定曲线 C 平行移动所形成的曲面称为柱面.定曲线 C 称为柱面的准线,动直线 L 称为柱面的母线.我们一般只讨论准线在坐标面上,且母线垂直于该坐标面的柱面.容易得到方程 $f(x,y)=0$(或 $g(y,z)=0$ 或 $h(x,z)=0$)所对应的空间曲面为柱面.而且柱面 $f(x,y)=0$ 在 xy 坐标面上的曲线称为该柱面的准线,柱面上平行于 z 轴的直线称为该柱面的母线.同理 $g(y,z)=0$ 是以 yz 坐标面上的曲线为准线,母线平行于 x 轴的柱面. $h(x,z)=0$ 是以 xz 坐标面上的曲线为准线,母线平行于 y 轴的柱面.

例如,方程 $x^2 + y^2 = R^2$,$\dfrac{x^2}{a^2} - \dfrac{y^2}{b^2} = 1$,$x^2 - 2py = 0$ 分别表示准线在 xOy 面上,母线平行于 z 轴的圆柱面,双曲柱面和抛物柱面(图 1.15).

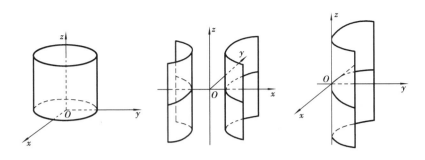

图 1.15

d. 旋转曲面:一条平面曲线 C 绕其平面上的一条定直线 L 旋转一周所形成的曲面叫做旋转曲面. 曲线 C 称为旋转曲面的母线,直线 L 称为旋转曲面的轴.

平面曲线 $C:f(x,y)=0$ 绕 y 轴旋转所得的旋转曲面方程为 $f(\pm\sqrt{x^2+z^2},y)=0$. 即绕 y 轴旋转则 y 不变,将原方程中的 x 换成 $\pm\sqrt{x^2+z^2}$ 得到旋转曲面的方程. 同理,曲线 $C:$ $f(x,y)=0$ 绕 x 轴旋转所得的旋转曲面方程为 $f(x,\pm\sqrt{y^2+z^2})=0$. 曲线 $C:f(y,z)=0$ 绕 y 轴旋转的旋转曲面方程为 $f(y,\pm\sqrt{x^2+z^2})=0$. 曲线 $C:f(x,z)=0$ 绕 x 轴旋转的旋转曲面方程为 $f(x,\pm\sqrt{y^2+z^2})=0$ 等.

例如,椭圆 $\dfrac{x^2}{a^2}+\dfrac{y^2}{b^2}=1$ 绕 y 轴旋转得到椭球面方程为 $\dfrac{x^2}{a^2}+\dfrac{y^2}{a^2}+\dfrac{z^2}{c^2}=1$(如图 1.16 所示);直线 $z=ky(k>0)$ 绕 z 轴旋转得到的锥面方程为 $z=\pm k\sqrt{x^2+y^2}$(如图 1.17 所示);抛物线 $z=ay^2$ 绕 z 轴旋转得到的抛物面方程为 $z=a(x^2+y^2)$(如图 1.18 所示);双曲线 $\dfrac{x^2}{a^2}-\dfrac{z^2}{b^2}=1$ 绕 z 轴旋转得到的叶双曲面方程为 $\dfrac{x^2}{a^2}+\dfrac{y^2}{a^2}-\dfrac{z^2}{c^2}=1$(如图 1.19 所示).

图 1.16

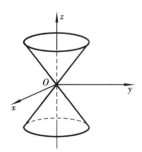

图 1.17

④二元函数的图形

由解析几何知识可以得到,二元函数 $z=f(x,y)$ 的图形,一般地它是空间中的一张曲面,而其定义域 D 就是此曲面在 xOy 平面上的投影(如 1.20 图所示). 例如,函数 $z=\sqrt{R^2-(x^2+y^2)}$ 的图像就是放置在 xOy 平面上的半球面(如图 1.21 所示).

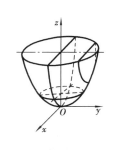

图 1.18

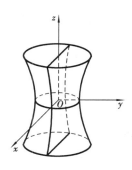

图 1.19

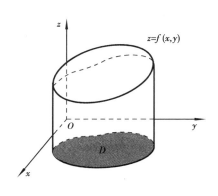

图 1.20

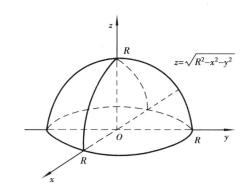

图 1.21

1.1.4 函数的表示法

表示函数的方法主要有以下三种：

1）解析法（公式法）

当函数的对应法则借助于数学式子给出时，称这种表示函数的方法为解析法. 如 $y = x - 1$, $z = \sqrt{1 - x^2 - y^2}$ 等. 高等数学中讨论的函数，大多由解析法表示，这是由于对解析式子可以进行各种运算，便于理论研究. 用解析法表示函数，不一定用一个式子表示，如分段函数.

2）表格法

在实际应用中，常把自变量所取的值和对应的函数值列成表，用以表示函数关系，函数的这种表示法称为表格法. 如我们所用的各种数学用表都是用表格法表示的函数关系. 表格法的优点是简单明了，便于应用，但它所给出的变量之间的对应关系有时是不全面的.

3）图像法

由图形给出函数对应法则的方法称为图像法. 一般地，一元函数的图形是平面直角坐标系中的一条曲线；二元函数的图像是空间直角坐标系中的一张曲面. 用图形法表示函数可使变量之间的对应关系更具直观性.

1.1.5 一元函数的几个特性

（1）有界性

设函数 $f(x)$ 的定义域为 D，数集 $X \subset D$，如果存在正数 M，使得与任一 $x \in X$ 所对应的函数

9

值 $f(x)$ 都满足不等式 $|f(x)| \leq M$,则称函数 $f(x)$ 在 X 内有界;如果这样的 M 不存在,就叫做函数 $f(x)$ 在 X 内无界.

例如函数 $f(x) = \sin x$ 在 $(-\infty, +\infty)$ 内是有界的,因为无论 x 取任何实数,$|\sin x| \leq 1$ 都能成立. 而函数 $f(x) = \dfrac{1}{x}$ 在开区间 $(0, 1)$ 内是无界的,因为不存在这样的正数 M,使 $\left| \dfrac{1}{x} \right| \leq M$ 对于 $(0, 1)$ 内的一切 x 都成立.

(2)单调性

设函数 $f(x)$ 的定义域为 D,区间 $I \subset D$,如果对于区间 I 内任意两点 x_1 及 x_2,当 $x_1 < x_2$ 时,恒有 $f(x_1) < f(x_2)$,则称函数 $f(x)$ 在区间 I 内是单调增加的(图1.22);如果对于区间 I 内任意两点 x_1 及 x_2,当 $x_1 < x_2$ 时,恒有 $f(x_1) > f(x_2)$,则称函数 $f(x)$ 在区间 I 内是单调减少的(图1.23).

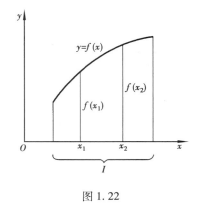
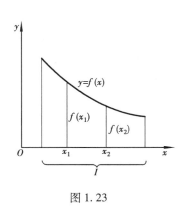

图 1.22

图 1.23

(3)奇偶性

设函数 $f(x)$ 的定义域 D 关于原点对称:

①如果对于任一 $x \in D$,有 $f(-x) = f(x)$ 恒成立,则称 $f(x)$ 为偶函数.

②如果对于任一 $x \in D$,有 $f(-x) = -f(x)$ 恒成立,则称 $f(x)$ 为奇函数.

奇函数的图像关于原点对称,如图 1.24 所示,偶函数的图像关于 y 轴对称,如图 1.25 所示.

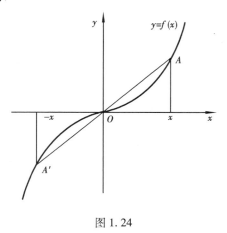
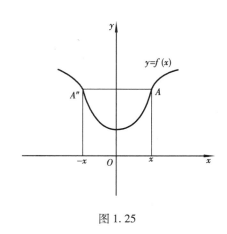

图 1.24

图 1.25

例如,$y = \sin x$ 是奇函数,$y = \cos x$ 是偶函数,$y = \sin x + \cos x$ 既非奇函数也非偶函数.

(4)周期性

对于函数 $f(x)$,如果存在一个不为零的数 l,使得对于定义域内的任何 x 值,$x \pm l$ 仍在定义域内,且关系式 $f(x + l) = f(x)$,恒成立,则 $f(x)$ 叫做周期函数,l 叫做 $f(x)$ 的周期.通常说周期函数的周期是指其最小正周期.一个以 l 为周期的函数,它的图像在定义域内每隔长度为 l 的相邻区间上,有相同的形状,如图 1.26 所示.

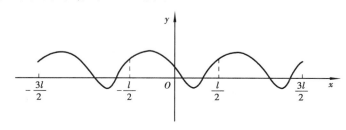

图 1.26

如果函数 $f(x)$ 是周期为 l 的周期函数,则函数 $f(x + a)$ 也是周期为 l 的周期函数,函数 $f(ax)$ 是周期为 $\dfrac{l}{a}$ 的周期函数.三角函数为常见的周期函数.

1.1.6　初等函数

(1)基本初等函数

幂函数、指数函数、对数函数、三角函数和反三角函数称为基本初等函数.它们的定义域、值域、图像和性质如表 1.1 所示.

(2)复合函数

定义　设函数 $y = f(u)$,$u = \phi(x)$,当 x 在 $\phi(x)$ 的定义域或该定义域的一部分取值时,所对应的 u 的值使 $y = f(u)$ 有定义,则称 $y = f[\phi(x)]$ 是 x 的复合函数,其中 $u = \phi(x)$ 为内函数,$y = f(u)$ 为外函数,u 为中间变量.

例如由 $y = \ln u$,$u = 2 + \cos x$ 可以复合为函数 $y = \ln(2 + \cos x)$.

复合函数的概念可以推广到多个中间变量和多元函数的情形.

如由 $y = \ln u$,$u = \sin v$,$v = 2x + 1$ 可以复合为函数 $y = \ln \sin(2x + 1)$.

又如由 $z = \ln(u^2 + v^2)$,$u = e^{x + y^2}$,$v = x^2 + y$ 可以复合为函数 $z = \ln[e^{2(x + y^2)} + (x^2 + y)^2]$.

必须注意的是:不是任何两个函数都可以构成一个复合函数的,例如 $y = \arcsin u$ 和 $u = 2 + x^2$ 就不可能复合成一个复合函数,因为对于 $u = 2 + x^2$ 的定义域内的任何 x 值所对应的 u 值都使 $y = \arcsin u$ 没有意义.

对于一个给定的复合函数,必须会分析清楚它的复合过程(即会将复合函数进行分解).掌握这种分析复合过程的方法,对后面学习函数的导数和微分十分重要.一般方法是先分清层次,再由外向内,逐层分解.

表 1.1 基本初等函数表

函　数		定义域	值　域	简单性质	图　像
幂函数 $y = x^a$	$y = x^2$	**R**	$y \geqslant 0$	偶函数 $x > 0$,递增 $x < 0$,递减	
	$y = x^3$	**R**	**R**	奇函数 单调递增	
	$y = \dfrac{1}{x}$	$x \neq 0$	$y \neq 0$	奇函数 在区间 $(-\infty, 0)$ 和 $(0, +\infty)$ 分别单调递减	
	$y = \sqrt{x}$	$x \geqslant 0$	$y \geqslant 0$	非奇非偶 单调递增	
指数函数 $y = a^x$ $(a > 0, a \neq 1)$	$a > 1$	**R**	**R**$^+$	单调递增 过点$(0,1)$	
	$0 < a < 1$	**R**	**R**$^+$	单调递减 过点$(0,1)$	
对数函数 $y = \log_a x$ $(a > 0, a \neq 1)$	$a > 1$	**R**$^+$	**R**	单调递增 过点$(1,0)$	
	$0 < a < 1$	**R**$^+$	**R**	单调递减 过点$(1,0)$	

续表

函 数		定义域	值 域	简单性质	图 像
三角函数	$y = \sin x$	$\mathbf{R}$	$[-1,1]$	奇函数 有界 周期2π	
	$y = \cos x$	$\mathbf{R}$	$[-1,1]$	偶函数 有界 周期2π	
	$y = \tan x$	$x \in \mathbf{R}$ 且 $x \neq k\pi + \dfrac{\pi}{2}$ $(k \in Z)$	$\mathbf{R}$	奇函数 周期π	
	$y = \cot x$	$x \in \mathbf{R}$ 且 $x \neq k\pi$ $(k \in Z)$	$\mathbf{R}$	奇函数 周期π	
反三角函数	$y = \arcsin x$	$[-1,1]$	$\left[-\dfrac{\pi}{2},\dfrac{\pi}{2}\right]$	奇函数 单调递增 有界	
	$y = \arccos x$	$[-1,1]$	$[0,\pi]$	单调递减 有界	
	$y = \arctan x$	$\mathbf{R}$	$\left(-\dfrac{\pi}{2},\dfrac{\pi}{2}\right)$	奇函数 单调递增 有界	
	$y = \text{arccot}\, x$	$\mathbf{R}$	$(0,\pi)$	单调递减 有界	

例 7 指出下列复合函数的复合过程：

①$y = \sqrt[4]{1 + x^2}$ ②$y = \cos^2 x$

③$y = e^{\arctan \frac{1}{\sqrt{x}}}$ ④$z = (x^2 + y^2)^{xy}$

解 ①$y = \sqrt[4]{1 + x^2}$ 是由 $y = \sqrt[4]{u}$ 和 $u = 1 + x^2$ 复合而成的.

②$y = \cos^2 x$ 是由 $y = u^2$ 和 $u = \cos x$ 复合而成的.

③$y = e^{\arctan \frac{1}{\sqrt{x}}}$ 是由 $y = e^u, u = \arctan v$ 和 $v = \dfrac{1}{\sqrt{x}}$ 复合而成的.

④$z = (x^2 + y^2)^{xy}$ 是由 $z = u^v, u = x^2 + y^2, v = xy$ 复合而成的.

（3）初等函数

由基本初等函数经过有限次的四则运算和有限次的复合步骤构成的，并能用一个解析式子表示的函数称为**初等函数**.

例如，$y = \cos(x^2 + 2x + 3)$ 和 $y = \sqrt{\lg(x^2 + 1)} + e^{\sqrt{x}}$ 都是初等函数，而 $y = [x]$ 及 $f(x) = \begin{cases} 2x - 1, & x > 0 \\ x^2 - 1, & x \leqslant 0 \end{cases}$，$y = 1 + x + x^2 + \cdots$ 都不是初等函数.

习题 1.1

1 用区间表示下列 x 的变化范围，并判断能否用邻域表示，能用邻域表示的再用邻域表示.

（1）$2 < x \leqslant 6$；（2）$|x - 2| < \dfrac{1}{10}$（3）$|x| > 100$（4）$0 < |x - 1| < 0.001$

2 下列 $f(x)$ 和 $g(x)$ 是否相同？为什么？

（1）$f(x) = \lg x^2$，$g(x) = 2 \lg x$ （2）$f(x) = x$，$g(x) = \sqrt{x^2}$

（3）$f(x) = x + 1$，$g(x) = \dfrac{x^2 - 1}{x - 1}$ （4）$f(x) = \sin^2 x + \cos^2 x$，$f(x) = 1$

3 设函数 $\phi(x) = \begin{cases} 1, & |x| \leqslant \dfrac{\pi}{3} \\ |\sin x|, & |x| > \dfrac{\pi}{3} \end{cases}$，求 $\phi\left(\dfrac{5\pi}{6}\right)$，$\phi\left(\dfrac{\pi}{3}\right)$.

4 设 $f\left(\dfrac{1}{t}\right) = \dfrac{5}{t} + 2t^2$，求 $f(t)$ 及 $f(t^2 + 1)$.

5 设 $f(xy, x - y) = x^2 + y^2$，求 $f(x, y)$ 及 $f(1, 2)$.

6 求下列函数的定义域，并画出图形：

（1）$y = \dfrac{1}{x} - \sqrt{1 - x^2}$ （2）$y = \arcsin(x - 3)$ （3）$y = \lg(\lg x)$

（4）$z = \sqrt{x - \sqrt{y}}$ （5）$z = \dfrac{\sqrt{4x - y^2}}{\ln(1 - x^2 - y^2)}$ （6）$z = \sqrt{x^2 - 4} + \sqrt{1 - y^2}$

7 设 $f(x) = \begin{cases} 1, & |x| < 1 \\ 0, & |x| = 1 \\ -1, & |x| > 1 \end{cases}$, $g(x) = e^x$,求 $f[g(x)]$, $g[f(x)]$.

8 写出下列函数的复合过程:

(1) $y = \sqrt{3x+2}$　　　　(2) $y = (1 + \lg x)^5$　　　　(3) $y = e^{\sin^2 x}$

(3) $y = \arccos(1 - x^2)$　　　(4) $y = \tan^2 \dfrac{x}{2}$　　　(6) $y = \ln \sin 2x$

9 火车站收取行李费的规定如下:当行李不超过50千克时,按基本运费每千克收0.15元计算,当超过50千克时,超重部分按每千克0.25元收费.假如某人从上海到某地,试求上海到该地的行李费 y(元)与重量 x(千克)之间的函数关系式,并画出这函数的图形.

10 一商店按批发价每件4元买进一批商品.若零售价每件定为5元,估计可卖出200件,若每件售价每降低0.02元,则可以多卖出20件.试写出该商店因降价而多卖出的商品量 x(单位:件)与利润 y(单位:元)的函数关系式.你能算出该商店定价应为多少时能取得最佳经济效益吗?最大利润是多少?

11 填空题.

(1)已知点 $A(-4, -2, 1)$, $B(1, -5, -3)$, $C(-1, 0, 0)$, $D(1, 0, 2)$, $E(0, 0, 3)$,则点 B 在第_____卦限,点_____为 zOx 坐标面上的点,点_____为 x 轴上的点,点_____既在 yOz 坐标面上,也在 zOx 坐标面上; A , B 两点间的距离为_____.

(2)点 $P(-3, 2, -1)$ 关于 xOy 坐标面的对称点是_____,关于 yOz 面的对称点是_____,关于 zOx 坐标面的对称点是_____,关于 x 轴的对称点是_____,关于 y 轴的对称点是_____,关于 z 轴的对称点是_____,关于原点的对称点是_____.

12 已知点 $A(1, 2, 3)$, $B(2, -1, 4)$,求线段 AB 的垂直平分面的方程.

13 方程 $x^2 + y^2 + z^2 - 2x + 4y + 2z = 0$ 表示什么曲面?

14 求与坐标原点及点 $(2, 3, 4)$ 的距离之比为 $1 : 2$ 的动点的轨迹.

1.2 函数的极限

1.2.1 数列的极限

(1)无穷数列

按自然数 $1, 2, 3, \cdots$ 编号依次排列的一列数 $x_1, x_2, \cdots, x_n, \cdots$ 称为无穷数列,简称数列,记为 $\{x_n\}$.其中的每个数称为数列的项, x_n 称为通项(或一般项).也可以把数列看作自变量是自然数的特殊函数——整标函数,一般用

$$y_n = f(n), \quad n = 1, 2, 3, \cdots$$

表示.

如　　　　　　　　　　　　$\left\{\dfrac{1}{2^n}\right\}$:　$\dfrac{1}{2}, \dfrac{1}{4}, \dfrac{1}{8}, \cdots, \dfrac{1}{2^n}, \cdots;$　　　　　　　　　　(1)

$$\left\{\frac{n+(-1)^{n-1}}{n}\right\}: \quad 2, \frac{1}{2}, \frac{4}{3}, \frac{3}{4}, \cdots; \tag{2}$$

$$\{2^n\}: \quad 2, 4, 8, \cdots, 2^n, \cdots; \tag{3}$$

$$\{(-1)^{n+1}\}: \quad 1, -1, \cdots, (-1)^{n+1}, \cdots \tag{4}$$

等都是数列.

从几何意义上来说,数列中的每一个数在数轴上对应着一个点,整个数列对应着一个点列.

下面讨论 n 无限增大时,无穷数列 $\{x_n\}$ 的变化趋势.

(2)数列的极限

由数列的几何意义,我们把上面的数列(1)、(2)、(3)、(4)放在数轴上观察(请读者自己作出相关图形),可以看出数列(1)的通项 $\frac{1}{2^n}$ 随着 n 的无限增大而无限接近于常数 0;数列(2)的通项 $\frac{n+(-1)^{n-1}}{n}$ 随着 n 的无限增大而无限接近于常数 1;而数列(3)的通项 2^n 随着 n 的无限增大而无限增大,不能无限接近于任何一个常数;数列(4)的通项 $(-1)^{n+1}$ 随着 n 的无限增大在两个数值 1 和 -1 上来回跳动,不能无限接近于一个确定的常数.

通过上面的例子可以看出,数列的一般项的变化趋势只有两种情况:一是无限接近于一个确定的常数;二是不能接近于一个确定的常数. 由此我们得到数列极限的描述性定义.

定义1 设无穷数列 $\{x_n\}$,如果当项数 n 无限增大时,数列的通项 x_n 无限接近于某一确定的常数 A,那么就称常数 A 为数列的极限,或者称数列 $\{x_n\}$ 收敛于 A,记为

$$\lim_{n\to\infty} x_n = A, \text{或} x_n \to A (n\to\infty)$$

此时数列称为收敛的. 如果数列没有极限,就说数列是发散的.

由定义知,当项数 n 无限增大时,数列 $\left\{\frac{1}{2^n}\right\}$ 的通项 $x_n = \frac{1}{2^n}$ 无限接近于 0,所以 $\lim\limits_{n\to\infty}\frac{1}{2^n}=0$;同理知 $\lim\limits_{n\to\infty}\left[1+\frac{(-1)^{n-1}}{n}\right]=1$,而数列 $\{2^n\}$ 及 $\{(-1)^{n+1}\}$ 没有极限存在,是发散的.

数列的极限刻画了当 $n\to\infty$ 时,数列 $\{x_n\}$ 的变化趋势. 由定义容易得到下面几个结论:

1) $\lim\limits_{n\to\infty} C = C$; 2) $\lim\limits_{n\to\infty} q^n = 0, (|q|<1)$; 3) $\lim\limits_{n\to\infty}\frac{1}{n^{\alpha}}=0, (\alpha>0)$.

例1 观察下列数列的极限:

① $x_n = \dfrac{n}{2n+1}$ ② $x_n = \sqrt{n} - \sqrt{n-1}$

解 ①把数列放在数轴上观察得 $\lim\limits_{n\to\infty}\dfrac{n}{2n+1}=\dfrac{1}{2}$.

②先化简 $x_n = \sqrt{n} - \sqrt{n-1} = \dfrac{(\sqrt{n}-\sqrt{n-1})(\sqrt{n}+\sqrt{n-1})}{\sqrt{n}+\sqrt{n-1}}$

$$= \frac{1}{\sqrt{n}+\sqrt{n-1}}$$

再把数列放在数轴上观察得 $\lim\limits_{n\to\infty}\dfrac{1}{\sqrt{n}+\sqrt{n-1}}=0.$

（3）数列极限的几何意义和性质

将常数 A 及数列 $x_1, x_2, \cdots, x_n, \cdots$ 在数轴上用它们的对应点表示出来（图 1.27），可以看出：数列几乎所有的点都落在以 A 为中心的某一邻域内. 即 A 的任何邻域内都含有 $\{x_n\}$ 几乎全体的项. 这就是数列 $\{x_n\}$ 极限为 A 的几何意义.

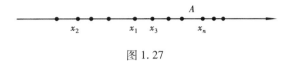

图 1.27

由定义知，数列极限具有如下两个性质：

1）（唯一性）若数列有极限，则极限必唯一.

2）（有界性）如果数列 $\{x_n\}$ 收敛，那么数列 $\{x_n\}$ 一定为有界数列.

根据上述性质，如果数列 $\{x_n\}$ 无界，那么数列 $\{x_n\}$ 一定发散. 但是，如果数列 $\{x_n\}$ 有界，却不能断定数列 $\{x_n\}$ 一定收敛，例如数列

$$\{(-1)^{n+1}\} = 1, -1, 1, -1, \cdots$$

有界但数列是发散的. 所以有界性是数列收敛的必要而非充分条件.

什么条件下的有界数列是收敛的呢？下面的定理给出了答案.

定理 1　如果数列 $\{x_n\}$ 是单调的、有界的数列，则数列 $\{x_n\}$ 则必定收敛.

例如，可以证明数列 $\left\{\left(1+\dfrac{1}{n}\right)^n\right\}$ 是单调增加并且是有界的，并以无理数 e 为极限. 即

$$\lim_{n\to\infty}\left(1+\frac{1}{n}\right)^n = e$$

1.2.2　一元函数的极限

函数 $y = f(x)$ 中的自变量 x 总是在某个实数集合中变化，当自变量 x 处于某一个变化过程中时，函数 $y = f(x)$ 也随之发生变化. 函数极限就是研究自变量在各种变化过程中函数的变化趋势. 一般自变量 x 的变化过程分两种情形讨论.

（1）自变量趋向无穷大时函数的极限

自变量趋向无穷大表示 $|x|$ 无限增大，记作 $x \to \infty$.

例 2　观察函数 $y = \dfrac{1}{x}$ 当 $x \to \infty$ 时的变化趋势.

解　如图 1.28 所示，当 $|x|$ 无限增大（即 $x \to \infty$）时，显然有 $f(x) = \dfrac{1}{x}$ 的值无限接近于 0（即 $f(x) \to 0$）.

类似于数列极限，我们给出函数 $y = f(x)$ 当 $x \to \infty$ 时的极限定义.

定义 2　如果当 $|x|$ 无限增大（即 $x \to \infty$）时，函数 $f(x)$ 的值无限趋近于一个确定的常数 A，那么常数 A 就叫函数 $f(x)$ 当 $x \to \infty$ 时的极限，记作

$$\lim_{x\to\infty} f(x) = A \text{ 或 } f(x) \to A \text{（当 } x \to \infty \text{）}.$$

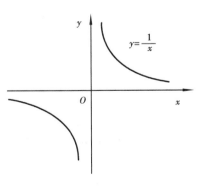

图 1.28

由定义 2 知,例 2 可记为 $\lim\limits_{x\to\infty}\dfrac{1}{x}=0$.

对于函数来说,$x\to\infty$ 可包括以下两种情形:

①x 取正值无限增大,记作 $x\to+\infty$

②x 取负值无限增大,记作 $x\to-\infty$

类似地,如果当 $x\to+\infty$(或 $x\to-\infty$)时,函数 $f(x)$ 的值无限趋近于一个确定的常数 A,那么常数 A 就叫函数 $f(x)$ 当 $x\to+\infty$(或 $x\to-\infty$)时的极限,记作

$$\lim_{x\to+\infty}f(x)=A\left(\lim_{x\to-\infty}f(x)=A\right).$$

例如 $\lim\limits_{x\to+\infty}\operatorname{arccot} x=0$,$\lim\limits_{x\to-\infty}\operatorname{arccot} x=\pi$ 等.

例 3 求极限 $\lim\limits_{x\to+\infty}\arctan x$,$\lim\limits_{x\to-\infty}\arctan x$,$\lim\limits_{x\to\infty}\arctan x$.

解 由图 1.29 可见,当 $x\to+\infty$ 时 $y=\arctan x$ 的值无限近于 $\dfrac{\pi}{2}$,当 $x\to-\infty$ 时 $y=\arctan x$ 的值无限趋近于 $-\dfrac{\pi}{2}$;即

$$\lim_{x\to+\infty}\arctan x=\frac{\pi}{2},\ \lim_{x\to-\infty}\arctan x=-\frac{\pi}{2}$$

因为当 $x\to\infty$ 时 $y=\arctan x$ 无法与一确定常数接近,所以当 $x\to\infty$ 时 $y=\arctan x$ 无极限,即 $\lim\limits_{x\to\infty}\arctan x$ 不存在.

根据上面例子的分析,我们给出以下定理:

定理 2 $\lim\limits_{x\to\infty}f(x)=A$ 成立的充要条件是 $\lim\limits_{x\to+\infty}f(x)=\lim\limits_{x\to-\infty}f(x)=A$.

(2)自变量趋向有限值时函数的极限

自变量趋向有限值指的是自变量 x 任意接近于 x_0,记作 $x\to x_0$.

观察函数 $f(x)=2x+1$ 和函数 $f(x)=\dfrac{x^2-1}{x-1}$(如图 1.30)当 $x\to 1$ 时的函数值变化情况. 由图可以看出,当 x 从 1 的左右两侧同时趋近于 1 时,函数 $f(x)=2x+1$ 的值越来越接近于 3;对于函数 $f(x)=\dfrac{x^2-1}{x-1}$,尽管它在 $x=1$ 处无定义,但当 x 从 1 的左右两侧同时趋近于 1 时,它的值越来越接近于 2.

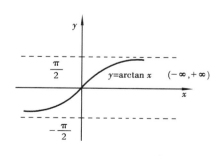

图 1.29

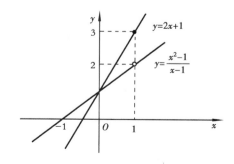

图 1.30

对于函数的这种变化趋势给出如下定义:

定义3 设函数 $y = f(x)$ 在 x_0 的去心邻域 $\overset{0}{U}(x_0)$ 内有定义,如果 $y = f(x)$ 在当 $x \to x_0$ 的过程中,函数 $f(x)$ 的值无限趋近于一个确定值 A,那么常数 A 就叫函数 $f(x)$ 当 $x \to x_0$ 时的极限,记作

$$\lim_{x \to x_0} f(x) = A \text{ 或 } f(x) \to A \text{(当 } x \to x_0)$$

注意:①函数 $f(x)$ 当 $x \to x_0$ 时的极限与 $f(x)$ 在 x_0 是否有定义无关.

②$x \to x_0$ 为 x 从 x_0 左、右两侧趋近于 x_0.

特别地,由极限的定义及函数的图像,可得

$$\lim_{x \to x_0} C = C\text{(} C \text{ 为常数)}, \lim_{x \to x_0} x = x_0$$

有时我们需要研究 x 仅从 x_0 的某一侧趋近于 x_0 时,函数 $f(x)$ 的变化趋势,这就产生了左、右极限的概念.

定义4 如果当 $x \to x_0^-$ 即从 x_0 的左侧趋近于 x_0(或 $x \to x_0^+$ 即从 x_0 的右侧趋近于 x_0)时,函数 $f(x)$ 的值无限趋近于一个确定的常数 A,则称 A 为函数 $f(x)$ 当 $x \to x_0$ 时的左极限(或右极限),记作

$$\lim_{x \to x_0^-} f(x) = A \text{ 或 } \lim_{x \to x_0^+} f(x) = A$$

也可记作

$$f(x_0 - 0) = A \text{ 或 } f(x_0 + 0) = A$$

函数的左极限和右极限统称为函数的单侧极限.

定理3 $\lim\limits_{x \to x_0} f(x) = A$ 的充要条件是 $\lim\limits_{x \to x_0^-} f(x) = \lim\limits_{x \to x_0^+} f(x) = A$.

例4 讨论极限 $\lim\limits_{x \to 0} \dfrac{|x|}{x}$ 是否存在.

解 因为 $f(0 - 0) = \lim\limits_{x \to 0^-} \dfrac{|x|}{x} = \lim\limits_{x \to 0^-} \dfrac{-x}{x} = \lim\limits_{x \to 0^-} (-1) = -1$,

$$f(0 + 0) = \lim_{x \to 0^+} \frac{|x|}{x} = \lim_{x \to 0^+} \frac{x}{x} = \lim_{x \to 0^+} 1 = 1$$

左右极限存在但不相等,所以 $\lim\limits_{x \to 0} f(x)$ 不存在.

(3)函数极限的性质

①有界性 若在某个过程中,$f(x)$ 有极限,则在这个变化过程中 $f(x)$ 有界.

②唯一性 若 $\lim f(x)$ 存在,则极限必唯一.

③局部保号性 若 $\lim\limits_{x \to x_0} f(x) = A$ 且 $A > 0$(或 $A < 0$),那么存在 x_0 的某个去心邻域,当 x 在该邻域内时,就有 $f(x) > 0$(或 $f(x) < 0$).

1.2.3 极限的四则运算

仅用定义观察函数的极限是不能满足实际需要的,这里先介绍用极限的四则运算法则求极限,后面还要给出求极限的其他方法.

定理4 设 $\lim f(x) = A, \lim g(x) = B$,则

①$\lim[f(x) \pm g(x)] = \lim f(x) \pm \lim g(x) = A \pm B$

②$\lim[f(x) \cdot g(x)] = \lim f(x) \cdot \lim g(x) = A \cdot B$

③ $\lim \dfrac{f(x)}{g(x)} = \dfrac{\lim f(x)}{\lim g(x)} = \dfrac{A}{B}$（其中 $\lim g(x) = B \neq 0$）.

定理中前两条法则可以推广到有限个函数的情形.

推论 1 如果 $\lim f(x)$ 存在，c 为常数，则 $\lim [cf(x)] = c \lim f(x)$.

推论 2 如果 $\lim f(x)$ 存在，n 为正整数，则 $\lim [f(x)]^n = [\lim f(x)]^n$.

显然极限的四则运算法则对于数列同样成立.

例 5 求 $\lim\limits_{x \to 1}(x^2 - 3x + 4)$.

解 $\lim\limits_{x \to 1}(x^2 - 3x + 4) = \lim\limits_{x \to 1} x^2 - 3\lim\limits_{x \to 1} x + 4 = 1^2 - 3 \times 1 + 4 = 2$

由此例可知，多项式 $P(x)$ 当 $x \to x_0$ 时的极限为 $P(x_0)$. 即 $\lim\limits_{x \to x_0} P(x) = P(x_0)$.

例 6 求 $\lim\limits_{x \to 2} \dfrac{x^3 - 1}{x^2 - 3x + 5}$

解 由于 $\lim\limits_{x \to 2}(x^2 - 3x + 5) = 3 \neq 0$，则由法则（3）得

$$\lim\limits_{x \to 2} \frac{x^3 - 1}{x^2 - 3x + 5} = \frac{\lim\limits_{x \to 2}(x^3 - 1)}{\lim\limits_{x \to 2}(x^2 - 3x + 5)} = \frac{7}{3}$$

由此例可知，有理分式 $f(x) = \dfrac{P(x)}{Q(x)}$，且 $Q(x_0) \neq 0$，则有

$$\lim\limits_{x \to x_0} f(x) = \frac{\lim\limits_{x \to x_0} P(x)}{\lim\limits_{x \to x_0} Q(x)} = \frac{P(x_0)}{Q(x_0)}$$

例 7 求 $\lim\limits_{x \to 3} \dfrac{x - 3}{x^2 - 9}$

解 由于分母的极限为零，不能用法则运算，因此先约分得

$$\lim\limits_{x \to 3} \frac{x - 3}{x^2 - 9} = \lim\limits_{x \to 3} \frac{1}{x + 3} = \frac{1}{6}$$

例 8 求 $\lim\limits_{x \to 1} \left(\dfrac{1}{x - 1} - \dfrac{2}{x^2 - 1} \right)$

解 当 $x \to 1$ 时两个分式的极限都不存在，不能用法则运算，所以先通分得

$$\lim\limits_{x \to 1} \left(\frac{1}{x - 1} - \frac{2}{x^2 - 1} \right) = \lim\limits_{x \to 1} \frac{x - 1}{x^2 - 1} = \lim\limits_{x \to 1} \frac{1}{x + 1} = \frac{1}{2}$$

例 9 求 $\lim\limits_{x \to 0} \dfrac{\sqrt{1 + x} - 1}{x}$

解 由于分母的极限为零，不能用法则运算，因此先分子有理化得

$$\lim\limits_{x \to 0} \frac{\sqrt{1 + x} - 1}{x} = \lim\limits_{x \to 0} \frac{(\sqrt{1 + x} - 1)(\sqrt{1 + x} + 1)}{x(\sqrt{1 + x} + 1)} = \lim\limits_{x \to 0} \frac{1}{\sqrt{1 + x} + 1} = \frac{1}{2}$$

以上都是求函数当 $x \to x_0$ 时的极限的常用方法. 下面再看一些求函数当 $x \to \infty$ 时的极限的方法.

例 10 求 $\lim\limits_{x \to \infty} \dfrac{x^3 + 1}{2x^3 - 3}$

解 由于分子和分母当 $x \to \infty$ 时皆无限增大，没有极限，不能用法则计算，这时一般可先

将分子分母同除以分式中的 x 的最高次幂,然后求极限.

$$\lim_{x \to \infty} \frac{x^3 + 1}{2x^3 - 3} = \lim_{x \to \infty} \frac{1 + \dfrac{1}{x^3}}{2 - \dfrac{3}{x^3}} = \frac{1}{2}$$

例 11 求 $\lim\limits_{x \to \infty} \dfrac{3x^2 - 2x - 1}{2x^3 - x^2 + 5}$

解 由上例方法得

$$\lim_{x \to \infty} \frac{3x^2 - 2x - 1}{2x^3 - x^2 + 5} = \lim_{x \to \infty} \frac{\dfrac{3}{x} - \dfrac{2}{x^2} - \dfrac{1}{x^3}}{2 - \dfrac{1}{x} + \dfrac{5}{x^3}} = \frac{0}{2} = 0$$

例 12 求 $\lim\limits_{x \to \infty} \dfrac{2x^3 - x^2 - 1}{2x^2 - 2x + 5}$

解 由上例方法得 $\lim\limits_{x \to \infty} \dfrac{2x^3 - x^2 - 1}{2x^2 - 2x + 5}$ 无限增大,极限不存在,可记作

$$\lim_{x \to \infty} \frac{2x^3 - x^2 - 1}{2x^2 - 2x + 5} = \infty$$

由以上三例我们不难证明,当 $a_0 \neq 0, b_0 \neq 0, m$ 和 n 是非负整数时有

$$\lim_{x \to \infty} \frac{a_0 x^m + a_1 x^{m-1} + \cdots + a_m}{b_0 x^n + b_1 x^{n-1} + \cdots + b_n} = \begin{cases} \dfrac{a_0}{b_0}, & m = n \\ 0, & m < n \\ \infty, & m > n \end{cases}$$

例 13 求 $\lim\limits_{n \to \infty} \left(\dfrac{1}{n^2} + \dfrac{2}{n^2} + \cdots + \dfrac{n}{n^2} \right)$

解 无限项相加求极限不能用极限运算法则运算,可先求和再求极限.

$$\lim_{n \to \infty} \left(\frac{1}{n^2} + \frac{2}{n^2} + \cdots + \frac{n}{n^2} \right) = \lim_{n \to \infty} \frac{1 + 2 + \cdots + n}{n^2} = \lim_{n \to \infty} \frac{\dfrac{1}{2} n(n+1)}{n^2} = \frac{1}{2}$$

1.2.4 两个重要极限

下面给出极限存在的两个准则,并用两个准则讨论两个重要极限.

(1)极限存在准则

准则 I (夹逼准则)设函数 $f(x), g(x), h(x)$ 在 x_0 的某一去心邻域内(或 $x \to \infty$)时,有

$$g(x) \leqslant f(x) \leqslant h(x)$$

成立,并且

$$\lim_{\substack{x \to x_0 \\ (x \to \infty)}} g(x) = A, \quad \lim_{\substack{x \to x_0 \\ (x \to \infty)}} h(x) = A,$$

则

$$\lim_{\substack{x \to x_0 \\ (x \to \infty)}} f(x) = A.$$

此法则对数列同样成立.

准则Ⅱ 单调有界数列必有极限.

这两个准则证明从略.

(2)两个重要极限

1)$\lim\limits_{x \to 0} \dfrac{\sin x}{x} = 1$

证明 作单位圆如图 1.31 所示,取 $\angle AOB = x\left(0 < x < \dfrac{\pi}{2}\right)$,于是有:

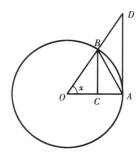

图 1.31

$$BC = \sin x, 弧\ AB = x, AD = \tan x$$

由图得

$$S_{\triangle OAB} < S_{扇形 OAB} < S_{\triangle OAD}$$

即

$$\frac{1}{2}\sin x < \frac{1}{2}x < \frac{1}{2}\tan x$$

同时除以 $\dfrac{1}{2}\sin x$,得 $\quad 1 < \dfrac{x}{\sin x} < \dfrac{1}{\cos x}$

则

$$\cos x < \frac{\sin x}{x} < 1$$

因为当 x 用 $-x$ 代替时,$\cos x$ 与 $\dfrac{\sin x}{x}$ 都不变号,所以上面的不等式

对于 $-\dfrac{\pi}{2} < x < 0$ 也是成立的.

由于 $\lim\limits_{x \to 0}\cos x = 1, \lim\limits_{x \to 0} 1 = 1$,则由极限的夹逼准则可得

$$\lim\limits_{x \to 0} \frac{\sin x}{x} = 1$$

例 14 求下列函数的极限:

①$\lim\limits_{x \to 0} \dfrac{\sin kx}{x}$　　②$\lim\limits_{x \to 0} \dfrac{\sin 5x}{\sin 3x}$　　③$\lim\limits_{x \to 0} \dfrac{1 - \cos x}{x^2}$

④$\lim\limits_{x \to 0} \dfrac{\arcsin x}{x}$　　⑤$\lim\limits_{x \to 0} \dfrac{\tan x}{x}$　　⑥$\lim\limits_{x \to 0} \dfrac{\sin 3x - \sin x}{x}$

解 ①$\lim\limits_{x \to 0} \dfrac{\sin kx}{x} = k\lim\limits_{x \to 0} \dfrac{\sin kx}{kx} = k$

②$\lim\limits_{x \to 0} \dfrac{\sin 5x}{\sin 3x} = \lim\limits_{x \to 0} \dfrac{\dfrac{\sin 5x}{x}}{\dfrac{\sin 3x}{x}} = \dfrac{5}{3}$

③$\lim\limits_{x \to 0} \dfrac{1 - \cos x}{x^2} = \lim\limits_{x \to 0} \dfrac{2\sin^2 \dfrac{x}{2}}{x^2} = \lim\limits_{x \to 0} \dfrac{2}{4}\left[\dfrac{\sin \dfrac{x}{2}}{\dfrac{x}{2}}\right]^2 = \dfrac{1}{2}\left[\lim\limits_{x \to 0} \dfrac{\sin \dfrac{x}{2}}{\dfrac{x}{2}}\right]^2 = \dfrac{1}{2}$

④令 $t = \arcsin x$,则 $x = \sin t$ 当 $x \to 0$ 时,$t \to 0$. 所以

$$\lim\limits_{x \to 0} \frac{\arcsin x}{x} = \lim\limits_{t \to 0} \frac{t}{\sin t} = \lim\limits_{t \to 0} \frac{1}{\dfrac{\sin t}{t}} = 1$$

⑤$\lim\limits_{x \to 0} \dfrac{\tan x}{x} = \lim\limits_{x \to 0}\left(\dfrac{\sin x}{x} \cdot \dfrac{1}{\cos x}\right) = \lim\limits_{x \to 0} \dfrac{\sin x}{x} \cdot \lim\limits_{x \to 0} \dfrac{1}{\cos x} = 1 \cdot 1 = 1$

⑥$\lim\limits_{x \to 0} \dfrac{\sin 3x - \sin x}{x} = \lim\limits_{x \to 0} \dfrac{2 \cos 2x \sin x}{x} = 2 \lim\limits_{x \to 0} \cos 2x \cdot \lim\limits_{x \to 0} \dfrac{\sin x}{x} = 2 \cdot 1 \cdot 1 = 2$

⑥另解原式 $= \lim\limits_{x \to 0} \dfrac{\sin 3x}{x} - \lim\limits_{x \to 0} \dfrac{\sin x}{x} = 3 - 1 = 2$

由上面的例子可以看出:一个趋近于零的变量的正弦与这个变量比值的极限为 1. 即

$$\lim_{\varphi(x) \to 0} \frac{\sin \varphi(x)}{\varphi(x)} = 1$$

2) $\lim\limits_{x \to \infty} \left(1 + \dfrac{1}{x}\right)^x = e$

无理数 e 在数学理论或实际应用中都有重要作用,其值为 2. 718 281 8$\cdots$.

我们先将数列 $x_n = \left(1 + \dfrac{1}{n}\right)^n$ 的值列成下表:

表 1. 2

n	1	2	5	10	100	10 000	10^6	$\cdots$
x_n	2	2. 25	2. 488	2. 593 7	2. 704 9	2. 718 1	2. 718 280	$\cdots$

从上表可以看出数列 $x_n = \left(1 + \dfrac{1}{n}\right)^n$ 单调增加而且有界,于是数列极限存在且可证明为 e,即

$$\lim_{n \to \infty} \left(1 + \frac{1}{n}\right)^n = e$$

又可以证明,对于连续变量 x 也有

$$\lim_{x \to \infty} \left(1 + \frac{1}{x}\right)^x = e$$

在上式中令 $t = \dfrac{1}{x}$,则 $x \to \infty$ 时 $t \to 0$ 于是变量代换得

$$\lim_{t \to 0} (1 + t)^{\frac{1}{t}} = e \text{ 或} \lim_{x \to 0} (1 + x)^{\frac{1}{x}} = e$$

例 15 求下列极限:

①$\lim\limits_{x \to \infty} \left(1 - \dfrac{2}{x}\right)^{3x}$ ②$\lim\limits_{x \to 0} (1 + 2x)^{\frac{1}{x}}$ ③$\lim\limits_{x \to \infty} \left(\dfrac{x+3}{x-1}\right)^x$

解 ①$\lim\limits_{x \to \infty} \left(1 - \dfrac{2}{x}\right)^{3x} = \lim\limits_{x \to \infty} \left(1 - \dfrac{2}{x}\right)^{-6\left(-\frac{x}{2}\right)} = \left[\lim\limits_{x \to \infty} \left(1 - \dfrac{2}{x}\right)^{\left(-\frac{x}{2}\right)}\right]^{-6} = e^{-6}$

②$\lim\limits_{x \to 0} (1 + 2x)^{\frac{1}{x}} = \lim\limits_{x \to 0} \left[(1 + 2x)^{\frac{1}{2x}}\right]^2 = e^2$

③解法 1 $\lim\limits_{x \to \infty} \left(\dfrac{x+3}{x-1}\right)^x = \lim\limits_{x \to \infty} \left(1 + \dfrac{4}{x-1}\right)^{\frac{x-1}{4} \times 4 + 1}$

$= \left[\lim\limits_{x \to \infty} \left(1 + \dfrac{4}{x-1}\right)^{\frac{x-1}{4}}\right]^4 \lim\limits_{x \to \infty} \left(1 + \dfrac{4}{x-1}\right)$

$= e^4$

解法 2 $\lim\limits_{x \to \infty} \left(\dfrac{x+3}{x-1}\right)^x = \lim\limits_{x \to \infty} \left(\dfrac{\frac{x+3}{x}}{\frac{x-1}{x}}\right)^x = \dfrac{\left[\lim\limits_{x \to \infty} \left(1 + \dfrac{3}{x}\right)^{\frac{x}{3}}\right]^3}{\left[\lim\limits_{x \to \infty} \left(1 - \dfrac{1}{x}\right)^{-x}\right]^{-1}} = e^4$

由上例可以看出第二个重要极限的实质为 $\lim\limits_{u(x)\to 0}\left[1+u(x)\right]^{\frac{1}{u(x)}}=e$,且一般地有公式

$$\lim_{x\to\infty}\left(1+\frac{a}{x}\right)^{bx+c}=e^{ab}$$

1.2.5 无穷小与无穷大

(1)无穷小

定义5 当 $x\to x_0$(或 $x\to\infty$)时,函数 $f(x)$ 的极限为零,则称当 $x\to x_0$(或 $x\to\infty$)时函数 $f(x)$ 为无穷小,记作

$$\lim_{\substack{x\to x_0 \\ (x\to\infty)}}f(x)=0$$

例如,当 $x\to\infty$ 时,函数 $\frac{1}{x}$,$\frac{1}{x^2}$ 是无穷小;当 $x\to 1$ 时,函数 $1-x$,$1-x^2$ 也是无穷小.

无穷小具有以下性质:

①有限个无穷小的代数和仍是无穷小;

②有限个无穷小的乘积仍是无穷小;

③有界函数(包括常数)与无穷小的乘积是无穷小.

需要注意的是对于无限个无穷小,性质1)和2)的结论就不一定成立. 以上性质还可以帮助我们求极限.

例16 求 $\lim\limits_{x\to\infty}\left(\dfrac{1}{x}\sin x\right)$

解 当 $x\to\infty$ 时,$\dfrac{1}{x}$ 是无穷小,$\sin x$ 没有极限但是有界函数,根据无穷小的性质3),有

$$\lim_{x\to\infty}\left(\frac{1}{x}\sin x\right)=0$$

下列定理可以说明无穷小与函数极限的关系.

定理5 在自变量的同一变化过程 $x\to x_0$(或 $x\to\infty$)中,具有极限的函数等于它的极限与一个无穷小之和;反之,如果函数可以表示为常数与无穷小之和,那么该常数就是这个函数的极限.

例如 $f(x)=1+\dfrac{1}{x}$ 当 $x\to\infty$ 时极限为1,则 $f(x)$ 就可表示成常数1与当 $x\to\infty$ 时的无穷小 $\dfrac{1}{x}$ 的和;反过来 $f(x)=1+\dfrac{1}{x}$ 是常数1与当 $x\to\infty$ 时的无穷小 $\dfrac{1}{x}$ 的和,则当 $x\to\infty$ 时 $f(x)$ 极限为1.

(2)无穷大

定义6 当 $x\to x_0$(或 $x\to\infty$)时,函数 $f(x)$ 的绝对值 $|f(x)|$ 无限增大,则称函数 $f(x)$ 当 $x\to x_0$(或 $x\to\infty$)时为无穷大,记作 $\lim\limits_{\substack{x\to x_0 \\ (x\to\infty)}}f(x)=\infty$.

例如当 $x\to 1$ 时,函数 $\dfrac{1}{1-x}$,$\dfrac{1}{1-x^2}$ 是无穷大;当 $x\to 0^+$ 时,函数 $\ln x$ 为无穷大.

关于无穷小与无穷大的概念要特别注意:

①无穷小(除 0 以外)与无穷大都表示一个变量,不能与任何一个很小或很大的数混为一谈.

②无穷小与无穷大是有条件的. 如函数 $f(x) = \dfrac{1}{x}$ 在 $x \to \infty$ 的条件下是无穷小,在 $x \to 0$ 的条件下则是无穷大.

③无穷大是函数极限不存在的一种特殊情况,为了便于叙述,我们也说"函数的极限是无穷大"并可记作 $\lim\limits_{\substack{x \to x_0 \\ (x \to \infty)}} f(x) = \infty$.

无穷大与无穷小之间有下列关系,即

定理 6　在自变量的同一变化过程中,如果 $f(x)$ 是无穷大,则 $\dfrac{1}{f(x)}$ 为无穷小;反之,如果 $f(x)$ 是无穷小,且 $f(x) \neq 0$,则 $\dfrac{1}{f(x)}$ 为无穷大.

例如当 $x \to 1$ 时,$x^2 - 1$ 为无穷小,而 $\dfrac{1}{x^2 - 1}$ 则为无穷大;当 $x \to \infty$ 时,$x^2 + 3x - 4$ 为无穷大,而 $\dfrac{1}{x^2 + 3x - 4}$ 则为无穷小.

(3) 无穷小的比较

在同一变化过程中有许多无穷小,例如 $x \to 0$ 时,$x, x^2, \sin x$ 等都是无穷小,但是它们趋近于零的"速度"(即它们的绝对值变小的速度)却不同. 为了比较无穷小趋近于零的快慢程度,我们引进下述定义:

定义 7　设 α, β 是同一变化过程中的两个无穷小,且 $\alpha \neq 0$,而 $\lim \dfrac{\beta}{\alpha}$ 也是这个变化过程中的极限.

①如果 $\lim \dfrac{\beta}{\alpha} = 0$,就说 β 是比 α 高阶的无穷小,记作 $\beta = o(\alpha)$;

②如果 $\lim \dfrac{\beta}{\alpha} = \infty$,就说 β 是比 α 低阶的无穷小;

③如果 $\lim \dfrac{\beta}{\alpha} = c \neq 0$,则称 β 与 α 是同阶无穷小;

④如果 $\lim \dfrac{\beta}{\alpha} = 1$,则称 β 与 α 是等价无穷小,记作 $\alpha \sim \beta$.

显然,等价无穷小是同阶无穷小的特殊情形,即 $c = 1$ 的情形.

例如:$\lim\limits_{x \to 0} \dfrac{3x^2}{x} = 0$,所以当 $x \to 0$ 时,$3x^2$ 是比 x 高阶的无穷小,即 $3x^2 = o(x)$ $(x \to 0)$,而 x 是比 $3x^2$ 低阶的无穷小. 由 $\lim\limits_{x \to 0} \dfrac{\sin x}{x} = 1$,当 $x \to 0$ 时,$\sin x$ 与 x 是等价无穷小,即 $\sin x \sim x (x \to 0)$.

关于等价无穷小,有一个重要性质:

定理 7　若 $\alpha \sim \alpha', \beta \sim \beta'$,且 $\lim \dfrac{\beta'}{\alpha'}$ 存在,则 $\lim \dfrac{\beta}{\alpha} = \lim \dfrac{\beta'}{\alpha'}$.

这个性质表明,求两个无穷小之比的极限时,分子与分母都可用等价无穷小来代换. 因此,如果用来代替的无穷小选择适当的话,可以使计算简化.

例 17 求 $\lim\limits_{x\to 0}\dfrac{\tan 2x}{\sin 5x}$

解 当 $x\to 0$ 时，$\tan 2x \sim 2x$，$\sin 5x \sim 5x$，所以

$$\lim_{x\to 0}\frac{\tan 2x}{\sin 5x}=\lim_{x\to 0}\frac{2x}{5x}=\frac{2}{5}$$

注意：等价代换是对分子或分母的整体替换（或对分子分母的因式进行替换），而对分子或分母中" ＋"，" －"号连接的各部分不能分别作替换.

例如 $\lim\limits_{x\to 0}\dfrac{\tan x-\sin x}{x^3}=\lim\limits_{x\to 0}\dfrac{\sin x(1-\cos x)}{x^3\cos x}=\lim\limits_{x\to 0}\dfrac{2\sin x\sin^2\frac{x}{2}}{x^3\cos x}$

$$=\lim_{x\to 0}\frac{2\cdot x\cdot\left(\frac{x}{2}\right)^2}{x^3\cdot\cos x}=\lim_{x\to 0}\frac{1}{2\cos x}=\frac{1}{2}$$

但若 $\tan x$ 与 $\sin x$ 分别用其等价无穷小 x 代换，则有

$$\lim_{x\to 0}\frac{\tan x-\sin x}{x^3}=\lim_{x\to 0}\frac{x-x}{x^3}=0$$

这样就错了.

下面是常用的几个等价无穷小代换，应当熟记：

当 $x\to 0$ 时，有 $\sin kx \sim kx$，$\tan kx \sim kx$，$\arcsin x \sim x$，$\arctan x \sim x$，$1-\cos x \sim \dfrac{x^2}{2}$，$\ln(1+x)\sim x$，$e^x-1\sim x$，$\sqrt{1+x}-1\sim\dfrac{1}{2}x$.

1.2.6 二元函数的极限

定义 8 设二元函数 $z=f(x,y)$ 在点 $P_0(x_0,y_0)$ 的邻域 $U(P_0)$ 内有定义（P_0 可以除外）. 点 $P(x,y)$ 是 $U(P_0)$ 内异于 P_0 的任意一点，如果当 $P(x,y)$ 以任何方式无限接近于点 $P_0(x_0,y_0)$ 时，对应的函数值 $f(x,y)$ 无限地接近于某个确定的常数 A，则称当 $x\to x_0$，$y\to y_0$ 时有极限 A，记作

$$\lim_{\substack{x\to x_0\\y\to y_0}}f(x,y)=A$$

或

$$\lim_{P\to P_0}f(P)=A$$

上述定义的二元函数的极限叫二重极限，二重极限是一元函数极限的推广，有关一元函数极限运算的法则和定理，均可类推到二重极限中去，这里不作详述.

例 18 求极限 $\lim\limits_{\substack{x\to 0\\y\to 0}}\dfrac{x^2+y^2}{\sqrt{x^2+y^2+1}-1}$

解 $\lim\limits_{\substack{x\to 0\\y\to 0}}\dfrac{x^2+y^2}{\sqrt{x^2+y^2+1}-1}=\lim\limits_{\substack{x\to 0\\y\to 0}}\dfrac{(x^2+y^2)(\sqrt{x^2+y^2+1}+1)}{(\sqrt{x^2+y^2+1}-1)(\sqrt{x^2+y^2+1}+1)}$

$$=\lim_{\substack{x\to 0\\y\to 0}}(\sqrt{x^2+y^2+1}+1)=2$$

必须注意,只有当 $P(x,y)$ 以任何方式无限接近于点 $P_0(x_0,y_0)$ 时,对应的函数值 $f(x,y)$ 无限地接近于某个确定的常数 A,才能说 $f(x,y)$ 有极限 A. 也就是说,如果当 $P(x,y)$ 以不同方式趋近于点 $P_0(x_0,y_0)$ 时,对应的函数值 $f(x,y)$ 趋于不同的常数,那么函数 $f(x,y)$ 的极限不存在.

例 19 讨论极限 $\lim\limits_{\substack{x\to 0 \\ y\to 0}}\dfrac{xy}{x^2+y^2}$ 是否存在?

解 令 $y=kx$,这时 $x\to 0$ 时 y 也趋于 0,则

$$\lim_{\substack{x\to 0 \\ y\to 0}}\frac{xy}{x^2+y^2}=\lim_{x\to 0}\frac{kx^2}{(1+k^2)x^2}=\frac{k}{1+k^2}$$

可以看出此极限因 k 不同而不同,也就是说 (x,y) 以不同路径趋于点 $(0,0)$ 时,得到的极限不同,因此函数 $f(x,y)=\dfrac{xy}{x^2+y^2}$ 在点 $(0,0)$ 处的极限不存在.

习题 1.2

1　试问函数 $f(x)=\begin{cases} x\sin\dfrac{1}{x},x>0 \\ 10,x=0 \\ 5+x^2,x<0 \end{cases}$ 在 $x=0$ 处的左、右极限是否存在? 当 $x\to 0$ 时,$f(x)$ 的极限是否存在?

2　计算下列极限:

① $\lim\limits_{x\to -1}\dfrac{x^2+2x+5}{x^2+1}$

② $\lim\limits_{x\to 4}\dfrac{x^2-6x+8}{x^2-5x+4}$

③ $\lim\limits_{x\to 1}\left(\dfrac{1}{1-x}-\dfrac{3}{1-x^3}\right)$

④ $\lim\limits_{x\to 1}\dfrac{\sqrt{5x-4}-\sqrt{x}}{x-1}$

⑤ $\lim\limits_{x\to \infty}\left(1+\dfrac{1}{x}\right)\left(2-\dfrac{1}{x^2}\right)$

⑥ $\lim\limits_{x\to \infty}\dfrac{x^2-1}{2x^2-x-1}$

⑦ $\lim\limits_{x\to \infty}\dfrac{x^2+x}{x^4-3x^2+1}$

⑧ $\lim\limits_{n\to \infty}\left[\dfrac{1}{1\cdot 2}+\dfrac{1}{2\cdot 3}+\cdots+\dfrac{1}{n\cdot(n+1)}\right]$

⑨ $\lim\limits_{x\to \infty}\dfrac{\arctan x}{x}$

⑩ $\lim\limits_{x\to \infty}\dfrac{x^2}{2x+1}$

⑪ $\lim\limits_{x\to 1}\dfrac{x^m-1}{x^n-1}$

⑫ $\lim\limits_{n\to \infty}\dfrac{1+\dfrac{1}{2}+\dfrac{1}{2^2}+\cdots+\dfrac{1}{2^n}}{1+\dfrac{1}{3}+\dfrac{1}{3^2}+\cdots+\dfrac{1}{3^n}}$

3　计算下列极限:

① $\lim\limits_{x\to 0}\dfrac{\tan 3x}{x}$

② $\lim\limits_{x\to 0}\dfrac{1-\cos 2x}{x\sin x}$

③ $\lim\limits_{x\to a}\dfrac{\sin x-\sin a}{x-a}$

④ $\lim\limits_{x\to 0}(1+2x)^{\frac{1}{x}}$

⑤$\lim\limits_{x\to\infty}\left(\dfrac{1+x}{x}\right)^{2x}$ ⑥$\lim\limits_{x\to\infty}\left(\dfrac{3+2x}{2x+1}\right)^{x+1}$

⑦$\lim\limits_{x\to0}\dfrac{\ln(1+x)}{2x}$ ⑧$\lim\limits_{x\to0}\dfrac{e^x-1}{x}$

⑨$\lim\limits_{x\to\infty}\left(\dfrac{x}{1+x}\right)^{x+2}$ ⑩$\lim\limits_{x\to0}\dfrac{e^x-e^{-x}}{x}$

4 当 $x\to1$ 时,比较无穷小 $f(x)=\dfrac{1-x}{1+x}$ 与 $g(x)=1-\sqrt[3]{x}$ 阶数的高低.

5 当 $x\to0$ 时,比较无穷小 $f(x)=1-\cos^2 x$ 与 $g(x)=\sin^2\dfrac{x}{2}$ 阶数的高低.

6 计算下列极限:

①$\lim\limits_{\substack{x\to0\\y\to0}}\dfrac{\sin(xy)}{x}$ ②$\lim\limits_{\substack{x\to1\\y\to0}}\dfrac{\ln(x+e^y)}{x^2+y^2}$

③$\lim\limits_{\substack{x\to0\\y\to1}}\dfrac{1-xy}{x^2+y^2}$ ④$\lim\limits_{\substack{x\to0\\y\to0}}\dfrac{\sqrt{xy+1}-1}{xy}$

7 讨论 $\lim\limits_{\substack{x\to0\\y\to0}}\dfrac{x+y}{x-y}$ 是否存在.

1.3 函数的连续性

在很多实际问题中,变量的变化常常是不间断的. 自然界中气温的变化,水的流动,动植物的生长等,这种不间断的变化反映在函数中,就是函数的连续性.

1.3.1 一元函数的连续性

我们先给出增量的概念,然后用极限来定义函数的连续性.

(1)函数的增量

定义 1 对函数 $y=f(x)$,自变量 x 由 x_0 变到 x_1,相应的函数值由 $f(x_0)$ 变到 $f(x_1)$,则称 $\Delta x=x_1-x_0$ 为自变量的增量(或改变量),称 $\Delta y=f(x_1)-f(x_0)$ 为函数 $y=f(x)$ 的增量(或改变量).

注意:Δx 可正、可负,但不为零;Δy 可正、可负,也可为零;当 $\Delta x>0$ 时,Δy 却不一定为正.

(2)连续的概念

如图 1.32,如果函数 $y=f(x)$ 的图像在点 x_0 处没有断开,那么在 x_0 点处的自变量 $\Delta x\to0$ 时,也有相应的函数值增量 $\Delta y\to0$,由此我们给出函数在一点连续的概念.

定义 2 设函数 $f(x)$ 在邻域 $U(x_0)$ 内有定义,如果当自变量的增量 Δx 趋向于零时,对应的函数的增量 Δy

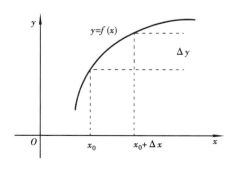

图 1.32

也趋向于零,即

$$\lim_{\Delta x \to 0} \Delta y = 0 \text{ 或 } \lim_{\Delta x \to 0} \left[f(x_0 + \Delta x) - f(x_0) \right] = 0$$

那么就称函数 $f(x)$ 在点 x_0 连续,x_0 称为 $f(x)$ 的连续点.

为了方便起见,函数 $f(x)$ 在点 x_0 连续的定义可用另一种形式叙述.

设 $x = x_0 + \Delta x$,则 $\Delta y = f(x) - f(x_0)$,当 $\Delta x \to 0$ 时有 $x \to x_0$,由 $\Delta y \to 0$ 可得 $f(x) \to f(x_0)$. 这样函数在一点连续的定义又可叙述如下:

定义 2′ 设函数 $f(x)$ 在邻域 $U(x_0)$ 内有定义,如果函数 $f(x)$ 当 $x \to x_0$ 时的极限存在,且等于它在点 x_0 处的函数值 $f(x_0)$,即

$$\lim_{x \to x_0} f(x) = f(x_0)$$

那么就称函数 $f(x)$ 在点 x_0 连续.

由左、右极限的概念我们给出函数左、右连续的定义.

定义 3 若函数 $f(x)$ 在 $(a, x_0]$ 内有定义,且 $f(x_0 - 0) = f(x_0)$,则称 $f(x)$ 在点 x_0 处左连续;若函数 $f(x)$ 在 $[x_0, b)$ 内有定义,且 $f(x_0 + 0) = f(x_0)$,则称 $f(x)$ 在点 x_0 处右连续.

由函数在一点连续的定义和极限存在的充要条件可知:函数 $f(x)$ 在点 x_0 连续的充要条件是函数在 x_0 点左右都连续.

如果函数 $f(x)$ 在开区间 (a, b) 内的每一点都连续,则称 $f(x)$ 在 (a, b) 内连续;如果函数 $f(x)$ 不仅在 (a, b) 内连续,而且在 a 点右连续,b 点左连续,则称 $f(x)$ 在 $[a, b]$ 上连续. 在区间上每一点都连续的函数,叫做在该区间上的连续函数,此区间叫做函数的连续区间.

例 1 证明函数 $y = \sin x$ 在其定义域内连续.

证明 任取 $x \in (-\infty, +\infty)$,因为

$$\Delta y = \sin(x + \Delta x) - \sin x = 2 \cos\left(x + \frac{\Delta x}{2}\right) \sin \frac{\Delta x}{2} \text{ 且 } \left| 2 \cos\left(x + \frac{\Delta x}{2}\right) \right| \leq 2$$

而当 $\Delta x \to 0$ 时,$\sin \frac{\Delta x}{2} \to 0$,由无穷小的性质有 $\lim\limits_{\Delta x \to 0} \Delta y = 0$

所以函数 $y = \sin x$ 在其定义域内连续.

例 2 讨论 $f(x) = \begin{cases} x \sin \dfrac{1}{x}, & x \neq 0, \\ 0, & x = 0, \end{cases}$ 在 $x = 0$ 处的连续性.

解 因为函数在 $x = 0$ 处有定义,且

$$\lim_{x \to 0} x \sin \frac{1}{x} = 0 = f(0)$$

所以函数在 $x = 0$ 处连续.

例 3 讨论 $f(x) = \begin{cases} x + 2, & x \geq 0, \\ x - 2, & x < 0, \end{cases}$ 在 $x = 0$ 处的连续性.

解 函数在 $x = 0$ 处有定义,而 $\lim\limits_{x \to 0^-} f(x) = \lim\limits_{x \to 0^-} (x - 2) = -2$,$\lim\limits_{x \to 0^+} f(x) = \lim\limits_{x \to 0^+} (x + 2) = 2$,所以 $\lim\limits_{x \to 0} f(x)$ 不存在. 即函数在 $x = 0$ 处无极限,因此函数在 $x = 0$ 处不连续.

(3)函数的间断点及其分类

函数 $f(x)$ 在 x_0 点连续必须同时满足以下三个条件:

1)函数 $f(x)$ 在 x_0 点及其附近有定义;

2）极限 $\lim\limits_{x \to x_0} f(x)$ 存在；

3）$\lim\limits_{x \to x_0} f(x) = f(x_0)$.

上述三个条件中只要有一个不满足，则称函数 $f(x)$ 在 x_0 点处不连续（或间断），并称点 x_0 为 $f(x)$ 的不连续点（或间断点）.

设函数在 x_0 点间断：

1）如果 $\lim\limits_{x \to x_0^-} f(x)$ 与 $\lim\limits_{x \to x_0^+} f(x)$ 都存在，那么 x_0 点称为函数的第一类间断点. 特别地，如果 $\lim\limits_{x \to x_0^-} f(x) = \lim\limits_{x \to x_0^+} f(x)$（即 $\lim\limits_{x \to x_0} f(x)$ 存在），但不等于函数值 $f(x_0)$，则 x_0 点称为可去间断点；若 $\lim\limits_{x \to x_0^-} f(x) \neq \lim\limits_{x \to x_0^+} f(x)$，则 x_0 点称为跳跃间断点.

2）如果 $\lim\limits_{x \to x_0^-} f(x)$ 与 $\lim\limits_{x \to x_0^+} f(x)$ 至少有一个不存在，那么 x_0 点称为函数的第二类间断点. 特别地，如果 $\lim\limits_{x \to x_0^-} f(x)$ 与 $\lim\limits_{x \to x_0^+} f(x)$ 至少有一个是无穷大，则 x_0 点称为无穷间断点.

例4 讨论函数 $f(x) = \begin{cases} -x, & x \leq 0, \\ 1+x, & x > 0, \end{cases}$ 在 $x = 0$ 处的连续性.

解 函数在 $x = 0$ 处有定义，但

$$\lim_{x \to 0^-} f(x) = \lim_{x \to 0^-} (-x) = 0 \neq \lim_{x \to 0^+} f(x) = \lim_{x \to 0^+} (1+x) = 1$$

因此点 $x = 0$ 是函数的跳跃间断点（图 1.33）.

例5 讨论函数 $f(x) = \begin{cases} 2\sqrt{x}, & 0 \leq x < 1, \\ 1, & x = 1, \\ 1+x, & x > 1, \end{cases}$ 在 $x = 1$ 处的连续性.

解 函数在 $x = 1$ 处有定义，因为

$$\lim_{x \to 1^-} f(x) = \lim_{x \to 1^-} 2\sqrt{x} = 2 = \lim_{x \to 1^+} f(x) = \lim_{x \to 1^+} (1+x)$$

所以 $\lim\limits_{x \to 1} f(x) = 2$，但 $\lim\limits_{x \to 1} f(x) = 2 \neq f(1) = 1$. 如果令 $f(1) = 2$，则函数 $f(x)$ 在 $x = 1$ 处连续，则 $x = 1$ 称为函数的可去间断点（图 1.34）.

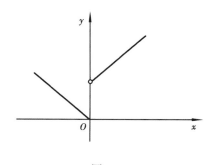

图 1.33

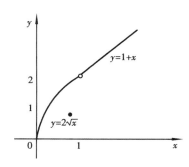

图 1.34

由此例可见可去间断点只要改变或者补充间断处函数的定义，则可使其变为连续点.

例6 讨论函数 $f(x) = \begin{cases} \dfrac{1}{x}, & x > 0, \\ x, & x \leq 0, \end{cases}$ 在 $x = 0$ 处的连续性.

解 函数在 $x = 0$ 处有定义,但

$$\lim_{x \to 0^+} f(x) = \lim_{x \to 0^+} \frac{1}{x} = \infty$$

所以点 $x = 0$ 是函数的无穷间断点.

例 7 当 a 取何值时,函数 $f(x) = \begin{cases} \cos x, & x < 0, \\ a + x, & x \geq 0, \end{cases}$ 在 $x = 0$ 处连续.

解 函数在 $x = 0$ 处有定义,只要

$$\lim_{x \to 0^-} f(x) = \lim_{x \to 0^-} \cos x = 1 = \lim_{x \to 0^+} f(x) = \lim_{x \to 0^+} (a + x) = a = f(0)$$

即 $a = 1$,函数在 $x = 0$ 处连续.

(4)初等函数的连续性

利用连续的定义可以证明基本初等函数在其定义域内都是连续的. 其次,两个连续函数经过加、减、乘、除运算后仍连续(相除时要求分母不为零). 此外,可以证明两个连续函数的复合函数仍是连续函数. 于是由初等函数的定义我们可以得出下面结论:

定理 1 一切初等函数在其定义区间内都是连续的.

特别注意的是定义区间是指包含在定义域内的区间,初等函数仅在其定义区间内连续,在其定义域内不一定连续,例如函数 $y = \sqrt{\sin x - 1}$ 在其定义域内不连续.

利用初等函数的连续性可以帮助我们求极限,其方法如下:

1)若 $f(x)$ 是初等函数,且 x_0 是 $f(x)$ 的定义区间内的点,则

$$\lim_{x \to x_0} f(x) = f(x_0)$$

2)对于复合函数 $y = f[\varphi(x)]$,若 $\lim_{x \to x_0} \varphi(x) = a$,而函数 $f(u)$ 在 $u = a$ 点连续,则

$$\lim_{x \to x_0} f[\varphi(x)] = f[\lim_{x \to x_0} \varphi(x)] = f(a)$$

例 8 求 $\lim_{x \to 1} \sin \sqrt{e^x - 1}$

解 $\lim_{x \to 1} \sin \sqrt{e^x - 1} = \sin \sqrt{\lim_{x \to 1}(e^x - 1)} = \sin \sqrt{e - 1}$.

例 9 求函数 $f(x) = \dfrac{1}{4 - x^2} + \sqrt{x + 2}$ 的连续区间.

解 由于 $f(x) = \dfrac{1}{4 - x^2} + \sqrt{x + 2}$ 是初等函数,故它的连续区间就是定义域区间.

解不等式组 $\begin{cases} 4 - x^2 \neq 0 \\ x + 2 \geq 0 \end{cases}$ 得连续区间为 $(-2, 2) \cup (2, +\infty)$.

1.3.2 二元函数的连续性

与一元函数一样,我们用函数极限说明二元函数的连续性的概念.

定义 4 设函数 $f(x, y)$ 在 $P_0(x_0, y_0)$ 的某个邻域 $U(P_0)$ 内有定义,点 $P(x, y)$ 是 $U(P_0)$ 内任意一点,如果

$$\lim_{\substack{x \to x_0 \\ y \to y_0}} f(x, y) = f(x_0, y_0)$$

则称函数 $f(x, y)$ 在点 $P_0(x_0, y_0)$ 处连续.

若函数 $f(x,y)$ 在点 $P_0(x_0,y_0)$ 处不连续,称点 $P_0(x_0,y_0)$ 为函数 $f(x,y)$ 的间断点,二元函数的间断点的集合有可能为一条平面曲线. 例如 $f(x,y) = \dfrac{1}{x^2+y^2-4}$ 的间断点为 xOy 平面上一个圆 $x^2+y^2=4$.

如果函数 $f(x,y)$ 在区域 D 内每一点都连续,则称 $f(x,y)$ 在区域 D 内连续.

如果令

$$\Delta x = x - x_0, \Delta y = y - y_0,$$

$$\Delta z = f(x,y) - f(x_0,y_0) = f(x_0+\Delta x, y_0+\Delta y) - f(x_0,y_0)$$

(Δz 称为二元函数 $z=f(x,y)$ 在点 (x_0,y_0) 处的全增量),则 $\lim\limits_{\substack{x\to x_0 \\ y\to y_0}} f(x,y) = f(x_0,y_0)$ 可改写为

$$\lim\limits_{\substack{\Delta x\to 0 \\ \Delta y\to 0}} \Delta z = 0.$$

由极限四则运算法则及有关复合函数的极限定理,可以证明,二元连续函数的和、差、积、商(分母不能为零)及二元连续函数的复合函数都是连续的. 由此我们进一步得到结论:二元初等函数在其定义域区域内(指包含在定义域内的区域)内是连续的.

例 10 求 $\lim\limits_{\substack{x\to 1 \\ y\to 1}} \dfrac{2x-y^2}{x^2+y^2}$

解 函数的定义域 $D = \{(x,y) \mid x^2+y^2 \neq 0\}$,而点 $(1,1) \in D$,故 $f(x,y)$ 在点 $(1,1)$ 处连续,由二元函数连续的定义,有

$$\lim\limits_{\substack{x\to 1 \\ y\to 1}} \dfrac{2x-y^2}{x^2+y^2} = f(1,1) = \dfrac{2\times1-1^2}{1^2+1^2} = \dfrac{1}{2}$$

例 11 讨论函数 $f(x,y) = \begin{cases} \dfrac{xy}{x^2+y^2}, & (x,y) \neq (0,0) \\ 0, & (x,y) = (0,0) \end{cases}$ 在点 $(0,0)$ 处的连续性.

解 由 1.2 节中的例 19 知,函数 $f(x,y) = \dfrac{xy}{x^2+y^2}$ 在点 $(0,0)$ 处的极限不存在,因此在点 $(0,0)$ 处不连续.

1.3.3 闭区间上连续函数的性质

在闭区间上连续的一元函数有如下几个重要性质,我们以定理的形式给出.

定理 2 (最大值和最小值定理)在闭区间上连续的函数一定有最大值和最小值.

值得注意的是:如果函数在开区间内连续,或函数在闭区间上有间断点,那么定理不一定成立.

推论 在闭区间上连续的函数一定在该区间上有界.

定理 3 (介值定理)设函数 $f(x)$ 在闭区间 $[a,b]$ 上连续,且 $f(a) \neq f(b)$,则对于任一介于 $f(a)$ 与 $f(b)$ 之间的常数 C,在开区间 (a,b) 内至少有一点 ξ,使得

$$f(\xi) = C$$

即闭区间上的连续函数可以取得介于区间端点函数值之间的一切值.

其几何意义是:连续曲线 $y=f(x)$ 与直线 $y=C$(C 在 $f(a)$ 与 $f(b)$ 之间)至少有一个交点(图 1.35).

推论1 在闭区间上连续的函数必取得介于最大值与最小值之间的任何值.

推论2 （**零点定理**）设函数 $f(x)$ 在闭区间 $[a,b]$ 上连续,且 $f(a)\cdot f(b)<0$,那么在开区间 (a,b) 内至少有函数 $f(x)$ 的一个零点,即至少有一点 $\xi(a<\xi<b)$,使 $f(\xi)=0$.

从图1.36看, $f(x)$ 的图像至少穿过 x 轴一次,此定理是很明显的. 这个定理常用来判断方程是否有根.

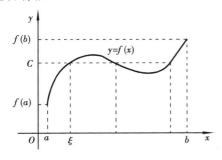

图1.35

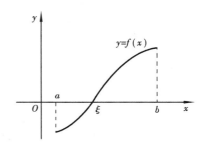

图1.36

例12 证明方程 $x^3-4x^2+1=0$ 在区间 $(0,1)$ 内至少有一个根.

证 设函数 $f(x)=x^3-4x^2+1$,则 $f(x)$ 显然在 $[0,1]$ 上连续,并且

$$f(0)=1>0,\ f(1)=-2<0$$

由零点定理可知在 $(0,1)$ 内至少有一点 ξ,使得 $f(\xi)=0$,即 $\xi^3-4\xi^2+1=0$, $\xi\in(0,1)$.

即可得证方程 $x^3-4x^2+1=0$ 在区间 $(0,1)$ 内至少有一个根.

与闭区间上一元连续函数的性质相类似,在有界闭区域上的二元连续函数也有如下性质:

性质1 （**最大值与最小值定理**）设在有界闭区域 D 上的二元连续函数 $f(x,y)$ 在该区域上至少可取得最大值和最小值各一次.

性质2 （**介值定理**）设在有界闭区域 D 上的二元连续函数 $f(x,y)$, $A(x_1,y_1)B(x_2,y_2)$ 为 D 上任意两点,则对介于 $f(x_1,y_1)$ 和 $f(x_2,y_2)$ 的任何一值 k,在 D 中至少存在一点 $\xi(x_0,y_0)$,使得 $f(x_0,y_0)=k$.

习题 1.3

1 填空题

①函数 $y=\dfrac{x^2-1}{x^2-3x+2}$ 在 $x=1$ 是_____间断点;在 $x=2$ 是_____间断点.

②函数 $y=\dfrac{x^2-x}{|x|(x^2-1)}$ 在 $x=0$ 是_____间断点;在 $x=1$ 是_____间断点;在 $x=-1$ 是_____间断点.

③函数 $f(x)=\dfrac{x^4+x+1}{x^2+x-6}$ 的连续区间为_____.

④设 $f(x)=\begin{cases}\cos\dfrac{\pi x}{2}, & |x|\leqslant 1 \\ |x-1|, & |x|>1\end{cases}$,则 $\lim\limits_{x\to\frac{1}{2}}f(x)$_____; $\lim\limits_{x\to-1}f(x)$_____.

2 讨论函数 $f(x) = \begin{cases} x, & |x| \leq 1 \\ 1, & |x| > 1 \end{cases}$ 的连续性,并画出函数的图形.

3 指出下列函数的间断点,并说明这些间断点的类型,如果是可去间断点,则补充或改变函数的定义使它连续.

① $f(x) = \begin{cases} x-1, & x \leq 1 \\ 3-x, & x > 1 \end{cases}$ ② $f(x) = \dfrac{x}{\tan x}$

③ $f(x) = \begin{cases} x^2-1, & x \leq 0 \\ 2^x, & x > 0 \end{cases}$ ④ $f(x) = \dfrac{2^{\frac{1}{x}}-1}{2^{\frac{1}{x}}+1}$

⑤ $f(x) = \dfrac{x^3-8}{x-2}$ ⑥ $f(x) = \begin{cases} x+\dfrac{1}{x}, & x \neq 0 \\ 0, & x = 0 \end{cases}$

4 讨论函数 $f(x) = \lim\limits_{n \to \infty} \dfrac{1-x^{2n}}{1+x^{2n}}$ 的连续性,若有间断点,判断其类型.

5 设函数 $f(x) = \dfrac{e^x-b}{(x-a)(x-1)}$,若满足条件(1)有无穷间断点 $x=0$;(2)有可去间断点 $x=1$,试确定 a,b 的值.

6 计算下列各极限:

① $\lim\limits_{x \to 0} \ln \dfrac{\sin x}{x}$ ② $\lim\limits_{x \to 0} (1 + 3\tan^2 x)^{\cot^2 x}$

③ $\lim\limits_{x \to \infty} \left(\dfrac{2x-3}{2x+1}\right)^{x+1}$ ④ $\lim\limits_{x \to 0} \dfrac{\ln(1+x)}{x}$ ⑤ $\lim\limits_{x \to 0} \dfrac{e^{2x}-1}{x}$

7 证明方程 $x = a\sin x + b$,其中 $a > 0, b > 0$,至少有一个正根,并且它不超过 $a+b$.

8 指出下列函数的间断处:

① $z = \dfrac{2x}{x^2-y^2}$ ② $z = \sin \dfrac{1}{xy}$

复习题 1

1 选择题

①函数 $y = \dfrac{2x}{1+x^2}$ 是( ).

(A)周期函数   (B)奇函数   (C)单调函数   (D)有界函数

②下列极限正确的有( ).

(A) $\lim\limits_{x \to 0} e^{\frac{1}{x}} = \infty$ (B) $\lim\limits_{x \to \infty} e^{\frac{1}{x}} = 1$ (C) $\lim\limits_{x \to \infty} \left(\dfrac{1+x}{x}\right)^x = 1$ (D) $\lim\limits_{x \to 1} \dfrac{\sin(x^2-1)}{x-1} = 1$

③当 $x \to 0$ 时,( )是比 x 高阶的无穷小.

(A) $x^2 + x$ (B) $x\cos x$ (C) $x - \sin x$ (D) $e^{2x}-1$

④ $\lim\limits_{n \to \infty} n(\sqrt{n^2+3} - \sqrt{n^2-2}) = ($).

（A）5 　　　　　（B）0 　　　　　（C）∞ 　　　　　（D）$\dfrac{5}{2}$

⑤函数 $y = \dfrac{|x|}{x}$，则下列结论中正确的是(　　).

（A）在 $x = 0$ 处有极限 1 　　　　　　（B）在 $x = 0$ 处有极限 -1

（C）在 $x = 0$ 处没有极限 　　　　　　（D）在定义域内连续

⑥函数 $y = \dfrac{x^2 - 1}{x^2 - 3x + 2}$ 的间断点是(　　).

（A）$x = 2$ 　　　（B）$x = 1, x = 2$ 　　　（C）$x = -2$ 　　　（D）$x = -1, x = -2$

⑦当 $|x| < 1$ 时，$y = \sqrt{1 - x^2}$(　　).

（A）是连续函数 　　　　　　（B）是有界函数

（C）有最大值和最小值 　　　　　　（D）有最大值无最小值

⑧函数 $z = \dfrac{1}{\ln(x + y)}$ 的定义域为(　　).

（A）$x + y \neq 0$ 　　　（B）$x + y > 0$ 　　　（C）$x + y \neq 1$ 　　　（D）$x + y > 0$ 且 $x + y \neq 1$

⑨$\lim\limits_{\substack{x \to 0 \\ y \to 0}} \dfrac{x^2 y}{x^4 + y^2}$(　　).

（A）$= 1$ 　　　（B）$= 0$ 　　　（C）$= 2$ 　　　（D）不存在

2　填空题

①函数 $y = \sqrt{x - 2} + \dfrac{1}{x - 6}$ 的定义域为＿＿＿＿＿＿＿＿.

②若 $f(x - 1) = x(x - 1)$，则 $f(x) = $ ＿＿＿＿＿＿＿＿.

③函数 $y = \ln \sin \sqrt{x}$ 的复合过程为＿＿＿＿＿＿＿＿.

④$\lim\limits_{x \to \infty} \left(1 - \dfrac{2}{x}\right)^{2x} = $ ＿＿＿＿＿；$\lim\limits_{x \to 0} \dfrac{\sqrt{x + a} - \sqrt{a}}{\sin x} = $ ＿＿＿＿＿.

⑤设 $x \to 0$ 时，$1 - \cos x \sim a x^2$，则 $a = $ ＿＿＿＿＿.

⑥设 $y = \dfrac{x}{\sin x}$，则函数有可去间断点＿＿＿＿＿＿，无穷间断点＿＿＿＿＿＿.

⑦$\lim\limits_{\substack{x \to 0 \\ y \to 0}} \dfrac{x + y}{\sqrt{x + y + 1} - 1} = $ ＿＿＿＿＿.

⑧若 $y = \begin{cases} \dfrac{\sin 2x}{x}, & x < 0 \\ 3x^2 - 2x + k, & x \geqslant 0 \end{cases}$ 在定义域内连续,则 $k = $ ＿＿＿＿＿.

3　求下列函数的极限

①$\lim\limits_{x \to 4} \dfrac{\sqrt{2x + 1} - 3}{\sqrt{x} - 2}$ 　　　②$\lim\limits_{x \to \pi} \dfrac{\sin x}{\pi - x}$ 　　　③$\lim\limits_{x \to 1} \dfrac{\sin(x - 1)}{x^2 + x - 2}$

④$\lim\limits_{x \to 0} \dfrac{\sin x^3}{(\sin x)^3}$ 　　　⑤$\lim\limits_{x \to 0} \dfrac{\sqrt{1 + x} - \sqrt{1 - x}}{\sin 3x}$ 　　　⑥$\lim\limits_{x \to \infty} \dfrac{x + 3}{x^2 - x}(\sin x + 2)$

⑦$\lim\limits_{x \to 0} \dfrac{\ln(1 + x)}{\tan 5x}$ 　　　⑧$\lim\limits_{x \to 0} \dfrac{e^{2x} - 1}{x}$ 　　　⑨$\lim\limits_{x \to \infty} \left(\dfrac{2x - 1}{2x + 1}\right)^{x + 1}$

4 设 $f(x) = \begin{cases} \dfrac{\cos x}{x+2}, & x \geq 0 \\ \dfrac{\sqrt{a} - \sqrt{a-x}}{x}, & x < 0 \end{cases}$ $(a > 0)$，当 a 取何值时，$f(x)$ 在 $x = 0$ 处连续.

5 求 $f(x) = \dfrac{x-1}{x^2 - 5x + 4}$ 的间断点，并对间断点分类.

6 证明方程 $\arctan x = 1 - x$ 在 $(0, 1)$ 之间有一实根.

第2章
微 分 学

微分学是高等数学的重要组成部分,它的基本概念是导数和微分.导数反映了函数关于自变量的变化率问题,微分则反映了当自变量发生微小的变化时,函数的微小改变量.本章首先从物体沿直线运动的速度等变化率问题引出导数的概念,然后介绍求导法则和导数的计算方法.最后由函数增量的近似计算问题,引出函数的微分概念,并简单介绍函数的微分法则及应用.本章的主要概念有导数、偏导数、微分和全微分.

2.1　导数的概念

2.1.1　函数的变化率问题举例

(1) 变速直线运动的瞬时速度

由物理学知道,当物体作等速直线运动时,它在任何时刻的速度可用公式

$$速度 = \frac{路程}{时间}$$

来计算.而对于变速直线运动,上述公式只能反映物体在某段时间内的平均速度.显而易见,物体在运动过程中的任一时刻的速度(瞬时速度),还需要进一步讨论.

设物体沿直线运动,运动规律或位置函数为 $s = s(t)$,现在要求物体在 t_0 时刻的瞬时速度 $v(t_0)$.为了求得物体在 t_0 时刻的瞬时速度,先考察在 t_0 时刻以后经过 Δt 这段时间内的平均速度.

设在 t_0 时刻物体的位置为 $s(t_0)$,当时间 t 在 t_0 时刻取得增量 Δt 达到 $t_0 + \Delta t$ 时刻时,位置函数 s 相对应有增量 $\Delta s = s(t_0 + \Delta t) - s(t_0)$,于是比值

$$\frac{\Delta s}{\Delta t} = \frac{s(t_0 + \Delta t) - s(t_0)}{\Delta t}$$

表示物体在 t_0 到 $t_0 + \Delta t$ 这段时间内的平均速度,记作 $\bar{v}$,即

$$\bar{v} = \frac{\Delta s}{\Delta t} = \frac{s(t_0 + \Delta t) - s(t_0)}{\Delta t}$$

由于变速运动的速度通常是连续变化的,在一段很短的时间 Δt 内,速度变化不大,可以近似地看作等速运动,因此当 $|\Delta t|$ 很小时,$\bar{v}$ 可以作为物体在 t_0 时刻的瞬时速度的近似值.

显然,$|\Delta t|$ 越小,$\bar{v}$ 就越接近于物体在 t_0 时刻的瞬时速度. 因此当 $\Delta t \to 0$ 时,$\bar{v}$ 的极限为物体在 t_0 时刻的瞬时速度,即

$$v(t_0) = \lim_{\Delta t \to 0} \frac{s(t_0 + \Delta t) - s(t_0)}{\Delta t}$$

(2)平面曲线的切线斜率

在平面几何里,圆的切线定义为"与曲线只有一个公共点的直线". 这一定义不适用于一般曲线. 比如曲线 $y = (x-1)^2$ 与 x 轴,y 轴都只有一个公共点,但 y 轴不是曲线的切线. 为此我们先给出一般曲线的切线的定义.

定义 1 在曲线 L 上点 M 为曲线上的一个定点,在 M 附近再取一个点 M_1,作割线 MM_1,当点 M_1 沿曲线 L 移动而趋向于 M 时,割线 MM_1 的极限位置 MT 称为曲线 L 在点 M 的切线(如图 2.1 所示).

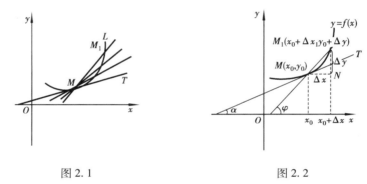

图 2.1　　　　　　　　　图 2.2

根据这个定义,我们可以用极限的方法求曲线的切线的斜率.

设曲线 $y = f(x)$ 的图形如图 2.2 所示. 点 $M(x_0, y_0)$ 为曲线上一定点,在曲线上另取一点 $M_1(x_0 + \Delta x, y_0 + \Delta y)$,点 M_1 的位置取决于 Δx,它是曲线上的一动点,作割线 MM_1,设其倾斜角为 φ,由图 2.2 可知割线 MM_1 的斜率为

$$\tan \varphi = \frac{\Delta y}{\Delta x} = \frac{f(x_0 + \Delta x) - f(x_0)}{\Delta x}$$

当 $\Delta x \to 0$ 时,动点 M_1 将沿着曲线趋向于定点 M,从而割线 MM_1 也随之变动而趋向于极限位置——切线 MT. 显然,此时倾斜角 φ 趋向于切线 MT 的倾斜角 α,于是得到切线 MT 的斜率为

$$k = \lim_{\Delta x \to 0} \tan \varphi = \lim_{\Delta x \to 0} \frac{\Delta y}{\Delta x} = \lim_{\Delta x \to 0} \frac{f(x_0 + \Delta x) - f(x_0)}{\Delta x}$$

2.1.2　导数的定义

上面两个实例,一个是物理学中的瞬时速度,另一个是几何学中的切线的斜率,二者的讨论的对象完全不同. 但从抽象的数量关系来看,其实质是一样的,都可以归结为计算函数的改变量与自变量的改变量的比,当自变量的改变量趋于零时的极限. 在自然科学和工程技术中,还有许多问题可以归结为前面形式的极限. 撇开这些量的具体意义,就得出函数导数的概念.

定义 2 设函数 $y = f(x)$ 在点 x_0 的某个邻域内有定义,当自变量 x 在 x_0 处取得增量

$\Delta x(x_0 + \Delta x$ 仍在该邻域内)时,函数 y 取得相应的增量 $\Delta y = f(x_0 + \Delta x) - f(x_0)$. 如果 $\lim\limits_{\Delta x \to 0} \dfrac{\Delta y}{\Delta x}$ 存在,则称此极限值为函数 $y = f(x)$ 在 x_0 处的导数(或微商). 记为

$$f'(x_0) \text{ 或 } y' \Big|_{x = x_0} \text{ 或 } \frac{\mathrm{d}y}{\mathrm{d}x}\Big|_{x = x_0} \text{ 或 } \frac{\mathrm{d}f(x)}{\mathrm{d}x}\Big|_{x = x_0}$$

即

$$f'(x_0) = \lim_{\Delta x \to 0} \frac{\Delta y}{\Delta x} = \lim_{\Delta x \to 0} \frac{f(x_0 + \Delta x) - f(x_0)}{\Delta x} \tag{2.1}$$

此时也称函数 $f(x)$ 在 x_0 处可导. 如果上述极限不存在,则称 $f(x)$ 在 x_0 处不可导. 若 $\lim\limits_{\Delta x \to 0} \dfrac{\Delta y}{\Delta x} = \infty$,这时称函数 $f(x)$ 在 x_0 处导数为无穷大,记为 $f'(x_0) = \infty$.

导数的定义有不同的形式,如令 $x_0 + \Delta x = x$,则有 $\Delta x = x - x_0$,$\Delta x \to 0$ 即 $x \to x_0$,式(2.1)可以改写为

$$f'(x_0) = \lim_{x \to x_0} \frac{f(x) - f(x_0)}{x - x_0}$$

$\dfrac{\Delta y}{\Delta x} = \dfrac{f(x_0 + \Delta x) - f(x_0)}{\Delta x}$ 反映的是自变量 x 从 x_0 改变到 $x_0 + \Delta x$ 时,函数 $f(x)$ 的平均变化速度,称为函数在 x_0 到 $x_0 + \Delta x$ 之间的平均变化率;而导数 $f'(x_0)$ 反映的是函数在点 x_0 处的变化速度,称为函数在点 x_0 的变化率. 根据导数的定义,前面的瞬时速度 $v(t_0) = s'(t_0)$,曲线在 $x = x_0$ 处切线的斜率 $k = f'(x_0)$.

如果函数 $y = f(x)$ 在开区间 (a,b) 内每一点都可导,则称函数 $y = f(x)$ 在区间 (a,b) 内可导. 这时,对于区间 (a,b) 内的每一个确定的 x 值,都有一个确定的导数值与之对应,这样就构成了一个新的函数,叫函数 $y = f(x)$ 的导函数,记作 y', $f'(x)$, $\dfrac{\mathrm{d}y}{\mathrm{d}x}$ 或 $\dfrac{\mathrm{d}f(x)}{\mathrm{d}x}$. 即

$$f'(x) = \lim_{\Delta x \to 0} \frac{f(x + \Delta x) - f(x)}{\Delta x} \tag{2.2}$$

显然,函数 $y = f(x)$ 在 x_0 处的导数 $f'(x_0)$ 就是导函数 $f'(x)$ 在点 x_0 处的函数值,即 $f'(x_0) = f'(x)\big|_{x = x_0}$.

在不致混淆的情况下,导函数 $f'(x)$ 也简称导数.

2.1.3　几个基本初等函数的求导公式

关于函数的求导问题,我们先根据导数的定义计算一些简单函数的导数,从而推出一些基本初等函数的求导公式.

根据定义求 $y = f(x)$ 的导数,可分为以下三个步骤:

1)求增量:$\Delta y = f(x + \Delta x) - f(x)$

2)算比值:$\dfrac{\Delta y}{\Delta x} = \dfrac{f(x + \Delta x) - f(x)}{\Delta x}$

3)取极限:$f'(x) = \lim\limits_{\Delta x \to 0} \dfrac{f(x + \Delta x) - f(x)}{\Delta x}$

例 1　求函数 $y = C$(C 为常数)的导数.

解　1)求增量:$\Delta y = f(x + \Delta x) - f(x) = 0$

2)算比值：$\dfrac{\Delta y}{\Delta x} = \dfrac{f(x + \Delta x) - f(x)}{\Delta x} = 0$

3)取极限：$f'(x) = \lim\limits_{\Delta x \to 0} \dfrac{f(x + \Delta x) - f(x)}{\Delta x} = 0$

所以，有
$$(C)' = 0$$
即常数的导数为零．

例2 求幂函数 $y = x^n$ 的导数．$(n \in N)$

解 1)求增量：
$$\begin{aligned}
\Delta y &= f(x + \Delta x) - f(x) = (x + \Delta x)^n - x^n \\
&= C_n^0 x^n + C_n^1 x^{n-1} \cdot \Delta x + C_n^2 x^{n-2} (\Delta x)^2 + \cdots + C_n^n (\Delta x)^n - x^n \\
&= C_n^1 x^{n-1} \cdot \Delta x + C_n^2 x^{n-2} (\Delta x)^2 + \cdots + C_n^n (\Delta x)^n
\end{aligned}$$

2)算比值：
$$\begin{aligned}
\frac{\Delta y}{\Delta x} &= \frac{f(x + \Delta x) - f(x)}{\Delta x} \\
&= C_n^1 x^{n-1} + C_n^2 x^{n-2} (\Delta x)^1 + \cdots + C_n^n (\Delta x)^{n-1}
\end{aligned}$$

3)取极限：
$$f'(x) = \lim_{\Delta x \to 0} \frac{f(x + \Delta x) - f(x)}{\Delta x} = C_n^1 x^{n-1} = n x^{n-1}$$

即幂函数的导数为：
$$(x^n)' = n x^{n-1}$$
值得注意的是上述公式中的 n 可以推广到任意实数．如
$$(x)' = 1, (x^3)' = 3x^2, (x^{-1})' = (-1) x^{-1-1} = -x^{-2}$$
$$(\sqrt{x})' = (x^{\frac{1}{2}})' = \frac{1}{2} x^{\frac{1}{2} - 1} = \frac{1}{2} x^{-\frac{1}{2}}$$

例3 求正弦函数 $y = \sin x$ 的导数．

解 1)求增量：
$$\begin{aligned}
\Delta y &= f(x + \Delta x) - f(x) = \sin(x + \Delta x) - \sin x \\
&= 2 \cos \frac{x + \Delta x + x}{2} \sin \frac{x + \Delta x - x}{2} \\
&= 2 \cos\left(x + \frac{\Delta x}{2}\right) \sin \frac{\Delta x}{2}
\end{aligned}$$

2)算比值：
$$\begin{aligned}
\frac{\Delta y}{\Delta x} &= \frac{f(x + \Delta x) - f(x)}{\Delta x} = \frac{2 \cos\left(x + \frac{\Delta x}{2}\right) \sin \frac{\Delta x}{2}}{\Delta x} \\
&= \cos\left(x + \frac{\Delta x}{2}\right) \frac{\sin \frac{\Delta x}{2}}{\frac{\Delta x}{2}}
\end{aligned}$$

3)取极限：
$$f'(x) = \lim_{\Delta x \to 0} \frac{f(x + \Delta x) - f(x)}{\Delta x}$$

$$= \lim_{\Delta x \to 0} \cos \left(x + \frac{\Delta x}{2} \right) \frac{\sin \frac{\Delta x}{2}}{\frac{\Delta x}{2}}$$

$$= \lim_{\Delta x \to 0} \cos \left(x + \frac{\Delta x}{2} \right) \cdot \lim_{\Delta x \to 0} \frac{\sin \frac{\Delta x}{2}}{\frac{\Delta x}{2}} = \cos x$$

所以 $$(\sin x)' = \cos x$$

即正弦函数的导数是余弦函数.

用同样的方法可得： $$(\cos x)' = -\sin x$$

即余弦函数的导数是负的正弦函数.

例 4　求对数函数 $y = \log_a x, (a > 0, a \neq 1)$ 的导数.

解　1）求增量：

$$\Delta y = f(x + \Delta x) - f(x) = \log_a (x + \Delta x) - \log_a x$$

$$= \log_a \frac{x + \Delta x}{x} = \log_a \left(1 + \frac{\Delta x}{x} \right)$$

2）算比值：

$$\frac{\Delta y}{\Delta x} = \frac{f(x + \Delta x) - f(x)}{\Delta x} = \frac{\log_a \left(1 + \frac{\Delta x}{x} \right)}{\Delta x}$$

$$= \frac{x}{x \Delta x} \log_a \left(1 + \frac{\Delta x}{x} \right) = \frac{1}{x} \log_a \left(1 + \frac{\Delta x}{x} \right)^{\frac{x}{\Delta x}}$$

3）取极限：

$$f'(x) = \lim_{\Delta x \to 0} \frac{f(x + \Delta x) - f(x)}{\Delta x}$$

$$= \lim_{\Delta x \to 0} \frac{1}{x} \log_a \left(1 + \frac{\Delta x}{x} \right)^{\frac{x}{\Delta x}}$$

$$= \frac{1}{x} \lim_{\Delta x \to 0} \log_a \left(1 + \frac{\Delta x}{x} \right)^{\frac{x}{\Delta x}}$$

$$= \frac{1}{x} \log_a e = \frac{1}{x \ln a}$$

即 $$(\log_a x)' = \frac{1}{x \ln a}$$

这就是对数函数的导数公式.

特别地，当 $a = e$ 时，有 $$(\ln x)' = \frac{1}{x}$$

以上几个基本初等函数的求导公式必须熟记，今后我们还会给出更多的导数公式.

2.1.4　导数的几何意义

根据导数的定义和曲线切线的斜率的求法可以知道，函数 $y = f(x)$ 在点 x_0 处的导数就是

表示曲线 $y = f(x)$ 在点 (x_0, y_0) 处切线的斜率,即 $f'(x_0) = \tan \alpha = k$.

这就是导数的几何意义.

根据导数的几何意义和直线的点斜式方程,可得到曲线 $y = f(x)$ 在点 (x_0, y_0) 处的切线方程为

$$y - y_0 = f'(x_0)(x - x_0) \tag{2.3}$$

当 $f'(x_0) = \infty$ 时,曲线 $y = f(x)$ 在点 (x_0, y_0) 处的切线垂直于 x 轴,方程为 $x = x_0$.

当 $f'(x_0) = 0$ 时,曲线 $y = f(x)$ 在点 (x_0, y_0) 处的切线垂直于 y 轴,方程为 $y = y_0$.

过切点 (x_0, y_0) 且与切线垂直的直线称为曲线 $y = f(x)$ 在点 (x_0, y_0) 处的法线. 如果 $f'(x_0) \neq 0$,则法线的斜率为 $-\dfrac{1}{f'(x_0)}$,因此法线的方程为:

$$y - y_0 = -\frac{1}{f'(x_0)}(x - x_0) \tag{2.4}$$

当 $f'(x_0) = 0$ 时,曲线 $y = f(x)$ 在点 (x_0, y_0) 处的法线垂直于 x 轴,方程为 $x = x_0$.

例 5 求抛物线 $y = x^2$ 在点 $(2, 4)$ 处的切线方程和法线的方程.

解 根据导数的几何意义,所求的切线的斜率为 $k_1 = y'|_{x=2} = (x^2)'|_{x=2} = 4$.

相应的法线的斜率为 $k_2 = -\dfrac{1}{4}$.

从而求得所求切线方程为 $y - 4 = 4(x - 2)$ 即 $4x - y - 4 = 0$

所求法线方程为 $y - 4 = -\dfrac{1}{4}(x - 2)$ 即 $x + 4y - 18 = 0$

例 6 在曲线 $y = x^{\frac{3}{2}}$ 上求与直线 $y = 3x - 1$ 平行的切线方程.

解 已知直线 $y = 3x - 1$ 的斜率为 3,根据两条直线平行的条件,所求切线的斜率也为 3.

根据导数的几何意义,在曲线 $y = x^{\frac{3}{2}}$ 上任一点 (x, y) 处的切线的斜率为 $k = y' = (x^{\frac{3}{2}})' = \dfrac{3}{2}x^{\frac{1}{2}}$. 由直线平行的条件有: $\dfrac{3}{2}x^{\frac{1}{2}} = 3$,解方程得 $x = 4$.

将 $x = 4$ 代入所给的曲线方程 $y = x^{\frac{3}{2}}$,得 $y = 8$. 从而得到过曲线上的点 $(4, 8)$ 且与直线 $y = 3x - 1$ 平行的切线方程为: $y - 8 = 3(x - 4)$ 即 $3x - y - 4 = 0$

2.1.5 函数的可导性和连续性的关系

定理 如果函数 $y = f(x)$ 在点 x_0 处可导,则函数 $y = f(x)$ 在点 x_0 处一定连续.

证明 因为 $y = f(x)$ 在点 x_0 处可导,则有 $\lim\limits_{\Delta x \to 0} \dfrac{\Delta y}{\Delta x} = f'(x_0)$,

$$\lim_{\Delta x \to 0} \Delta y = \lim_{\Delta x \to 0}\left(\frac{\Delta y}{\Delta x} \cdot \Delta x\right) = \lim_{\Delta x \to 0} \frac{\Delta y}{\Delta x} \cdot \lim_{\Delta x \to 0} \Delta x = f'(x_0) \cdot 0 = 0$$

由函数连续的定义知道,函数 $y = f(x)$ 在点 x_0 处连续.

需要指出的是,这个定理的逆命题不成立. 即函数 $y = f(x)$ 在点 x_0 处连续时,在点 x_0 处不一定可导.

例 7 证明函数 $y = \sqrt[3]{x}$ 在 $x = 0$ 处连续但不可导.

证明 因为 $\Delta y = \sqrt[3]{0 + \Delta x} - \sqrt[3]{0} = \sqrt[3]{\Delta x}$,所以 $\lim\limits_{\Delta x \to 0} \Delta y = \lim\limits_{\Delta x \to 0} \sqrt[3]{\Delta x} = 0$

即函数 $y = \sqrt[3]{x}$ 在 $x = 0$ 处连续.

又　　　　　　$\dfrac{\Delta y}{\Delta x} = \dfrac{\sqrt[3]{\Delta x}}{\Delta x} = \dfrac{1}{\sqrt[3]{(\Delta x)^2}}$, $\lim\limits_{\Delta x \to 0} \dfrac{\Delta y}{\Delta x} = \lim\limits_{\Delta x \to 0} \dfrac{1}{\sqrt[3]{(\Delta x)^2}} = + \infty$

即函数 $y = \sqrt[3]{x}$ 在 $x = 0$ 处不可导.

所以,函数 $y = \sqrt[3]{x}$ 在 $x = 0$ 处连续但不可导(如图 2.3).

例 8　讨论函数 $y = |x|$ 在 $x = 0$ 处的连续性和可导性.

解　因为　$\Delta y = |0 + \Delta x| - |0| = |\Delta x|$,所以 $\lim\limits_{\Delta x \to 0} \Delta y = \lim\limits_{\Delta x \to 0} |\Delta x| = 0$

即函数 $y = |x|$ 在 $x = 0$ 处连续.

又　$\dfrac{\Delta y}{\Delta x} = \dfrac{|\Delta x|}{\Delta x}$,所以　　$\lim\limits_{\Delta x \to 0^+} \dfrac{\Delta y}{\Delta x} = \lim\limits_{\Delta x \to 0^+} \dfrac{\Delta x}{\Delta x} = 1$, $\lim\limits_{\Delta x \to 0^-} \dfrac{\Delta y}{\Delta x} = \lim\limits_{\Delta x \to 0^-} \dfrac{- \Delta x}{\Delta x} = - 1$

于是 $\lim\limits_{\Delta x \to 0} \dfrac{\Delta y}{\Delta x}$ 不存在,所以函数 $y = |x|$ 在 $x = 0$ 处不可导(图 2.4).

综合上面的讨论有,函数 $y = |x|$ 在 $x = 0$ 处连续但不可导.

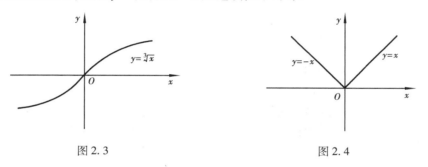

图 2.3　　　　　　　　　　　　　　　　　图 2.4

习 题 2.1

1　物体作直线运动的方程为 $s = 3t^2 - 5t$,求

①物体在 2 秒到 $2 + \Delta t$ 秒的平均速度;

②物体在 2 秒时的速度;

③物体在 t_0 秒到 $t_0 + \Delta t$ 秒的平均速度;

④物体在 t_0 秒时的速度.

2　有一非均匀的细棒 AB ,长 20 厘米,已知 AM 段的质量 m 与从 A 点到 M 点的距离 x 的平方成正比,若 $AM = 2$ 厘米时,质量为 8 克,求:

①质量 m 与 x 的函数关系;

②$AM = 2$ 厘米时,这一段棒的平均线密度;

③$AM = 2$ 厘米处的线密度;

④全棒的平均线密度;

⑤点 M 的线密度.

3　设 $y = 3x^2$,根据导数的定义求 $f'(x)$,并求 $f'(-3)$, $f'(2)$.

4 设 $y = ax + b$ （a,b 为常数），根据导数的定义求 $\dfrac{\mathrm{d}y}{\mathrm{d}x}$.

5 求下列函数的导数：

①$y = x^4$；　　　　②$y = \sqrt[3]{x^2}$；　　　　③$y = \dfrac{1}{\sqrt{x}}$；

④$y = x^{-3}$；　　　　⑤$y = x^2\sqrt[3]{x}$；　　　　⑥$y = \dfrac{x^2\sqrt{x}}{\sqrt[4]{x}}$.

6 根据导数的定义证明：$(\cos x)' = -\sin x$.

7 求曲线 $y = \sin x$ 在 $x = \dfrac{2\pi}{3}$ 和 $x = \pi$ 处切线的斜率.

8 求曲线 $y = \sqrt{x}$ 在 $(4,2)$ 处的切线方程和法线方程.

9 求出曲线 $y = \dfrac{1}{3}x^3$ 上与直线 $x - 4y - 5 = 0$ 平行的切线方程.

10 讨论下列函数在 $x = 0$ 处的连续性和可导性：

①$y = |\sin x|$；　　②$y = \begin{cases} x^2\sin\dfrac{1}{x}, & x \neq 0, \\ 0, & x = 0 \end{cases}$；　③$y = x|x|$.

11 设 $f(x) = \begin{cases} x^2, & x \leq 1, \\ ax + b, & x > 1 \end{cases}$，为了使函数 $f(x)$ 在 $x = 1$ 处连续且可导，a,b 应取什么值？

12 函数在某点处没有导数，函数所表示的曲线是不是就没有切线？举例说明.

13 设函数 $y = f(x)$ 在 x_0 处具有导数，根据导数的定义观察下列极限，指出 A 表示什么？

①$\lim\limits_{h \to 0}\dfrac{f(x_0 + h) - f(x_0)}{h} = A$；　　　　②$\lim\limits_{h \to 0}\dfrac{f(x_0 - h) - f(x_0)}{h} = A$；

③$\lim\limits_{n \to \infty}n\left[f\left(x_0 + \dfrac{1}{n}\right) - f(x_0)\right] = A$；　　　　④$\lim\limits_{h \to 0}\dfrac{f(x_0 + h) - f(x_0 - h)}{h} = A$.

2.2 导数的运算法则

前面我们根据导数的定义，计算了一些简单函数的导数. 求导数运算是微分学的基本运算之一，根据定义求导只能求一些简单的导数. 对于比较复杂的函数，直接用导数的定义求其导数往往很困难，有时甚至不可能. 为了能迅速而又正确地求出初等函数的导数，本节介绍一些求导数的重要法则，同时给出基本初等函数的导数公式. 借助于这些法则和公式，就能比较简便地求出初等函数的导数.

2.2.1 函数的和、差、积、商的求导法则

设函数 $u = u(x)$ 和 $v = v(x)$ 在点 x 处可导，则其和、差、积、商在 x 处也可导，且有

法则1　$(u \pm v)' = u' \pm v'$

法则2　$(uv)' = u'v + uv'$

推论1　$(Cu)' = Cu'$，（C 为常数）

推论2　$(uv\omega)' = u'v\omega + uv'\omega + uv\omega'$

法则3　$\left(\dfrac{u}{v}\right)' = \dfrac{u'v - uv'}{v^2}, (v \neq 0)$

推论3　$\left(\dfrac{1}{v}\right)' = -\dfrac{v'}{v^2}$

上面三个法则的证明方法都是用导数的定义，现只证明法则2.

证明　法则2　设 $y = u(x)v(x)$

因为 $u(x + \Delta x) - u(x) = \Delta u$，即 $u(x + \Delta x) = u(x) + \Delta u$，

同理有 $v(x + \Delta x) = v(x) + \Delta v$

则
$$\begin{aligned}
\Delta y &= u(x + \Delta x)v(x + \Delta x) - u(x)v(x) \\
&= [u(x) + \Delta u] \cdot [v(x) + \Delta v] - u(x)v(x) \\
&= \Delta u \cdot v(x) + u(x) \cdot \Delta v + \Delta u \cdot \Delta v \\
&= \Delta u \cdot v + u \cdot \Delta v + \Delta u \cdot \Delta v
\end{aligned}$$

于是
$$\frac{\Delta y}{\Delta x} = \frac{\Delta u}{\Delta x} \cdot v + u \cdot \frac{\Delta v}{\Delta x} + \Delta u \cdot \frac{\Delta v}{\Delta x}$$

因为 $u(x), v(x)$ 在 x 处可导，从而也连续，所以有
$$\lim_{\Delta x \to 0} \frac{\Delta u}{\Delta x} = u', \lim_{\Delta x \to 0} \frac{\Delta v}{\Delta x} = v', \lim_{\Delta x \to 0} \Delta u = 0$$

于是
$$\begin{aligned}
\lim_{\Delta x \to 0} \frac{\Delta y}{\Delta x} &= \left(\lim_{\Delta x \to 0} \frac{\Delta u}{\Delta x}\right) \cdot v + u \cdot \left(\lim_{\Delta x \to 0} \frac{\Delta v}{\Delta x}\right) + \left(\lim_{\Delta x \to 0} \Delta u\right) \cdot \left(\lim_{\Delta x \to 0} \frac{\Delta v}{\Delta x}\right) \\
&= u'v + uv'
\end{aligned}$$

即　$(uv)' = u'v + uv'$.

显然，当 $v(x) = C$（C 为常数）时即可得到推论1：$(Cu)' = Cu'$.

例1　设 $y = \sqrt[3]{x} - \dfrac{1}{x} + \sin x - \ln 2$，求 y'.

解
$$\begin{aligned}
y' &= \left(\sqrt[3]{x} - \frac{1}{x} + \sin x - \ln 2\right)' \\
&= (\sqrt[3]{x})' - \left(\frac{1}{x}\right)' + (\sin x)' - (\ln 2)' \\
&= (x^{\frac{1}{3}})' - (x^{-1})' + (\sin x)' - (\ln 2)' \\
&= \frac{1}{3}x^{-\frac{2}{3}} + x^{-2} + \cos x \\
&= \frac{1}{3\sqrt[3]{x^2}} + \frac{1}{x^2} + \cos x
\end{aligned}$$

例2　已知 $y = 2x^2 - \dfrac{1}{2x} + \sin \dfrac{\pi}{4}$，求 y' 和 $y'\big|_{x=\frac{\pi}{2}}$.

解
$$\begin{aligned}
y' &= \left(2x^2 - \frac{1}{2x} + \sin \frac{\pi}{4}\right)' \\
&= (2x^2)' - \left(\frac{1}{2x}\right)' + \left(\sin \frac{\pi}{4}\right)'
\end{aligned}$$

$$= 2(x^2)' - \frac{1}{2}\left(\frac{1}{x}\right)' + 0$$

$$= 4x + \frac{1}{2x^2}$$

由此得

$$y'\Big|_{x=\frac{\pi}{2}} = 4 \cdot \frac{\pi}{2} + \frac{1}{2\left(\frac{\pi}{2}\right)^2} = 2\pi + \frac{2}{\pi^2}$$

例 3 求曲线 $y = \frac{2}{x} + x$ 在点 $(2,3)$ 处的切线方程和法线方程.

解
$$y' = \left(\frac{2}{x} + x\right)' = -\frac{2}{x^2} + 1$$

由导数的几何意义得切线的斜率为 $k_1 = y'\big|_{x=2} = -\frac{1}{2} + 1 = \frac{1}{2}$

于是所求的切线方程为 $y - 3 = \frac{1}{2}(x - 2)$，即 $x - 2y + 4 = 0$.

所求的法线的斜率为 $k_2 = -2$.

从而所求的法线方程为 $y - 3 = -2(x - 2)$，即 $2x + y - 7 = 0$

例 4 求 $y = x^2 \log_a x$ 的导数.

解
$$y' = (x^2 \log_a x)' = (x^2)' \log_a x + x^2 (\log_a x)'$$

$$= 2x \log_a x + x^2 \cdot \frac{1}{x \ln a} = 2x \log_a x + x \frac{1}{\ln a}$$

例 5 设函数 $f(x) = x \cdot \ln x \cdot \cos x$，求 $f'(x)$.

解 由推论 2，得

$$f'(x) = (x \cdot \ln x \cdot \cos x)'$$

$$= (x)' \ln x \cdot \cos x + x(\ln x)' \cos x + x \ln x \cdot (\cos x)'$$

$$= 1 \cdot \ln x \cdot \cos x + x \cdot \frac{1}{x} \cdot \cos x + x \ln x \cdot (-\sin x)$$

$$= \ln x \cdot \cos x + \cos x - x \ln x \cdot \sin x$$

例 6 求正切函数 $y = \tan x$ 的导数.

解
$$y' = (\tan x)' = \left(\frac{\sin x}{\cos x}\right)' = \frac{(\sin x)' \cos x - \sin x (\cos x)'}{\cos^2 x}$$

$$= \frac{\cos^2 x + \sin^2 x}{\cos^2 x} = \frac{1}{\cos^2 x} = \sec^2 x$$

即
$$(\tan x)' = \sec^2 x.$$

这就是正切函数的求导公式.

类似地可以求得余切函数的导数公式：$(\cot x)' = -\csc^2 x$

例 7 求正割函数 $y = \sec x$ 的导数.

解 由推论 3，得

$$y' = (\sec x)' = \left(\frac{1}{\cos x}\right)' = -\frac{(\cos x)'}{\cos^2 x}$$

$$= \frac{\sin x}{\cos^2 x} = \frac{1}{\cos x} \cdot \frac{\sin x}{\cos x} = \sec x \tan x$$

即
$$(\sec x)' = \sec x \tan x$$

这就是正割函数的求导公式.

类似地可以求得余割函数的导数公式: $(\csc x)' = - \csc x \cot x$.

例 8　设 $f(x) = \dfrac{\tan x \sec x}{1 + x}$, 求 $f'(0)$.

解　
$$f'(x) = \frac{(\tan x \sec x)'(1 + x) - \tan x \sec x (1 + x)'}{(1 + x)^2}$$

$$= \frac{(\sec^2 x \sec x + \tan x \sec x \tan x)(1 + x) - \tan x \sec x}{(1 + x)^2}$$

$$= \frac{\sec x [(\sec^2 x + \tan^2 x)(1 + x) - \tan x]}{(1 + x)^2}$$

由此得 $f'(0) = \dfrac{\sec x [(\sec^2 x + \tan^2 x)(1 + x) - \tan x]}{(1 + x)^2} \bigg|_{x=0} = 1$.

2.2.2　复合函数的求导法则

建立了函数的和、差、积、商的求导法则以后, 仅能解决一些简单函数的求导问题, 但对于一般的初等函数来说, 还需要进一步解决复合函数的求导问题.

例如, 要求函数 $y = \sin 2x$ 的导数, 就不能用导数公式 $(\sin x)' = \cos x$ 来计算而得出 $(\sin 2x)' = \cos 2x$. 事实上应用函数乘积的求导法则有

$$(\sin 2x)' = (2 \sin x \cos x)' = 2(\sin x \cos x)'$$

$$= 2[(\sin x)' \cos x + \sin x (\cos x)']$$

$$= 2(\cos^2 x - \sin^2 x) = 2 \cos 2x$$

这是因为 $y = \sin 2x$ 是由 $y = \sin u, u = 2x$ 复合而成的复合函数. 下面给出复合函数的求导法则.

法则 4　(复合函数的求导法则) 设函数 $y = f(u), u = \varphi(x)$ 均可导, 则复合函数 $y = f[\varphi(x)]$ 也可导, 且 $y'_x = y'_u \cdot u'_x$.

上式也可写成
$$y'_x = f'(u) \cdot \varphi'(x) \text{ 或 } \frac{\mathrm{d}y}{\mathrm{d}x} = \frac{\mathrm{d}y}{\mathrm{d}u} \cdot \frac{\mathrm{d}u}{\mathrm{d}x}$$

证明　设变量 x 有增量 Δx, 相应地变量 u 有增量 Δu, 从而 y 有增量 Δy. 由于 u 可导, 所以 $\lim\limits_{\Delta x \to 0} \Delta u = 0$.

$$\lim_{\Delta x \to 0} \frac{\Delta y}{\Delta x} = \lim_{\Delta x \to 0} \left(\frac{\Delta y}{\Delta u} \cdot \frac{\Delta u}{\Delta x} \right) = \lim_{\Delta x \to 0} \frac{\Delta y}{\Delta u} \cdot \lim_{\Delta x \to 0} \frac{\Delta u}{\Delta x}$$

$$= \lim_{\Delta u \to 0} \frac{\Delta y}{\Delta u} \cdot \lim_{\Delta x \to 0} \frac{\Delta u}{\Delta x} = y'_u \cdot u'_x$$

即
$$y'_x = y'_u \cdot u'_x$$

上式推导过程中假设 $\Delta u \neq 0$, 可以证明当 $\Delta u = 0$ 时上述结论仍成立.

上述法则可以推广到有限多个中间变量的情形.

如设 $y = f(u), u = \varphi(v), v = \psi(x)$, 则复合函数 $y = f[\varphi(\psi(x))]$ 的导数为 $y'_x = y'_u \cdot u'_v \cdot v'_x$

利用复合函数的求导法则求导时,关键是先把这个复合函数分解成几个比较简单的函数(一般为基本初等函数或基本初等函数的四则运算),然后求导.

例 9 求 $y = (1-x)^5$ 的导数.

解 $y = (1-x)^5$ 可分解为 $y = u^5, u = 1-x$,因此

$$\frac{\mathrm{d}y}{\mathrm{d}x} = \frac{\mathrm{d}y}{\mathrm{d}u} \cdot \frac{\mathrm{d}u}{\mathrm{d}x} = (u^5)'_u \cdot (1-x)'_x$$
$$= 5u^4 \cdot (-1) = -5(1-x)^4$$

例 10 求 $y = \sin^3 x$ 的导数.

解 $y = \sin^3 x$ 可分解为 $y = u^3, u = \sin x$,因此

$$\frac{\mathrm{d}y}{\mathrm{d}x} = \frac{\mathrm{d}y}{\mathrm{d}u} \cdot \frac{\mathrm{d}u}{\mathrm{d}x} = (u^3)'_u \cdot (\sin x)'_x$$
$$= 3u^2 \cos x = 3 \sin^2 x \cos x$$

例 11 求 $y = \ln \cos x$ 的导数.

解 $y = \ln \cos x$ 可分解为 $y = \ln u, u = \cos x$,因此

$$\frac{\mathrm{d}y}{\mathrm{d}x} = \frac{\mathrm{d}y}{\mathrm{d}u} \cdot \frac{\mathrm{d}u}{\mathrm{d}x} = (\ln u)'_u \cdot (\cos x)'_x$$
$$= \frac{1}{u} \cdot (-\sin x) = -\frac{\sin x}{\cos x} = -\tan x$$

复合函数求导熟练后,中间变量可以不必写出来,但在求导时,每一步都必须弄清楚谁是中间变量,谁是自变量.

例 12 求 $y = \tan \frac{1}{x}$ 的导数.

解 $y'_x = \sec^2 \frac{1}{x} \cdot \left(\frac{1}{x}\right)'_x = -\frac{1}{x^2} \sec^2 \frac{1}{x}$.

例 13 求 $y = \ln \sqrt{\frac{1+x^2}{1-x^2}}$ 的导数.

解 由对数的性质,有

$$y = \ln \sqrt{\frac{1+x^2}{1-x^2}} = \frac{1}{2}\left[\ln(1+x^2) - \ln(1-x^2)\right]$$

则

$$y'_x = \frac{1}{2}\left\{\left[\ln(1+x^2)\right]' - \left[\ln(1-x^2)\right]'\right\}$$
$$= \frac{1}{2}\left(\frac{2x}{1+x^2} - \frac{-2x}{1-x^2}\right) = \frac{2x}{1-x^4}$$

2.2.3 反函数的求导法则

我们已经得到了常数、幂函数、对数函数、三角函数的求导公式,下面将要导出指数函数和反三角函数的求导公式. 由于指数函数和反三角函数分别是对数函数和三角函数的反函数,下面给出反函数的求导法则.

法则 5 (反函数求导法则)设函数 $y = f(x)$ 在某区间内单调连续,在该区间内点 x 处具有不为零的导数 $f'(x)$,则其反函数 $x = \varphi(y)$ 在对应的点 y 处也具有导数,且 $\varphi'(y) = \frac{1}{f'(x)}$,

$(f'(x) \neq 0)$.

证明　由于函数 $y = f(x)$ 在给定的区间内单调连续,它的反函数 $x = \varphi(y)$ 在对应的区间内也是单调连续的,因此当 y 有增量 $\Delta y(\Delta y \neq 0)$ 时,相应地 x 有增量 $\Delta x = \varphi(y + \Delta y) - \varphi(y)$,且 $\Delta x \neq 0$. 因而有

$$\frac{\Delta x}{\Delta y} = \frac{1}{\dfrac{\Delta y}{\Delta x}}$$

由于 $x = \varphi(y)$ 连续,所以当 $\Delta y \to 0$ 时,也一定有 $\Delta x \to 0$. 又由于 $y = f(x)$ 在 x 处可导,且 $f'(x) \neq 0$,即 $\lim\limits_{\Delta x \to 0}\dfrac{\Delta y}{\Delta x} \neq 0$. 于是

$$\lim_{\Delta y \to 0}\frac{\Delta x}{\Delta y} = \lim_{\Delta x \to 0}\frac{1}{\dfrac{\Delta y}{\Delta x}} = \frac{1}{f'(x)}$$

即证得

$$\varphi'(y) = \frac{1}{f'(x)},\ (f'(x) \neq 0)$$

反函数的导数可以简单叙述为:反函数的导数等于直接函数的导数(不等于零)的倒数.

例 14　求指数函数 $y = a^x,(a > 0$ 且 $a \neq 1)$ 的导数.

解　$y = a^x$ 是 $x = \log_a y,(a > 0$ 且 $a \neq 1)$ 的反函数,由反函数的求导法则有

$$y'_x = \frac{1}{x'_y} = \frac{1}{\dfrac{1}{y \ln a}} = y \ln a$$

上式右端代入 $y = a^x$ 得 $(a^x)' = a^x \ln a$.

这就是指数函数的导数公式.

特别地,当 $a = e$ 时,有 $(e^x)' = e^x$.

例 15　求反正弦函数 $y = \arcsin x(-1 < x < 1)$ 的导数.

解　$y = \arcsin x$ 是 $x = \sin y,-\dfrac{\pi}{2} < y < \dfrac{\pi}{2}$ 的反函数,由反函数的求导法则有

$$y'_x = \frac{1}{x'_y} = \frac{1}{\cos y} = \frac{1}{\sqrt{1 - \sin^2 y}} = \frac{1}{\sqrt{1 - x^2}}$$

即

$$(\arcsin x)' = \frac{1}{\sqrt{1 - x^2}}\ (-1 < x < 1)$$

这就是反正弦函数的导数公式.

用同样的方法可证:

反余弦函数的导数公式　　$(\arccos x)' = -\dfrac{1}{\sqrt{1 - x^2}},(-1 < x < 1)$

反正切函数的导数公式　　$(\arctan x)' = \dfrac{1}{1 + x^2}$

反余切函数的导数公式　　$(\text{arccot}\ x)' = -\dfrac{1}{1 + x^2}$

例 16　求下列函数的导数:

①$y = \left(\dfrac{2}{3}\right)^x + x^{\frac{2}{3}}$ ②$y = \mathrm{e}^{\cos x}$

③$y = \arcsin(3x^2)$ ④$y = \sqrt{x - \mathrm{e}^{-x}}$

⑤$y = \arctan\sqrt{x}$ ⑥$y = \ln\arccos 2x$

解 ①$y' = \left(\dfrac{2}{3}\right)^x \ln\dfrac{2}{3} + \dfrac{2}{3}x^{\frac{2}{3}-1} = \left(\dfrac{2}{3}\right)^x \ln\dfrac{2}{3} + \dfrac{2}{3}x^{-\frac{1}{3}}$

②$y' = \mathrm{e}^{\cos x}(\cos x)' = -\mathrm{e}^{\cos x}\sin x$

③$y' = \dfrac{1}{\sqrt{1 - (3x^2)^2}} \cdot (3x^2)' = \dfrac{6x}{\sqrt{1 - 9x^4}}$

④$y' = (\sqrt{x - \mathrm{e}^{-x}})' = \dfrac{1}{2\sqrt{x - \mathrm{e}^{-x}}} \cdot (x - \mathrm{e}^{-x})'$

$\quad = \dfrac{1}{2\sqrt{x - \mathrm{e}^{-x}}}[1 - (\mathrm{e}^{-x})'] = \dfrac{1}{2\sqrt{x - \mathrm{e}^{-x}}}[1 - \mathrm{e}^{-x} \cdot (-x)']$

$\quad = \dfrac{1 + \mathrm{e}^{-x}}{2\sqrt{x - \mathrm{e}^{-x}}}$

⑤$y' = (\arctan\sqrt{x})' = \dfrac{1}{1 + (\sqrt{x})^2} \cdot (\sqrt{x})'$

$\quad = \dfrac{1}{1 + x} \cdot \dfrac{1}{2}x^{-\frac{1}{2}} = \dfrac{1}{2\sqrt{x}(1 + x)}$

⑥$y' = (\ln\arccos 2x)' = \dfrac{1}{\arccos 2x}(\arccos 2x)'$

$\quad = \dfrac{1}{\arccos 2x} \cdot \left(-\dfrac{1}{\sqrt{1 - (2x)^2}}\right) \cdot (2x)'$

$\quad = -\dfrac{2}{\sqrt{1 - 4x^2}\arccos 2x}$

2.2.4 初等函数的求导问题

前面我们分别推导了函数的求导法则及所有的基本初等函数的导数公式. 初等函数是由常数和基本初等函数经过有限次四则运算和复合步骤所构成, 且可用一个式子表达的函数, 因此任何初等函数都可以按照前面的求导法则和基本初等函数的导数公式来进行求导运算.

熟记基本初等函数的导数公式, 熟练掌握求导运算法则, 对于求初等函数的导数是非常重要的. 为了便于查阅, 我们把前面所导出的导数公式和求导法则归纳如下:

(1)基本求导公式

1) $(C)' = 0$ 2) $(x^a)' = ax^{a-1}$

3) $(a^x)' = a^x \ln a$ 4) $(\mathrm{e}^x)' = \mathrm{e}^x$

5) $(\log_a x)' = \dfrac{1}{x \ln a}$ 6) $(\ln x)' = \dfrac{1}{x}$

7) $(\sin x)' = \cos x$ 8) $(\cos x)' = -\sin x$

9) $(\tan x)' = \sec^2 x$ 10) $(\cot x)' = -\csc^2 x$

11)$(\sec x)' = \sec x \tan x$ 　　12)$(\csc x)' = -\csc x \cot x$

13)$(\arcsin x)' = \dfrac{1}{\sqrt{1-x^2}}$ 　　14)$(\arccos x)' = -\dfrac{1}{\sqrt{1-x^2}}$

15)$(\arctan x)' = \dfrac{1}{1+x^2}$ 　　16)$(\text{arccot } x)' = -\dfrac{1}{1+x^2}$

(2)求导法则

设 $u = u(x)$、$v = v(x)$ 可导,则

1)$(u \pm v)' = u' \pm v'$ 　　2)$(Cu)' = Cu'$

3)$(uv)' = u'v + uv'$ 　　4)$\left(\dfrac{u}{v}\right)' = \dfrac{u'v - uv'}{v^2}$

5)$y'_x = y'_u \cdot u'_x$,其中 $y = f(u)$,$u = \varphi(x)$.

6)$y'_x = \dfrac{1}{x'_y}$,其中 $y = f(x)$ 是 $x = \varphi(y)$ 的反函数,且 $x'_y = \varphi'(y) \neq 0$.

习题 2.2

1　求下列函数的导数:

①$y = x^{10} + 10^x$ 　　②$y = e^x(x^2 + 3x + 1)$

③$s = \dfrac{1}{1+\sqrt{t}} - \dfrac{1}{1-\sqrt{t}}$ 　　④$y = (1 + x^2)\sin^2 x$

⑤$y = e^2 - \dfrac{\pi}{x} + x^2 \ln a$ 　　⑥$y = \dfrac{1 - \cos x}{1 + \cos x}$

⑦$y = 3\ln x - \dfrac{2}{x}$ 　　⑧$y = \dfrac{x \sin x}{1 + \cos x}$

⑨$y = x \sin x \ln x$ 　　⑩$y = \sec x \cot x - 2\csc x$

⑪$y = \left(\sin x - \dfrac{\cos x}{x}\right)\tan x$ 　　⑫$y = 3\cot x - \dfrac{1}{\ln x}$

2　求下列函数在给定点的导数:

①$y = 3x^2 + x\cos x - 1$,在 $x = -\pi$ 及 $x = \pi$

②$\rho = \varphi \sin \varphi + \dfrac{1}{2}\cos \varphi$,在 $\varphi = \dfrac{\pi}{4}$

③$f(t) = \dfrac{1 - \sqrt{t}}{1 + \sqrt{t}}$,在 $t = 4$

④$f(x) = \dfrac{3}{5-x} + \dfrac{x^2}{5}$,在 $x = 0$ 及 $x = 2$

3　求下列函数的导数:

①$y = (3x^2 + 1)^{10}$ 　　②$y = \sqrt{1 + x^2}$

③$y = 3\sin(3x + 5)$ 　　④$y = \ln(1 - x)$

⑤$y = \sin^2 x$ 　　⑥$y = \tan\left(\dfrac{x}{2} + 1\right)$

⑦$y = \sqrt{\dfrac{x-1}{x+1}}$ ⑧$y = \dfrac{1}{\sqrt{1-x^2}}$

⑨$y = \sqrt{x + \sqrt{x}}$ ⑩$y = \dfrac{x}{2}\sqrt{x^2 - a^2}$

⑪$y = x\sin^2 x - \cos x^2$ ⑫$y = \cos^3(x^2 + 1)$

⑬$y = \sin^n x \cos nx$ ⑭$y = (x + \sin^2 x)^4$

⑮$y = \ln x^2 + (\ln x)^2$ ⑯$y = \ln \cos x$

⑰$y = (\ln \ln x)^4$ ⑱$y = \ln \sqrt{a^2 + x^2}$

4 求下列函数的导数：

①$y = e^{\sqrt{x}}$ ②$y = 2^{\sin x}$

③$y = 2^{\frac{x}{\ln x}}$ ④$y = e^{-t}\sin \dfrac{t}{2}$

⑤$y = \arcsin 2x$ ⑥$y = \arctan 3x^2$

⑦$y = \arccos \dfrac{x+1}{x-1}, (x < 0)$ ⑧$y = \operatorname{arccot} \dfrac{1-x}{1+x}$

⑨$y = \sqrt{1-x^2}\arccos x$ ⑩$y = \dfrac{x}{2}\sqrt{a^2 - x^2} + \dfrac{a^2}{2}\arcsin \dfrac{x}{a}, (a > 0)$

5 质量为 m_0 的物质，在化学分解中经过时间 t 以后，所剩的质量 m 与时间 t 的关系是 $m = m_0 e^{-kt}$，求这个函数的变化率.

6 求下列函数的导数：(其中 $f(x), g(x)$ 可导)

①$y = \ln \dfrac{f(x)}{g(x)}, \dfrac{f(x)}{g(x)} > 0$ ②$y = f(\sqrt{1+x^2})$

③$y = \sqrt{f^2(x) + g^2(x)}$ ④$y = g(\cos^2 x)$

7 当 a 与 b 取何值时，才能使曲线 $y = \ln \dfrac{x}{e}$ 与曲线 $y = ax^2 + bx$ 在 $x = 1$ 处有相同的切线？

8 求曲线 $y = e^{-x}\sqrt[3]{x+1}$ 在点 $(0,1)$ 处的切线方程和法线方程.

2.3 高阶导数、隐函数及参变量函数的求导

2.3.1 高阶导数

函数 $f(x)$ 的导数 $f'(x)$ 一般说来仍然是 x 的函数，以前我们称它为导函数. 如果 $f'(x)$ 的导数存在，$f'(x)$ 的导数就称为函数 $f(x)$ 的二阶导数，记作 y'', $f''(x)$ 或 $\dfrac{d^2 y}{dx^2}$. 在物理学中，路程对时间的二阶导数就是物体的加速度.

类似地，函数的二阶导数的导数叫做三阶导数，函数的三阶导数的导数叫做四阶导数，……. 一般地，函数的 $(n-1)$ 阶导数的导数叫 n 阶导数. 分别记作

$$y''', y^{(4)}, \cdots, y^{(n)} \quad \text{或} \quad \dfrac{d^3 y}{dx^3}, \dfrac{d^4 y}{dx^4}, \cdots, \dfrac{d^n y}{dx^n}$$

函数的二阶及二阶以上的导数统称为高阶导数. 事实上,求函数的高阶导数就是应用前面学过的方法,逐次地求出所需的阶数的导数.

例 1　求下列函数的二阶导数:

① $y = ax + b$　　　　　　　② $s = A \sin(\omega t + \varphi)$

③ $y = \cos^2 \dfrac{x}{2}$　　　　　　④ $s = \mathrm{e}^{-t} \cos t$

解　① $y' = a, y'' = 0$

② $\dfrac{\mathrm{d}s}{\mathrm{d}t} = A\omega \cos(\omega t + \varphi), \dfrac{\mathrm{d}^2 s}{\mathrm{d}t^2} = -A\omega^2 \sin(\omega t + \varphi)$

③ $y' = 2 \cos \dfrac{x}{2}\left(-\sin \dfrac{x}{2}\right) \cdot \dfrac{1}{2} = -\dfrac{1}{2} \sin x, y'' = -\dfrac{1}{2} \cos x$

④ $s' = -\mathrm{e}^{-t} \cos t - \mathrm{e}^{-t} \sin t = -\mathrm{e}^{-t}(\cos t + \sin t)$

$\quad\; s'' = \mathrm{e}^{-t}(\cos t + \sin t) - \mathrm{e}^{-t}(-\sin t + \cos t) = 2\mathrm{e}^{-t} \sin t$

例 2　求 $y = \sin x$ 的 n 阶导数.

解　$y' = \cos x = \sin\left(\dfrac{\pi}{2} + x\right)$

$y'' = \cos\left(\dfrac{\pi}{2} + x\right) = \sin\left(2 \cdot \dfrac{\pi}{2} + x\right)$

$y''' = \cos\left(2 \cdot \dfrac{\pi}{2} + x\right) = \sin\left(3 \cdot \dfrac{\pi}{2} + x\right)$

$y^{(4)} = \cos\left(3 \cdot \dfrac{\pi}{2} + x\right) = \sin\left(4 \cdot \dfrac{\pi}{2} + x\right)$

依次类推,可得

$$y^{(n)} = \sin\left(n \cdot \dfrac{\pi}{2} + x\right)$$

即

$$(\sin x)^{(n)} = \sin\left(n \cdot \dfrac{\pi}{2} + x\right)$$

用同样方法,可得

$$(\cos x)^{(n)} = \cos\left(n \cdot \dfrac{\pi}{2} + x\right)$$

$$(\mathrm{e}^x)^{(n)} = \mathrm{e}^x$$

2.3.2　隐函数及其求导

以前我们遇到的函数,其自变量 x 与因变量 y 之间可以表示成 $y = f(x)$ 的形式,我们将这种函数关系式称作 x 的显函数. 例如 $y = \sin 3x, y = x^3 + 4, y = \sqrt{a^2 + x^2}$ 等. 但是有时还会遇到另一种表达形式的函数,就是函数 y 是由一个含有 x 和 y 的方程 $F(x, y) = 0$ 所确定的. 例如方程 $2x + 3y - 6 = 0$ 中,给 x 一个确定的值,相应地有唯一确定的 y 值与之对应. 根据函数的定义,该方程确定了 y 是 x 的函数.

一般地,由方程 $F(x, y) = 0$ 所确定的函数叫做隐函数.

怎样求隐函数的导数? 一种方法是从方程 $F(x, y) = 0$ 中解出 y(这个过程称为隐函数的显化),然后再求导.但隐函数的显化有时很困难,甚至不可能.例如方程 $xy = e^y$ 就不能显化.此时如何求导?方法是把方程中的 y 看成 x 的函数,方程两边对 x 求导,然后解出 y'.下面举例说明.

例 3 求曲线 $x^2 + xy + y^2 = 4$ 上点 $(2, -2)$ 处的切线方程.

解 方程两边对 x 求导,得

$$2x + (y + xy') + 2y \cdot y' = 0$$

解出 y',即

$$y' = -\frac{2x + y}{x + 2y}$$

则

$$k = y' \Big|_{\substack{x=2 \\ y=-2}} = 1$$

所以过点 $(2, -2)$ 的切线方程为 $y - (-2) = 1 \cdot (x - 2)$,即 $y = x - 4$.

例 4 求由方程 $\cos(xy) = x$ 所确定的隐函数 y 的导数.

解 方程两边对 x 求导,得 $-\sin(xy) \cdot (xy)' = 1$

$$-\sin(xy) \cdot (y + xy') = 1$$

所以

$$y' = -\frac{1 + y\sin(xy)}{x\sin(xy)}$$

例 5 求由方程 $\ln \sqrt{x^2 + y^2} = \arctan \frac{y}{x}$ 所确定的隐函数 y 的导数.

解 原方程可化为

$$\frac{1}{2}\ln(x^2 + y^2) = \arctan \frac{y}{x}$$

两边对 x 求导,得 $\frac{1}{2}\left[\ln(x^2 + y^2)\right]' = \left(\arctan \frac{y}{x}\right)'$

$$\frac{(x^2 + y^2)'}{2(x^2 + y^2)} = \frac{1}{1 + \left(\dfrac{y}{x}\right)^2}\left(\frac{y}{x}\right)'$$

$$\frac{x + y \cdot y'}{x^2 + y^2} = \frac{xy' - y}{x^2 + y^2}$$

解出 y',即 $y' = \dfrac{x + y}{x - y}$.

例 6 求由方程 $x^2 + y^2 = a^2$ 所确定的隐函数 y 的一阶导数和二阶导数.

解 先求一阶导数.

方程两边对 x 求导,得

$$2x + 2yy' = 0$$

所以

$$y' = -\frac{x}{y}$$

再求二阶导数:

$$y'' = (y')' = \left(-\frac{x}{y}\right)' = -\frac{(x)'y - xy'}{y^2} = \frac{xy' - y}{y^2}$$

把 $y' = -\dfrac{x}{y}$ 代入,得

$$y'' = -\frac{x^2 + y^2}{y^3}$$

由于 $x^2 + y^2 = a^2$,所以

$$y'' = -\frac{a^2}{y^3}$$

2.3.3　取对数求导法

有时我们会遇到求幂指函数 $y = u(x)^{v(x)}$ 或对由多个因子通过乘、除、乘方、开方运算所构成的较为复杂的函数的求导问题,此时可先对等式两边取对数,使其变成隐函数的形式,然后再利用隐函数的求导方法求出其导数. 这种方法称为对数求导法.

例 7　求 $y = x^{\sin x}\,(x > 0)$ 的导数.

解　两边取对数,得

$$\ln y = \sin x \cdot \ln x$$

上式两边对 x 求导,得 $\dfrac{1}{y} y' = \cos x \cdot \ln x + \dfrac{\sin x}{x}$

解出 y',即

$$y' = y\left(\cos x \cdot \ln x + \frac{\sin x}{x}\right) = x^{\sin x}\left(\cos x \cdot \ln x + \frac{\sin x}{x}\right)$$

例 8　求 $y = x\sqrt[3]{\dfrac{x-1}{(x-2)(x-3)^2}}$ 的导数.

解　两边取对数,得

$$\ln y = \ln x + \frac{1}{3}\ln(x-1) - \frac{1}{3}\ln(x-2) - \frac{2}{3}\ln(x-3)$$

上式两边对 x 求导,得

$$\frac{1}{y} y' = \frac{1}{x} + \frac{1}{3(x-1)} - \frac{1}{3(x-2)} - \frac{2}{3(x-3)}$$

解出 y',即

$$y' = y\left[\frac{1}{x} + \frac{1}{3(x-1)} - \frac{1}{3(x-2)} - \frac{2}{3(x-3)}\right]$$

$$= x\sqrt[3]{\frac{x-1}{(x-2)(x-3)^2}}\left[\frac{1}{x} + \frac{1}{3(x-1)} - \frac{1}{3(x-2)} - \frac{2}{3(x-3)}\right]$$

2.3.4　参数方程所确定的函数的导数

由平面解析几何知识可知,方程组 $\begin{cases} x = \varphi(t) \\ y = \psi(t) \end{cases}$ 在平面上一般表示一条曲线,它们叫这条曲线的参数方程. 现设 $\varphi(t), \psi(t)$ 都有导数 $\varphi'(t), \psi'(t)$,而且 $x = \varphi(t)$ 具有单调连续反函数 $t = \overline{\varphi}(x)$. 于是,当 $\varphi'(t) \neq 0$ 时,这个反函数的导数存在且为 $\dfrac{\mathrm{d}t}{\mathrm{d}x} = \dfrac{1}{\varphi'(t)}$. 把 $t = \overline{\varphi}(x)$ 代入 $y = \psi(t)$ 得曲线的直角坐标方程 $y = \psi[\overline{\varphi}(x)]$. 把 $t = \overline{\varphi}(x)$ 看作中间变量,由复合函数的求导法则有:

$$y' = \frac{\mathrm{d}y}{\mathrm{d}x} = \frac{\mathrm{d}y}{\mathrm{d}t} \cdot \frac{\mathrm{d}t}{\mathrm{d}x} = \frac{\dfrac{\mathrm{d}y}{\mathrm{d}t}}{\dfrac{\mathrm{d}x}{\mathrm{d}t}} = \frac{\psi'(t)}{\varphi'(t)}$$

由此可见,不必重新建立 y 与 x 的直接关系就能求出参数方程确定的函数的导数.

如果 $\varphi''(t)$ 与 $\psi''(t)$ 存在,则 y 对 x 的二阶导数可按照复合函数的求导法和商的求导法则来求:

$$y'' = \frac{\mathrm{d}y'}{\mathrm{d}x} = \frac{\mathrm{d}y'}{\mathrm{d}t} \cdot \frac{\mathrm{d}t}{\mathrm{d}x} = \frac{\mathrm{d}}{\mathrm{d}t}\left(\frac{\psi'(t)}{\varphi'(t)}\right) \cdot \frac{1}{\varphi'(t)}$$

$$= \frac{\varphi'(t)\psi''(t) - \psi'(t)\varphi''(t)}{[\varphi'(t)]^3}$$

例 9　求参数方程 $\begin{cases} x = a\cos^3 t \\ y = a\sin^3 t \end{cases}$　（t 为参数）所确定的函数的导数.

解　$\dfrac{\mathrm{d}x}{\mathrm{d}t} = -3a\cos^2 t\sin t, \dfrac{\mathrm{d}y}{\mathrm{d}t} = 3a\sin^2 t\cos t$

$$\frac{\mathrm{d}y}{\mathrm{d}x} = \frac{3a\sin^2 t\cos t}{-3a\cos^2 t\sin t} = -\tan t$$

例 10　求参数方程 $\begin{cases} x = 3\mathrm{e}^{-t} \\ y = 2\mathrm{e}^t \end{cases}$　（t 为参数）所确定的函数的二阶导数.

解　$\dfrac{\mathrm{d}y}{\mathrm{d}x} = \dfrac{\dfrac{\mathrm{d}y}{\mathrm{d}t}}{\dfrac{\mathrm{d}x}{\mathrm{d}t}} = \dfrac{2\mathrm{e}^t}{-3\mathrm{e}^{-t}} = -\dfrac{2}{3}\mathrm{e}^{2t}$

$$\frac{\mathrm{d}^2 y}{\mathrm{d}x^2} = \frac{\mathrm{d}}{\mathrm{d}x}\left(\frac{\mathrm{d}y}{\mathrm{d}x}\right) = \frac{\mathrm{d}}{\mathrm{d}x}\left(-\frac{2}{3}\mathrm{e}^{2t}\right) = \frac{\mathrm{d}}{\mathrm{d}t}\left(-\frac{2}{3}\mathrm{e}^{2t}\right) \cdot \frac{\mathrm{d}t}{\mathrm{d}x}$$

$$= \frac{\dfrac{\mathrm{d}}{\mathrm{d}t}\left(-\dfrac{2}{3}\mathrm{e}^{2t}\right)}{\dfrac{\mathrm{d}x}{\mathrm{d}t}} = \frac{-\dfrac{4}{3}\mathrm{e}^{2t}}{-3\mathrm{e}^{-t}} = \frac{4}{9}\mathrm{e}^{3t}$$

习题 2.3

1　求下列函数的二阶导数:

① $y = 2x^2 + \ln x$ 　　　　　　② $y = x\sqrt{1 + x^2}$

③ $y = x\mathrm{e}^{x^2}$ 　　　　　　　④ $y = \mathrm{e}^{-t}\sin t$

⑤ $y = \ln(1 - x^2)$ 　　　　　　⑥ $y = \tan x$

⑦ $y = \dfrac{1}{1 + x^2}$ 　　　　　　⑧ $y = (1 + x^2)\arctan x$

⑨ $y = \dfrac{x}{1 - x}$

2　设（1）$y = \sin^2 x$；（2）$y = \mathrm{e}^{-x}$，求 $\dfrac{\mathrm{d}^n y}{\mathrm{d}x^n}$.

3　验证 $y = C_1\cos x + C_2\sin x$ 满足关系式: $y'' + y = 0$.

4　求由下列方程所确定的隐函数 y 的导数:

① $y = 1 + x\mathrm{e}^y$ 　　　　　　② $xy = \mathrm{e}^{x+y}$

③$xy + \ln y = 1, \dfrac{\mathrm{d}y}{\mathrm{d}x}\bigg|_{x=0}$　　　　④$y + \sin y - \cos x = 0, \dfrac{\mathrm{d}y}{\mathrm{d}x}\bigg|_{x=\frac{\pi}{2}}$

⑤$x^3 + 6xy + 5y^3 = 3$　　　　⑥$x \cos y = \sin(x + y)$

5　用对数求导法求下列函数的导数:

①$y = x^{\frac{1}{x}}$　　　　②$y = (\sin x)^{\cos x}$

③$y = \left(\dfrac{x}{1+x}\right)^x$　　　　④$y = \dfrac{\sqrt{(x+2)(x-1)}}{(x+3)(x+1)}$

6　求下列参数方程所确定的函数的导数$\dfrac{\mathrm{d}y}{\mathrm{d}x}$:

①$\begin{cases} x = 1 - t^2 \\ y = t - t^3 \end{cases}$　　　　②$\begin{cases} x = t(1 - \sin t) \\ y = t \cos t \end{cases}$

③$\begin{cases} x = \mathrm{e}^t \sin t \\ y = \mathrm{e}^t \cos t \end{cases}$ 在 $t = \dfrac{\pi}{4}$ 处　　　　④$\begin{cases} x = 1 + 2t - t^2 \\ y = 4t^2 \end{cases}$ 在 $t = 4$ 处

7　求由下列参数方程所确定的函数的二阶导数$\dfrac{\mathrm{d}^2 y}{\mathrm{d}x^2}$:

①$\begin{cases} x = a \cos t \\ y = b \sin t \end{cases}$　　　　②$\begin{cases} x = \dfrac{t^2}{2} \\ y = 1 - t \end{cases}$　　　　③$\begin{cases} x = 2\mathrm{e}^{-t} \\ y = 3\mathrm{e}^t \end{cases}$

8　设$\begin{cases} x = \sqrt{1+t} \\ y = \sqrt{1-t} \end{cases}$,证明$\dfrac{\mathrm{d}^2 y}{\mathrm{d}x^2} = -\dfrac{2}{y^3}$.

9　已知曲线$\begin{cases} x = t^2 + mt + n \\ y = p\mathrm{e}^t - 2\mathrm{e} \end{cases}$ 在 $t = 1$ 时过原点,且在 $t = 0$ 处的切线与直线 $2x + 3y - 5 = 0$ 平行,求常数 m, n, p.

10　求由下列方程所确定的隐函数 y 的二阶导数:

①$\arctan \dfrac{y}{x} = \ln \sqrt{x^2 + y^2}$　　　②$y = \arctan(x + y)$　　　③$y = 1 - x\mathrm{e}^y$

2.4　偏导数

2.4.1　偏导数的概念及偏导数的计算

在一元函数中,导数就是函数自变量的变化率. 对于多元函数,其自变量有多个,我们常常需要研究它对某个自变量的变化率问题,这就产生了偏导数的概念.

(1)偏导数的定义

定义　设函数 $z = f(x, y)$ 在点 (x_0, y_0) 的某邻域内有定义,当 y 固定在 y_0 而 x 在 x_0 处有增量 Δx 时,函数取得的增量称为函数 z 对 x 的偏增量,记为 $\Delta_x z$,即 $\Delta_x z = f(x_0 + \Delta x, y_0) - f(x_0, y_0)$. 如果当 $\Delta x \to 0$ 时,比值 $\dfrac{\Delta_x z}{\Delta x}$ 的极限存在,即 $\lim\limits_{\Delta x \to 0} \dfrac{\Delta_x z}{\Delta x} = \lim\limits_{\Delta x \to 0} \dfrac{f(x_0 + \Delta x, y_0) - f(x_0, y_0)}{\Delta x}$ 存在,则称此极限为函

数 $z=f(x,y)$ 在点 (x_0,y_0) 处对 x 的偏导数,记作

$$\frac{\partial z}{\partial x}\bigg|_{\substack{x=x_0\\y=y_0}},\frac{\partial f}{\partial x}\bigg|_{\substack{x=x_0\\y=y_0}},z'_x\bigg|_{\substack{x=x_0\\y=y_0}} \quad 或 \quad f'_x(x_0,y_0)$$

同样可以定义,函数 $z=f(x,y)$ 在点 (x_0,y_0) 处对 y 的偏导数,并记作

$$\frac{\partial z}{\partial y}\bigg|_{\substack{x=x_0\\y=y_0}},\frac{\partial f}{\partial y}\bigg|_{\substack{x=x_0\\y=y_0}},z'_y\bigg|_{\substack{x=x_0\\y=y_0}} \quad 或 \quad f'_y(x_0,y_0)$$

如果函数 $z=f(x,y)$ 在区域 D 内每一点 (x,y) 处对 x 的偏导数都存在,那么这个偏导数仍是 x, y 的函数,称为函数 $z=f(x,y)$ 对自变量 x 的偏导函数,记作

$$\frac{\partial z}{\partial x},\frac{\partial f}{\partial x},z'_x \quad 或 \quad f'_x(x,y)$$

类似地可以定义,函数 $z=f(x,y)$ 对自变量 y 的偏导函数,并记作

$$\frac{\partial z}{\partial y},\frac{\partial f}{\partial y},z'_y \quad 或 \quad f'_y(x,y)$$

在不致混淆的情况下,偏导函数也称为偏导数. 最后值得说明的是偏导数的概念可以推广到二元以上的函数.

(2)偏导数的求法

在偏导数的定义中,只有一个自变量是变化的,而其他自变量都是看成常数,这样做实际上已将多元函数看成是一元函数. 因此多元函数求偏导数的问题与一元函数的求导问题没有什么差异,并不需要引入新的计算方法. 也就是说前面有关求导的公式、法则对多元函数的偏导数仍然适用. 对多元函数某一自变量求偏导数,只需将其余的自变量看成常数,用一元函数求导方法即可求得.

例 1 求 $z=x^2y+y^2$ 在点 $(2,3)$ 处的偏导数.

解 把 y 看作常量,对 x 求导,得 $\dfrac{\partial z}{\partial x}=2xy$

把 x 看作常量,对 y 求导,得 $\dfrac{\partial z}{\partial y}=x^2+2y$

将 $x=2,y=3$ 代入上面的结果,得

$$z'_x\bigg|_{\substack{x=2\\y=3}}=12,z'_y\bigg|_{\substack{x=2\\y=3}}=10$$

例 2 设 $z=x^y$,求 $\dfrac{\partial z}{\partial x}$ 和 $\dfrac{\partial z}{\partial y}$.

解 把 y 看作常量,对 x 求导,得 $\dfrac{\partial z}{\partial x}=yx^{y-1}$

把 x 看作常量,对 y 求导,得 $\dfrac{\partial z}{\partial y}=x^y\ln x$

例 3 设 $u=(1+xy)^z$,求 $\dfrac{\partial u}{\partial x},\dfrac{\partial u}{\partial y},\dfrac{\partial u}{\partial z}$.

解 $\dfrac{\partial u}{\partial x}=yz(1+xy)^{z-1},\dfrac{\partial u}{\partial y}=xz(1+xy)^{z-1},\dfrac{\partial u}{\partial z}=(1+xy)^z\ln(1+xy)$.

（3）二元函数偏导数的几何意义

一元函数 $y = f(x)$ 在 x_0 处导数的几何意义是曲线 $y = f(x)$ 在点 (x_0, y_0) 处切线的斜率；而二元函数 $z = f(x, y)$ 在点 (x_0, y_0) 处的偏导数，实际上是一元函数 $z = f(x, y_0)$ 在点 $x = x_0$ 与 $z = f(x_0, y)$ 在点 $y = y_0$ 的导数. 因此，二元函数 $z = f(x, y)$ 偏导数的几何意义也是曲线切线的斜率. 即 $\left.\dfrac{\partial z}{\partial x}\right|_{\substack{x = x_0 \\ y = y_0}}$ 是曲线 $\begin{cases} z = f(x, y) \\ y = y_0 \end{cases}$

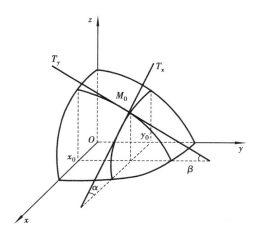

图 2.5

在点 $(x_0, y_0, f(x_0, y_0))$ 处切线的斜率；$\left.\dfrac{\partial z}{\partial y}\right|_{\substack{x = x_0 \\ y = y_0}}$ 是曲线 $\begin{cases} z = f(x, y) \\ x = x_0 \end{cases}$ 在点 $(x_0, y_0, f(x_0, y_0))$ 处切线的斜率（见图 2.5）.

2.4.2　高阶偏导数

与一元函数类似，多元函数也有高阶偏导数.

如果二元函数 $z = f(x, y)$ 在区域 D 内偏导数 $\dfrac{\partial z}{\partial x}, \dfrac{\partial z}{\partial y}$ 存在，对这两个偏导数再求偏导数（如果存在的话），则称它们是 $z = f(x, y)$ 的二阶偏导数. 这样的偏导数共有四个：

$$\left(\frac{\partial z}{\partial x}\right)'_x = \frac{\partial^2 z}{\partial x^2} = f''_{xx}(x, y) \qquad \left(\frac{\partial z}{\partial x}\right)'_y = \frac{\partial^2 z}{\partial x \partial y} = f''_{xy}(x, y)$$

$$\left(\frac{\partial z}{\partial y}\right)'_x = \frac{\partial^2 z}{\partial y \partial x} = f''_{yx}(x, y) \qquad \left(\frac{\partial z}{\partial y}\right)'_y = \frac{\partial^2 z}{\partial y \partial y} = f''_{yy}(x, y)$$

其中第二、第三式的二阶偏导数称为混合偏导数. 类似地，可以定义三阶，四阶，$\cdots$，n 阶偏导数，二阶及二阶以上的偏导数称为高阶偏导数.

例 4　求 $z = x^3 + y^3 - 3xy^2$ 的二阶偏导数.

解　$\dfrac{\partial z}{\partial x} = 3x^2 - 3y^2, \dfrac{\partial z}{\partial y} = 3y^2 - 6xy$

$\dfrac{\partial^2 z}{\partial x^2} = 6x, \dfrac{\partial^2 z}{\partial x \partial y} = -6y, \dfrac{\partial^2 z}{\partial y \partial x} = -6y, \dfrac{\partial^2 z}{\partial y^2} = 6y - 6x$

一般地有，当二阶偏导数 $f''_{xy}(x, y)$，$f''_{yx}(x, y)$ 均为连续函数时它们才是相等的.

2.4.3　多元复合函数及隐函数的求导法则

（1）多元复合函数的求导法则

我们知道，求偏导数与求一元函数的导数本质上没有什么差别. 因此对一元函数适用的求导法则原则上在多元函数中也适用. 但对多元复合函数而言，由于它的构成比较复杂，所以我们分不同的情形来讨论.

1）中间变量是一元函数的情形

定理　若函数 $z = f(u, v)$ 关于 u, v 有连续的一阶偏导数，又函数 $u = \varphi(x), v = \psi(x)$ 对 x 可

导,则复合函数 $z = f[\varphi(x), \psi(x)]$ 对 x 可导,且

$$\frac{\mathrm{d}z}{\mathrm{d}x} = \frac{\partial z}{\partial u} \cdot \frac{\mathrm{d}u}{\mathrm{d}x} + \frac{\partial z}{\partial v} \cdot \frac{\mathrm{d}v}{\mathrm{d}x}$$

证明从略.

上述公式中,复合函数 z 对 x 的导数 $\dfrac{\mathrm{d}z}{\mathrm{d}x}$ 称为全导数. 定理也可以推广到构成复合函数的中间变量多于两个(中间变量都是一元函数)的情形,读者可自行写出结果.

例5 设 $z = \mathrm{e}^{uv}, u = \sin x, v = \cos x$,求全导数 $\dfrac{\mathrm{d}z}{\mathrm{d}x}$.

解 $\dfrac{\mathrm{d}z}{\mathrm{d}x} = \dfrac{\partial z}{\partial u} \cdot \dfrac{\mathrm{d}u}{\mathrm{d}x} + \dfrac{\partial z}{\partial v} \cdot \dfrac{\mathrm{d}v}{\mathrm{d}x}$

$\qquad = v\mathrm{e}^{uv} \cos x + u\mathrm{e}^{uv}(-\sin x)$

$\qquad = (\cos^2 x - \sin^2 x)\mathrm{e}^{\sin x \cos x}$

$\qquad = \cos 2x\, \mathrm{e}^{\sin x \cos x}$

例6 设 $z = u^2 - v^2 + \omega^2, u = \sin x, v = \cos x, \omega = \tan x$,求全导数 $\dfrac{\mathrm{d}z}{\mathrm{d}x}$.

解 $\dfrac{\mathrm{d}z}{\mathrm{d}x} = \dfrac{\partial z}{\partial u} \cdot \dfrac{\mathrm{d}u}{\mathrm{d}x} + \dfrac{\partial z}{\partial v} \cdot \dfrac{\mathrm{d}v}{\mathrm{d}x} + \dfrac{\partial z}{\partial \omega} \cdot \dfrac{\mathrm{d}\omega}{\mathrm{d}x}$

$\qquad = 2u \cos x + (-2v)(-\sin x) + 2\omega \sec^2 x$

$\qquad = 2 \sin x \cos x + 2 \sin x \cos x + 2 \tan x \sec^2 x$

$\qquad = 2(\sin 2x + \tan x \sec^2 x)$

对于这类问题,在实际操作中也可以利用消去中间变量 u, v,先把二元函数 $z = f(u, v)$ 化为 z 对 x 的一元函数,然后再求全导数. 请读者自己试一试.

2)中间变量是多元函数的情形

先给出中间变量是二元函数的情形.

定理 设 $u = \varphi(x, y), v = \psi(x, y)$ 在点 (x, y) 存在偏导数,$z = f(u, v)$ 在对应点 (u, v) 有连续偏导数,则复合函数 $z = f[\varphi(x, y), \psi(x, y)]$ 在点 (x, y) 的偏导数存在且

$$\frac{\partial z}{\partial x} = \frac{\partial z}{\partial u} \cdot \frac{\partial u}{\partial x} + \frac{\partial z}{\partial v} \cdot \frac{\partial v}{\partial x}$$

$$\frac{\partial z}{\partial y} = \frac{\partial z}{\partial u} \cdot \frac{\partial u}{\partial y} + \frac{\partial z}{\partial v} \cdot \frac{\partial v}{\partial y}$$

证明从略.

定理可以推广到中间变量或自变量多于两个的情形. 例如

设 $z = f(u, v, \omega), u = \varphi(x, y), v = \psi(x, y), \omega = \omega(x, y)$ 则复合函数

$$z = f[\varphi(x, y), \psi(x, y), \omega(x, y)]$$

的两个偏导数为

$$\frac{\partial z}{\partial x} = \frac{\partial z}{\partial u} \cdot \frac{\partial u}{\partial x} + \frac{\partial z}{\partial v} \cdot \frac{\partial v}{\partial x} + \frac{\partial z}{\partial \omega} \cdot \frac{\partial \omega}{\partial x}$$

$$\frac{\partial z}{\partial y} = \frac{\partial z}{\partial u} \cdot \frac{\partial u}{\partial y} + \frac{\partial z}{\partial v} \cdot \frac{\partial v}{\partial y} + \frac{\partial z}{\partial \omega} \cdot \frac{\partial \omega}{\partial y}$$

又如,设 $z = f(x, u, v), u = \varphi(x, y), v = \psi(y)$,则复合函数 $z = f[x, \varphi(x, y), \psi(y)]$ 的两个偏导

数为

$$\frac{\partial z}{\partial x} = \frac{\partial f}{\partial x} + \frac{\partial z}{\partial u} \cdot \frac{\partial u}{\partial x} \qquad \frac{\partial z}{\partial y} = \frac{\partial z}{\partial u} \cdot \frac{\partial u}{\partial y} + \frac{\partial z}{\partial v} \cdot \frac{\mathrm{d}v}{\mathrm{d}y}$$

注意,这里 $\dfrac{\partial z}{\partial x}$ 与 $\dfrac{\partial f}{\partial x}$ 是不同的,$\dfrac{\partial z}{\partial x}$ 是把 $z = f[\,x, \varphi(x,y), \psi(y)\,]$ 中的 y 看作不变而对 x 的偏导

数,$\dfrac{\partial f}{\partial x}$ 是把 $f(x, u, v)$ 中的 u 及 v 看作不变而对 x 的偏导数.

再如,设 $z = f(u, v), u = \varphi(x, y, t), v = \psi(x, y, t)$,则复合函数的偏导数为

$$\frac{\partial z}{\partial x} = \frac{\partial z}{\partial u} \cdot \frac{\partial u}{\partial x} + \frac{\partial z}{\partial v} \cdot \frac{\partial v}{\partial x}$$

$$\frac{\partial z}{\partial y} = \frac{\partial z}{\partial u} \cdot \frac{\partial u}{\partial y} + \frac{\partial z}{\partial v} \cdot \frac{\partial v}{\partial y}$$

$$\frac{\partial z}{\partial t} = \frac{\partial z}{\partial u} \cdot \frac{\partial u}{\partial t} + \frac{\partial z}{\partial v} \cdot \frac{\partial v}{\partial t}$$

例 7　设 $z = u^2 \ln v, u = \dfrac{x}{y}, v = 3x - 2y$,求 $\dfrac{\partial z}{\partial x}, \dfrac{\partial z}{\partial y}$.

解　$\dfrac{\partial z}{\partial x} = \dfrac{\partial z}{\partial u} \cdot \dfrac{\partial u}{\partial x} + \dfrac{\partial z}{\partial v} \cdot \dfrac{\partial v}{\partial x}$

$$= 2u \ln v \cdot \frac{1}{y} + \frac{u^2}{v} \cdot 3$$

$$= \frac{2x}{y^2} \ln(3x - 2y) + \frac{3x^2}{(3x - 2y)y^2}$$

$\dfrac{\partial z}{\partial y} = \dfrac{\partial z}{\partial u} \cdot \dfrac{\partial u}{\partial y} + \dfrac{\partial z}{\partial v} \cdot \dfrac{\partial v}{\partial y}$

$$= 2u \ln v \cdot \left(-\frac{x}{y^2} \right) + \frac{u^2}{v} \cdot (-2)$$

$$= -\frac{2x^2}{y^3} \ln(3x - 2y) - \frac{2x^2}{(3x - 2y)y^2}$$

例 8　$z = f(x^2 - y^2, \mathrm{e}^{2x}, \sin y)$,求 $\dfrac{\partial z}{\partial x}, \dfrac{\partial z}{\partial y}$.

解　令 $u = x^2 - y^2, v = \mathrm{e}^{2x}, \omega = \sin y$,则

$$\frac{\partial z}{\partial x} = \frac{\partial z}{\partial u} \cdot \frac{\partial u}{\partial x} + \frac{\partial z}{\partial v} \cdot \frac{\partial v}{\partial x} + \frac{\partial z}{\partial \omega} \cdot \frac{\partial \omega}{\partial x}$$

$$= f'_u \cdot 2x + f'_v \cdot 2\mathrm{e}^{2x} + f'_\omega \cdot 0$$

$$= 2x f'_u + 2\mathrm{e}^{2x} f'_v$$

$$\frac{\partial z}{\partial y} = \frac{\partial z}{\partial u} \cdot \frac{\partial u}{\partial y} + \frac{\partial z}{\partial v} \cdot \frac{\partial v}{\partial y} + \frac{\partial z}{\partial \omega} \cdot \frac{\partial \omega}{\partial y}$$

$$= f'_u \cdot (-2y) + f'_v \cdot 0 + f'_\omega \cdot \cos y$$

$$= -2y f'_u + \cos y f'_\omega$$

(2)隐函数的求导法则

1)一元隐函数的求导公式

由方程 $F(x,y)=0$ 确定的隐函数 $y=y(x)$ 称为一元隐函数. 在一元函数中,我们学过用复合函数求导法则求一元隐函数的导数的方法,但没有给出一般的求导公式. 现在根据多元复合函数的求导法,给出一元隐函数的一般求导公式.

设方程 $F(x,y)=0$ 确定了一元函数 $y=y(x)$,则将它代入方程成为恒等式 $F[x,y(x)]\equiv 0$. 两端对 x 求导,得 $F'_x+F'_y\cdot\dfrac{\mathrm{d}y}{\mathrm{d}x}=0$,若 $F'_y\neq 0$,则

$$\frac{\mathrm{d}y}{\mathrm{d}x}=-\frac{F'_x}{F'_y}$$

这就是一元隐函数的求导公式.

例9 设 $x^2y^2-x^4-y^4=16$,求 $\dfrac{\mathrm{d}y}{\mathrm{d}x}$.

解 令 $F(x,y)=x^2y^2-x^4-y^4-16$,则

$$F'_x=2xy^2-4x^3,\quad F'_y=2x^2y-4y^3$$

$$\frac{\mathrm{d}y}{\mathrm{d}x}=-\frac{F'_x}{F'_y}=-\frac{2xy^2-4x^3}{2x^2y-4y^3}=\frac{2x^3-xy^2}{x^2y-2y^3}$$

例10 设 $y-\dfrac{1}{2}\sin y-x=0$,求 $\dfrac{\mathrm{d}y}{\mathrm{d}x},\dfrac{\mathrm{d}^2y}{\mathrm{d}x^2}$.

解 令 $F(x,y)=y-\dfrac{1}{2}\sin y-x$,则

$$F'_x=-1,\quad F'_y=1-\frac{1}{2}\cos y$$

$$\frac{\mathrm{d}y}{\mathrm{d}x}=-\frac{F'_x}{F'_y}=-\frac{-1}{1-\dfrac{1}{2}\cos y}=\frac{2}{2-\cos y}$$

上式两边再对 x 求导,得

$$\begin{aligned}\frac{\mathrm{d}^2y}{\mathrm{d}x^2}&=-\frac{2}{(2-\cos y)^2}\cdot\sin y\cdot y'\\&=-\frac{2}{(2-\cos y)^2}\cdot\sin y\cdot\left(\frac{2}{2-\cos y}\right)\\&=-\frac{4\sin y}{(2-\cos y)^3}\end{aligned}$$

2)二元隐函数的求导公式

由方程 $F(x,y,z)=0$ 确定的隐函数 $z=f(x,y)$ 称为二元隐函数.

设方程 $F(x,y,z)=0$ 确定了隐函数 $z=f(x,y)$,且 F'_x,F'_y,F'_z 连续, $F'_z\neq 0$. 将 $z=f(x,y)$ 代入方程 $F(x,y,z)=0$ 得恒等式 $F[x,y,f(x,y)]\equiv 0$. 两端分别对 x,y 求偏导,得

$$F'_x+F'_z\frac{\partial z}{\partial x}=0,\quad F'_y+F'_z\frac{\partial z}{\partial y}=0$$

因为 $F'_z\neq 0$,所以

$$\frac{\partial z}{\partial x}=-\frac{F'_x}{F'_z},\quad \frac{\partial z}{\partial y}=-\frac{F'_y}{F'_z}$$

这就是二元隐函数的求导公式.

例 11　设 $z^x = y^z$，求 $\dfrac{\partial z}{\partial x}, \dfrac{\partial z}{\partial y}$.

解　令 $F(x,y,z) = z^x - y^z$，则

$$F'_x = z^x \ln z, \quad F'_y = -zy^{z-1}, \quad F'_z = xz^{x-1} - y^z \ln y$$

由二元隐函数的求导公式,有

$$\frac{\partial z}{\partial x} = -\frac{F'_x}{F'_z} = -\frac{z^x \ln z}{xz^{x-1} - y^z \ln y}, \quad \frac{\partial z}{\partial y} = -\frac{F'_y}{F'_z} = \frac{zy^{z-1}}{xz^{x-1} - y^z \ln y}$$

例 12　设 $e^{-xy} + e^z = 2z$，求 $\dfrac{\partial z}{\partial x}, \dfrac{\partial z}{\partial y}$.

解　令 $F(x,y,z) = e^{-xy} + e^z - 2z$，则

$$F'_x = -ye^{-xy}, \quad F'_y = -xe^{-xy}, \quad F'_z = -2 + e^z$$

由二元隐函数的求导公式,有

$$\frac{\partial z}{\partial x} = -\frac{F'_x}{F'_z} = \frac{ye^{-xy}}{e^z - 2}, \quad \frac{\partial z}{\partial y} = -\frac{F'_y}{F'_z} = \frac{xe^{-xy}}{e^z - 2}$$

习 题 2.4

1　求下列函数的偏导数：

① $z = \dfrac{x+y}{x-y}$　　　② $z = \ln \dfrac{y}{x}$　　　③ $z = 4^{3x+4y}$

④ $z = (\sin x)^{\cos y}$　　　⑤ $z = \sqrt{\ln(xy)}$　　　⑥ $u = (1+xy)^z$

2　设 $f(x,y) = e^{-\sin x}(x+2y)$，求 $f'_x(0,1)$、$f'_y(0,1)$.

3　求下列函数的二阶偏导数：

① $z = x^4 + y^4 - 4x^2y^2$　　　② $z = x^{2y}$　　　③ $z = x\ln(xy)$

④ $z = e^{xy} + x$　　　⑤ $z = \sin(ax + by)$　　　⑥ $z = \arctan \dfrac{y}{x}$

4　设 $f(x,y,z) = xy^2 + yz^2 + zx^2$，求 $f''_{xx}(0,0,1)$，$f''_{yz}(0,-1,0)$.

5　设 $z = u^2v, u = \cos t, v = \sin t$，求 $\dfrac{dz}{dt}$.

6　设 $z = \arctan(xy), y = e^x$，求 $\dfrac{dz}{dx}$.

7　设 $z = \dfrac{u}{v}, u = \ln x, v = e^x$，求 $\dfrac{\partial z}{\partial x}$.

8　设 $z = f(x, x^2 + y^2)$，其中 f 具有二阶连续偏导数,求 $\dfrac{\partial^2 z}{\partial x^2}, \dfrac{\partial^2 z}{\partial y^2}, \dfrac{\partial^2 z}{\partial x \partial y}$.

9　设 $z = f(u,v), u = xy, v = \dfrac{x}{y}$，求 $\dfrac{\partial z}{\partial x}, \dfrac{\partial z}{\partial y}$.

10　函数 $z = f(x,y)$ 由方程 $e^z = xyz$ 确定,求 $\dfrac{\partial z}{\partial x}, \dfrac{\partial z}{\partial y}$.

2.5　微　分

2.5.1　一元函数的微分

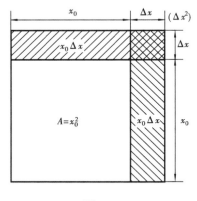

图 2.6

在许多实际问题中，不仅需要我们知道自变量变化引起函数变化的快慢问题（即求导数问题），而且还需要了解函数在某一点当自变量取得一个微小的改变量时，函数取得的相应的改变量的大小. 计算函数改变量的精确值，一般地说是较繁难的. 因此，要研究计算它的近似值，我们引进微分学中的另一重要概念——微分.

（1）微分的定义

先从一个具体问题来分析.

一块正方形金属薄片，受热膨胀，其边长从 x_0 变到 $x_0 + \Delta x$，此薄片面积增加了多少？（如图 2.6）

设正方形的面积为 S，面积增加量为 ΔS，则

$$\Delta S = (x_0 + \Delta x)^2 - x_0^2 = 2x_0\Delta x + (\Delta x)^2$$

ΔS 由两部分组成：第一部分 $2x_0\Delta x$ 是 Δx 的线性函数，当 $\Delta x \to 0$ 时，它是 Δx 的同阶无穷小；而第二部分 $(\Delta x)^2$，当 $\Delta x \to 0$ 时，是比 Δx 高阶的无穷小，即

$$\lim_{\Delta x \to 0} \frac{2x_0\Delta x}{\Delta x} = 2x_0, \lim_{\Delta x \to 0} \frac{(\Delta x)^2}{\Delta x} = 0$$

因此，对 ΔS 来说，当 $|\Delta x|$ 很小时，$(\Delta x)^2$ 可以忽略不计，而 $2x_0\Delta x$ 可以作为其较好的近似值. 由于 $2x_0\Delta x$ 计算既简单又有一定的精确度，我们把它称为 $S = x^2$ 在 $x = x_0$ 处的微分. 对一般的可导函数来说上述结论仍然成立，下面引进函数微分的概念.

定义　设函数 $y = f(x)$ 在点 x_0 的某一邻域内有定义，如果函数的增量 $\Delta y = f(x_0 + \Delta x) - f(x_0)$ 可表示为 $\Delta y = A \cdot \Delta x + 0(\Delta x)$，其中 A 与 Δx 无关，$0(\Delta x)$ 是比 Δx 高阶的无穷小量，则称 $A \cdot \Delta x$ 为函数 $y = f(x)$ 在点 x_0 处相应于 Δx 的微分，记作 dy，即 $dy = A\Delta x$. 此时也称函数 $y = f(x)$ 在点 x_0 处可微. 于是当 $|\Delta x|$ 很小时，$\Delta y \approx dy = A\Delta x$.

函数 $y = f(x)$ 可微的条件是什么？如果函数 $y = f(x)$ 在点 x_0 处可微，即 $dy = A\Delta x$，那么如何求出常数 A？我们有下面的定理：

定理　函数 $y = f(x)$ 在点 x_0 处可微的充分必要条件是函数 $y = f(x)$ 在 x_0 处可导，且 $A = f'(x_0)$.

证明　必要性　设函数 $y = f(x)$ 在点 x_0 处可微，则

$$\Delta y = A \cdot \Delta x + 0(\Delta x), \frac{\Delta y}{\Delta x} = A + \frac{0(\Delta x)}{\Delta x}$$

因 A 是与 Δx 无关的常数，所以 $\lim_{\Delta x \to 0} \frac{\Delta y}{\Delta x} = A + \lim_{\Delta x \to 0} \frac{0(\Delta x)}{\Delta x} = A$，即 $y = f(x)$ 在 x_0 处可导，且 $A = f'(x_0)$.

充分性　设函数 $y = f(x)$ 在 x_0 处可导,即 $\lim\limits_{\Delta x \to 0} \dfrac{\Delta y}{\Delta x} = f'(x_0)$.

由极限与无穷小的关系有 $\dfrac{\Delta y}{\Delta x} = f'(x_0) + \alpha$,其中 $\alpha \to 0 (\Delta x \to 0)$,则

$$\Delta y = f'(x_0)\Delta x + \alpha \Delta x$$

因 $\alpha \Delta x = 0(\Delta x)$,$f'(x_0)$ 与 Δx 无关,由微分的定义知,函数 $y = f(x)$ 在点 x_0 处可微,且 $\mathrm{d}y = f'(x_0)\Delta x$.

$\mathrm{d}y = f'(x_0)\Delta x$ 也可写成 $\mathrm{d}y \big|_{x = x_0} = f'(x_0)\Delta x$

函数 $y = f(x)$ 在任意点 x 处的微分,称为函数的微分,记作

$$\mathrm{d}y = f'(x)\Delta x \quad \text{或} \quad \mathrm{d}f(x) = f'(x)\Delta x$$

通常把自变量的增量 Δx 写成 $\mathrm{d}x$,称为自变量的微分,即 $\Delta x = \mathrm{d}x$. 于是函数的微分可以写成

$$\mathrm{d}y = f'(x)\mathrm{d}x$$

从而有

$$\frac{\mathrm{d}y}{\mathrm{d}x} = f'(x)$$

这就是说,函数的微分 $\mathrm{d}y$ 与自变量微分 $\mathrm{d}x$ 之商是该函数的导数. 因此,导数也叫微商. 求导数和求微分的运算统称为微分法.

例 1　求函数 $y = x^2$ 在 $x = 1, \Delta x = 0.01$ 时的改变量及微分.

解　$\Delta y = (1 + 0.01)^2 - 1^2 = 0.020\ 1$

$$\mathrm{d}y = (x^2)'\mathrm{d}x = 2x\mathrm{d}x, \mathrm{d}y \big|_{\substack{x = 1 \\ \Delta x = 0.01}} = 2 \times 1 \times 0.01 = 0.02$$

例 2　求函数 $y = x^3 + 5x^2 - 6$ 的微分.

解　$$\mathrm{d}y = (x^3 + 5x^2 - 6)'\mathrm{d}x = (3x^2 + 10x)\mathrm{d}x$$

(2) 微分的几何意义

在直角坐标系中作函数 $y = f(x)$ 的图形,由图 2.7 所示可以看出

$$NQ = \Delta y, PQ = MQ \tan \alpha = \Delta x \cdot \frac{\mathrm{d}y}{\mathrm{d}x} = \mathrm{d}y$$

由此可见,函数的微分 $\mathrm{d}y$ 就是曲线在点 M 处的切线 MT 的纵坐标的改变量. 由图 2.7 可以看出,当 $|\Delta x|$ 很小时,$\Delta y \approx \mathrm{d}y$,因此在点 M 邻近,可以用切线段来近似代替曲线段,即"以直代曲".

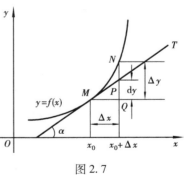

图 2.7

(3) 基本初等函数的微分公式和微分运算法则

要求 $y = f(x)$ 的微分 $\mathrm{d}y$,只要求出 $f'(x)$,再乘上 $\mathrm{d}x$ 即可. 因此,只要用前面的求导公式和求导法则,就得到求微分的公式和法则.

1）微分基本公式

$dC = 0$	$d(x^a) = ax^{a-1}dx$
$d(a^x) = a^x \ln a dx$	$d(e^x) = e^x dx$
$d(\log_a x) = \dfrac{1}{x \ln a}dx$	$d(\ln x) = \dfrac{1}{x}dx$
$d(\sin x) = \cos x dx$	$d(\cos x) = -\sin x dx$
$d(\tan x) = \sec^2 x dx$	$d(\cot x) = -\csc^2 x dx$
$d(\sec x) = \sec x \tan x dx$	$d(\csc x) = -\csc x \cot x \, dx$
$d(\arcsin x) = \dfrac{1}{\sqrt{1-x^2}}dx$	$d(\arccos x) = -\dfrac{1}{\sqrt{1-x^2}}dx$
$d(\arctan x) = \dfrac{1}{1+x^2}dx$	$d(\operatorname{arccot} x) = -\dfrac{1}{1+x^2}dx$

2）微分的运算法则

$d(u \pm v) = du \pm dv$	$d(uv) = vdu + udv$
$d(Cu) = Cdu$（C 为常数）	$d\left(\dfrac{u}{v}\right) = \dfrac{vdu - udv}{v^2}$

例3 求函数 $y = x^2 \sin x$ 的微分.

解 $dy = \sin x d(x^2) + x^2 d(\sin x) = 2x \sin x dx + x^2 \cos x dx = x(2 \sin x + x \cos x)dx.$
也可用微分的定义求 dy，即

$$dy = f'(x)dx = (x^2 \sin x)'dx = (2x \sin x + x^2 \cos x)dx$$

3）复合函数的微分法则

我们知道，如果函数 $y = f(u)$ 是 u 的函数，那么函数的微分为 $dy = f'(u)du.$ 若 u 不是自变量，而是 x 的可导函数 $u = \varphi(x)$，u 对 x 的微分为：$du = \varphi'(x)dx.$

所以，以 u 为中间变量的复合函数 $y = f[\varphi(x)]$ 的微分：

$$dy = y'dx = f'(u)\varphi'(x)dx = f'(u)du$$

也就是说，无论 u 是自变量还是中间变量 $y = f(u)$ 的微分总可以表示为 $dy = f'(u)du.$ 微分的这一性质称为微分形式不变性.

例4 求函数 $y = \dfrac{e^{2x}}{x}$ 的微分.

解 $dy = \dfrac{xd(e^{2x}) - e^{2x}dx}{x^2} = \dfrac{xe^{2x}d(2x) - e^{2x}dx}{x^2} = \dfrac{e^{2x}(2x-1)}{x^2}dx$

例5 求函数 $y = e^{\sin x}$ 的微分.

解 $dy = d(e^{\sin x}) = e^{\sin x}d(\sin x) = e^{\sin x} \cos x dx$

例6 求由方程 $y^3 = x^2 + xy + y^2$ 所确定的函数 $y = f(x)$ 的微分 $dy.$

解　对方程两边求微分,得
$$d(y^3) = d(x^2 + xy + y^2)$$
即
$$3y^2 dy = 2x dx + x dy + y dx + 2y dy$$
解方程求出 dy,得
$$dy = \frac{2x + y}{3y^2 - x - 2y} dx$$

例 7　填空题

①$d(\quad) = x^2 dx$　　②$d(\quad) = \cos 2x dx$　　③$d(\quad) = e^{\sqrt{x}} \cdot \frac{1}{\sqrt{x}} dx$

解　①因为 $d(x^3) = 3x^2 dx$,改写为 $\frac{1}{3} d(x^3) = x^2 dx$,即 $d\left(\frac{x^3}{3}\right) = x^2 dx$.

一般地,有 $d\left(\frac{x^3}{3} + C\right) = x^2 dx$　（C 为任意常数）.

②因为 $d\left(\sin 2x\right) = 2\cos 2x dx$,改写为 $\frac{1}{2} d(\sin 2x) = \cos 2x dx$,即

$$d\left(\frac{1}{2}\sin 2x\right) = \cos 2x dx$$

一般地,有 $d\left(\frac{1}{2}\sin 2x + C\right) = \cos 2x dx$　（C 为任意常数）.

③因为 $d(e^{\sqrt{x}}) = e^{\sqrt{x}} \cdot \frac{1}{2\sqrt{x}} dx$,改写为 $2d(e^{\sqrt{x}}) = e^{\sqrt{x}} \frac{1}{\sqrt{x}} dx$,即得

$$d(2e^{\sqrt{x}} + C) = e^{\sqrt{x}} \frac{1}{\sqrt{x}} dx \quad （C 为任意常数）$$

2.5.2　二元函数的全微分

我们从近似计算一元函数的增量问题,引进函数微分的概念.对于二元函数 $z = f(x, y)$,也有类似的问题.当自变量 x_0, y_0 取得增量 $\Delta x, \Delta y$ 时,欲计算函数相应的全增量

$$\Delta z = f(x_0 + \Delta x, y_0 + \Delta y) - f(x_0, y_0)$$

一般说来是比较麻烦的.因此我们希望得到一个便于计算的近似表达式.

先分析一个具体问题.

设有一圆柱体,受压后发生变形,它的底面半径由 r 变化到 $r + \Delta r$,高由 h 变化到 $h + \Delta h$,问圆柱体的体积改变了多少?

圆柱体的体积为 $V = \pi r^2 h$,体积的改变量 ΔV 为

$$\Delta V = \pi(r + \Delta r)^2(h + \Delta h) - \pi r^2 h$$
$$= 2\pi r h \Delta r + \pi r^2 \Delta h + [2\pi r \Delta r \Delta h + \pi h(\Delta r)^2 + \pi(\Delta r)^2 \Delta h]$$

显然,用上式计算 ΔV 是比较麻烦的.但是由上式可以看到,ΔV 可以分为两部分.第一部分是

$$2\pi r h \Delta r + \pi r^2 \Delta h$$

它是关于 $\Delta r, \Delta h$ 的一个线性函数.第二部分是

$$[2\pi r \Delta r \Delta h + \pi h(\Delta r)^2 + \pi(\Delta r)^2 \Delta h]$$

可以证明它是比 $\rho = \sqrt{(\Delta r)^2 + (\Delta h)^2}$ 高阶的无穷小.因此,当 $|\Delta r|$ 和 $|\Delta h|$ 很小时,体积的全增量 $\Delta V \approx 2\pi r h \Delta r + \pi r^2 \Delta h$.

与一元函数相类似,关于 Δr 和 Δh 的线性函数 $2\pi rh\Delta r + \pi r^2\Delta h$ 称为函数 V 的全微分.

将上面的函数 V 换成一般的二元函数 $z = f(x,y)$,就得到函数 $z = f(x,y)$ 全微分的定义.

定义 如果函数 $z = f(x,y)$ 在点 (x_0,y_0) 的全增量

$$\Delta z = f(x_0 + \Delta x, y_0 + \Delta y) - f(x_0,y_0)$$

可表示为 $\Delta z = A\Delta x + B\Delta y + 0(\rho)$,其中 A,B 与 $\Delta x,\Delta y$ 无关,只与 x_0,y_0 有关,而 $0(\rho)$ 是较 $\rho = \sqrt{(\Delta x)^2 + (\Delta y)^2}$ 高阶的无穷小,则称函数 $z = f(x,y)$ 在点 (x_0,y_0) 处可微. 而 $A\Delta x + B\Delta y$ 称为 $z = f(x,y)$ 在点 (x_0,y_0) 处的全微分,记为 $\mathrm{d}z$,即 $\mathrm{d}z = A\Delta x + B\Delta y$.

如果函数 $z = f(x,y)$ 在区域 D 内每一点都可微,则称函数 $z = f(x,y)$ 在区域 D 内可微.

定理 若函数 $z = f(x,y)$ 在点 (x_0,y_0) 可微,则函数 $z = f(x,y)$ 在点 (x_0,y_0) 处连续.

证明 因为函数 $z = f(x,y)$ 在点 (x_0,y_0) 可微,所以

$$\Delta z = A\Delta x + B\Delta y + 0(\rho)$$

当 $\Delta x \to 0, \Delta y \to 0$ 时,即 $\rho \to 0$ 时,有

$$\lim_{\substack{\Delta x \to 0 \\ \Delta y \to 0}} \Delta z = \lim_{\substack{\Delta x \to 0 \\ \Delta y \to 0}} [A\Delta x + B\Delta y + 0(\rho)] = 0$$

所以函数 $z = f(x,y)$ 在点 (x_0,y_0) 处连续.

这个定理说明连续是可微的必要条件.

定理 (可微的必要条件)若函数 $z = f(x,y)$ 在点 (x_0,y_0) 处可微,则函数 $z = f(x,y)$ 在点 (x_0,y_0) 处的偏导数存在,且

$$A = \left.\frac{\partial z}{\partial x}\right|_{(x_0,y_0)}, \quad B = \left.\frac{\partial z}{\partial y}\right|_{(x_0,y_0)}$$

证明略.

与一元函数一样,规定 $\Delta x = \mathrm{d}x, \Delta y = \mathrm{d}y$,则全微分可以写成

$$\mathrm{d}z = \left.\frac{\partial z}{\partial x}\right|_{(x_0,y_0)} \mathrm{d}x + \left.\frac{\partial z}{\partial y}\right|_{(x_0,y_0)} \mathrm{d}y$$

若函数 $z = f(x,y)$ 在区域 $\boldsymbol{D}$ 内每一点都可微,则全微分为

$$\mathrm{d}z = \frac{\partial z}{\partial x}\mathrm{d}x + \frac{\partial z}{\partial y}\mathrm{d}y$$

在一元函数中可导和可微是等价的,但对二元函数来说,这个结论不成立. 如函数 $f(x,y) = \begin{cases} \dfrac{xy}{x^2 + y^2}, & x^2 + y^2 \neq 0 \\ 0, & x^2 + y^2 = 0 \end{cases}$ 在点 $(0,0)$ 处的偏导数存在,但是在点 $(0,0)$ 处不连续,所以在点 $(0,0)$ 处不可微.

下面给出可微的充分条件:

定理 (可微的充分条件)若函数 $z = f(x,y)$ 的偏导数 $\dfrac{\partial z}{\partial x}, \dfrac{\partial z}{\partial y}$ 在点 (x_0,y_0) 连续,则函数在该点可微.

证明略.

例8 求 $z = x^2 y$ 在点 $(1,-2)$ 处当 $\Delta x = 0.02, \Delta y = -0.01$ 时的全增量和全微分.

解 $\Delta z = f(x_0 + \Delta x, y_0 + \Delta y) - f(x_0,y_0)$

$\qquad = (1 + 0.02)^2(-2 - 0.01) + 2$

$$= -0.091\ 204$$

因为

$$\frac{\partial z}{\partial x}\bigg|_{(1,-2)} = 2xy\bigg|_{(1,-2)} = -4, \frac{\partial z}{\partial y}\bigg|_{(1,-2)} = x^2\bigg|_{(1,-2)} = 1$$

所以

$$\mathrm{d}z = \frac{\partial z}{\partial x}\bigg|_{(1,-2)}\mathrm{d}x + \frac{\partial z}{\partial y}\bigg|_{(1,-2)}\mathrm{d}y$$

$$= -4 \times 0.02 + 1 \times (-0.01) = -0.09$$

例9　求 $z = x \ln y$ 的全微分.

解　$\dfrac{\partial z}{\partial x} = \ln y, \dfrac{\partial z}{\partial y} = \dfrac{x}{y}$

$$\mathrm{d}z = \frac{\partial z}{\partial x}\mathrm{d}x + \frac{\partial z}{\partial y}\mathrm{d}y = \ln y\mathrm{d}x + \frac{x}{y}\mathrm{d}y$$

2.5.3　微分在近似计算中的应用

(1)一元函数的微分在近似计算中的应用

在日常工作中,我们常常遇到近似计算的问题. 有良好的精度和计算简便是近似计算的基本要求. 而用微分进行近似计算通常能满足这些要求.

我们知道,当 $|\Delta x|$ 很小时(记作 $|\Delta x| \ll 1$),有 $\Delta y \approx \mathrm{d}y$,即

$$f(x_0 + \Delta x) - f(x_0) \approx f'(x_0)\Delta x$$

或

$$f(x_0 + \Delta x) \approx f(x_0) + f'(x_0)\Delta x$$

上面的公式中, $|\Delta x|$ 愈小,近似程度就愈好.

例10　一金属圆片,半径为 20 厘米,加热后半径增大了 0.05 厘米,问圆片面积增大了多少?

解　圆的面积公式为 $A = \pi r^2$. 由于 $\Delta r = 0.05$ 相对来说是比较小的,所以可以用微分 $\mathrm{d}A$ 近似地代替 ΔA.

$$\Delta A \approx \mathrm{d}A = (\pi r^2)'\mathrm{d}r = 2\pi r\mathrm{d}r = 2\pi \cdot 20 \cdot 0.05 = 2\pi(\text{平方厘米})$$

例11　求 $\sqrt[3]{1.03}$ 的近似值.

解　此问题可以看成求函数 $f(x) = \sqrt[3]{x}$ 在点 $x = 1.03$ 处的函数值的近似值的问题. 由公式, 取 $x_0 = 1, \Delta x = 0.03$,得

$$f(x_0 + \Delta x) \approx f(x_0) + f'(x_0)\Delta x = \sqrt[3]{x_0} + \frac{1}{3\sqrt[3]{x_0^2}}\Delta x$$

$$= \sqrt[3]{1} + \frac{1}{3\sqrt[3]{1^2}} \cdot 0.03 = 1.01$$

在工程上我们常用到下面几个近似公式(读者可自行证明):设 $|x| \ll 1$,则

Ⅰ) $\sqrt[n]{1+x} \approx 1 + \dfrac{1}{n}x$　　Ⅱ) $\sin x \approx x$ (x 用弧度)　　Ⅲ) $\tan x \approx x$ (x 用弧度)

Ⅳ) $\mathrm{e}^x \approx 1 + x$　　　　　　　Ⅴ) $\ln(1 + x) \approx x$

例12　求 $\sqrt[4]{255}$ 的近似值.

解　因为 $\qquad \sqrt[4]{255} = (256-1)^{\frac{1}{4}} = (4^4-1)^{\frac{1}{4}} = 4\left(1-\dfrac{1}{256}\right)^{\frac{1}{4}}$

所以用公式 I) 计算 $\sqrt[4]{255} = 4\left(1-\dfrac{1}{256}\right)^{\frac{1}{4}} \approx 4\left(1-\dfrac{1}{4}\cdot\dfrac{1}{256}\right) \approx 3.996.$

（2）二元函数的全微分在近似计算中的应用

和一元函数相类似,对二元函数 $z = f(x,y)$ 来说,当 $|\Delta x|$, $|\Delta y|$ 很小时,也有: $\Delta z \approx \mathrm{d}z$, 即
$$f(x_0+\Delta x, y_0+\Delta y) \approx f(x_0,y_0) + f'_x(x_0,y_0)\Delta x + f'_y(x_0,y_0)\Delta y$$

例 13　求 $(1.03)^{1.98}$ 的近似值.

解　令 $z = x^y$, 为求 $f(x,y)$ 在 $x = 1.03, y = 1.98$ 的函数值,

取 $x_0 = 1, \Delta x = 0.03, y_0 = 2, \Delta y = -0.02.$

因为 $\qquad\qquad\qquad f'_x(x,y) = yx^{y-1}, \ f'_y(x,y) = x^y\ln x$

于是
$$(1.03)^{1.98} \approx f(1,2) + \mathrm{d}z = 1^2 + 2\times0.03 + 1^2\times\ln 1\times(-0.02) = 1.06$$

例 14　要用水泥建造一个无盖的圆柱形水槽其内径为 4 米,高为 4 米,侧壁及底的厚度均为 0.01 米,问需要多少水泥才能造成.

解　当圆柱底半径为 r, 高为 h 时,其体积 V 可按公式 $V = \pi r^2 h$ 计算. 若用全微分进行近似计算,则有
$$\Delta V \approx \mathrm{d}V = 2\pi rh\Delta r + \pi r^2\Delta h$$

取 $r = 2, h = 4, \Delta r = \Delta h = 0.01$ 有
$$\Delta V \approx \mathrm{d}V = 2\pi\times2\times4\times0.01 + \pi\times2^2\times0.01 = 0.2\pi(\text{米})$$

如直接计算,得 $\Delta V = 0.200\,801\pi.$ 可见 ΔV 与 $\mathrm{d}V$ 相当接近.

习题 2.5

1　设 $y = x^3 - x$, 计算在 $x = 2$ 处当 Δx 分别等于 $0.1, 0.01$ 时函数的增量和微分.

2　求下列函数的微分:

①$y = \dfrac{1}{x} + 2\sqrt{x}$　　　　　　②$y = \cos 3x$　　　　　　③$y = (2x^3-3x^2+6x)^2$

④$y = \mathrm{e}^{\sin 2x}$　　　　　　⑤$y = \ln\sqrt{1-x^2}$　　　　　　⑥$y = (\mathrm{e}^x+\mathrm{e}^{-x})^2$

⑦$y = \mathrm{e}^{-x}\cos(3-x)$　　　　⑧$y = \mathrm{e}^{ax+bx^2}$　　　　　⑨$y = \arctan\sqrt{1-\ln x}$

⑩$y = \tan^2(1+2x^2)$　　　　⑪$y = \arcsin\sqrt{1-x^2}$　　　　⑫$y = \dfrac{\mathrm{e}^{2x}}{x^2}$

3　填空题:

①$\mathrm{d}(\quad) = 2\mathrm{d}x$　　　　　②$\mathrm{d}(\quad) = 3x\mathrm{d}x$　　　　　③$\mathrm{d}(\quad) = \cos x\mathrm{d}x$

④$\mathrm{d}(\quad) = 3x^2\mathrm{d}x$　　　　⑤$\mathrm{d}(\quad) = \dfrac{1}{x+1}\mathrm{d}x$　　　　⑥$\mathrm{d}(\quad) = \mathrm{e}^{-2x}\mathrm{d}x$

⑦$\mathrm{d}(\quad) = \dfrac{1}{\sqrt{x}}\mathrm{d}x$　　　　⑧$\mathrm{d}(\quad) = \mathrm{e}^{x^2}\mathrm{d}(x^2)$　　　　⑨$\mathrm{d}(\quad) = \sec^2 3x\mathrm{d}x$

⑩d($\sin^2 x$) = (　　) d $\sin x$

4　求下列各数的近似值:

①arctan 0.002　　　　　　②$\sqrt[3]{1.02^2}$　　　　　　③$\sin 29^0$

④$e^{1.98}$　　　　　　　　⑤lg 0.998

5　已知单摆的运动周期 $T = 2\pi\sqrt{\dfrac{l}{g}}$(其中 $g = 980 \text{ cm/s}^2$). 若摆长由 20 厘米增加到 20.1 厘米,问周期大约变化多少?

6　求下列函数的全微分:

①$z = e^{xy}$　　　　　　②$z = \dfrac{1}{2}\ln(1 + x^2 + y^2)$　　　　　③$z = \arctan\dfrac{y}{x}$

④$z = \sin(x - y)$　　　　⑤$u = x^2 y z^3$　　　　　　⑥$u = x^{yz}$

7　求下列函数在已给定条件下的全微分的值:

①$z = \sqrt{\dfrac{x}{y}}$, $x = 1$, $y = 1$, $\Delta x = 0.2$, $\Delta y = 0.1$

②$z = \ln\left(1 + \dfrac{x}{y}\right)$, $x = 1$, $y = 1$, $\Delta x = 0.15$, $\Delta y = -0.25$

8　求近似值:

①$\sqrt{(1.02)^3 + (1.97)^3}$　　②$(10.1)^{2.02}$

9　要用水泥砌成一长方形无盖的水池,它的外形长 5 米,宽 4 米,高 3 米,它的四壁和底的厚度均为 20 厘米,试求所需水泥体积的近似值.

复习题 2

1　选择题

①若 $\lim\limits_{x \to x_0}\dfrac{f(x) - f(x_0)}{x - x_0} = A$, A 是常数,则有(　　).

(A)$f(x)$ 在点 $x = x_0$ 处连续　　　　　　(B)$f(x)$ 在点 $x = x_0$ 处可导

(C)$f(x)$ 在点 $x = x_0$ 处不一定连续　　　(D)$\lim\limits_{x \to x_0} f(x)$ 存在

②下列函数中,在 $x = 0$ 处导数为 0 的函数有(　　).

(A)$\sin^2 x$　　　　　(B)$\dfrac{-\cos x}{x}$　　　　(C)$x + e^x$　　　　(D)$x(1 - 2x)$

③函数 $f(x) = \begin{cases} x, & x < 0 \\ xe^x, & x \geq 0 \end{cases}$ 在 $x = 0$ 处(　　).

(A)连续　　　　　　(B)可导　　　　　　(C)可微　　　　　(D)连续、不可导

④下列函数中(　　)的导数等于 $\dfrac{1}{2}\sin 2x$.

(A)$\dfrac{1}{2}\sin^2 x$　　　　(B)$\dfrac{1}{4}\cos 2x$　　　(C)$-\dfrac{1}{2}\cos^2 x$　　　(D)$1 - \dfrac{1}{4}\cos 2x$

⑤已知 $y = e^{f(x)}$，则 $y'' = ($ $)$.

$(A) e^{f(x)}$ $(B) e^{f(x)} f''(x)$

$(C) e^{f(x)} [f'(x) + f''(x)]$ $(D) e^{f(x)} [(f'(x))^2 + f''(x)]$

⑥已知 $y = x \ln x$，则 $y^{(10)} = ($ $)$.

$(A) -\dfrac{1}{x^9}$ $(B) \dfrac{1}{x^9}$ $(C) \dfrac{8!}{x^9}$ $(D) -\dfrac{8!}{x^9}$

⑦设 $e^x - e^y = \sin(xy)$，则 $y'|_{x=0} = ($ $)$.

$(A) 0$ $(B) 1$ $(C) -1$ $(D) 2$

⑧若 $f(u)$ 可导，且 $y = f(e^x)$，则有（   ）.

$(A) dy = f'(e^x) dx$ $(B) dy = f'(e^x) de^x$ $(C) dy = [f(e^x)]' de^x$ $(D) dy = f'(e^x) e^x dx$

⑨函数 $z = f(x,y)$ 由方程 $e^z - 3xyz = x + 1$ 确定，则 $\dfrac{\partial z}{\partial x}\Big|_{(0,0)} = ($ $)$.

$(A) e^{-2}$ $(B) 0$ $(C) 1$ $(D) 2$

⑩已知 $f(x+y, x-y) = x^2 - y^2$，则 $\dfrac{\partial f(x,y)}{\partial x} + \dfrac{\partial f(x,y)}{\partial y} = ($ $)$.

$(A) 2x - 2y$ $(B) 2x + 2y$ $(C) x + y$ $(D) x - y$

2　填空题

①一物体的运动方程为 $s = t^3 + 10$，则该物体在 $t = 3$ 时的速度为_____.

②曲线 $y = \sqrt[3]{x}$ 在 $x = 0$ 处的切线方程为_____.

③a. 设 $f(x) = \sin a - \cos x$，则 $f'(a) = $_____；b. 设 $y = f\left(\dfrac{1}{x^2}\right)$，则 $y'|_{x=\frac{1}{2}}$

= _____.

④设 $f(x) = \begin{cases} ax + 1, & x \leq 2 \\ x^2 + b, & x > 2 \end{cases}$ 在 $x = 2$ 处可导，则 $a = $_____，$b = $_____.

⑤设 $\begin{cases} x = \ln(1 + t^2) \\ y = \arctan t \end{cases}$，则 $\dfrac{dy}{dx} = $_____，$\dfrac{d^2 y}{dx^2} = $_____.

⑥设 $y = \sin 2x + xe^x$，则 $dy = $_____.

⑦设 $2y = 1 + xy^3$，则 $dy = $_____.

⑧已知 y 的 $n-1$ 导数为 $y^{(n-1)} = \dfrac{x}{\ln x}$，则 $y^{(n)} = $_____.

⑨设 $z = \ln(x + \ln y)$，则 $\dfrac{\partial z}{\partial x} = $_____，$\dfrac{\partial z}{\partial y}\Big|_{(1,e)} = $_____.

⑩函数 $z = x^y$ 的全微分 $dz = $_____.

3　求下列函数的导数

① $y = (2x+3)^4$ ② $y = e^{-2x+1}$ ③ $y = \cos^2 2x$

④ $y = \ln[\sin(1-x)]$ ⑤ $y = \sqrt{x + \ln^2 x}$ ⑥ $y = \pi^x + x^\pi + x^x$

4 设 $f(x) = \arctan \sqrt{x^2 - 1} - \dfrac{\ln x}{\sqrt{x^2 - 1}}$，求 $df(x)$.

5 ①已知 $y = x^3 + \ln \sin x$，求 y''.

②设 $f(x) = x^2 \varphi(x)$ 且 $\varphi(x)$ 有二阶连续导数,求 $f''(x)$.

6　设由方程 $x^2 y - \mathrm{e}^{2y} = \sin y$ 确定 y 是 x 的函数,求 $\dfrac{\mathrm{d}y}{\mathrm{d}x}$.

7　求由参数方程 $\begin{cases} x = \dfrac{1 + \ln t}{t^2} \\[3mm] y = \dfrac{3 + 2 \ln t}{t} \end{cases}$ 确定的函数 $y = y(x)$ 的 $\dfrac{\mathrm{d}y}{\mathrm{d}x}, \dfrac{\mathrm{d}^2 y}{\mathrm{d}x^2}$.

8　证明:①可导的偶函数的导数是奇函数;

②可导的奇函数的导数是偶函数;

③可导的周期函数的导函数是具有相同周期的函数.

9　设 $z = f\left(x^2 - y^2, \dfrac{y}{x}\right)$,求 $\dfrac{\partial z}{\partial x}, \dfrac{\partial z}{\partial y}$.

10　设 $z = u^2 v - uv^2, u = x \cos y, v = x \sin y$,求 $\dfrac{\partial z}{\partial x}, \dfrac{\partial z}{\partial y}$.

11　①设 $z = \arctan(xy), y = \mathrm{e}^x$,求 $\dfrac{\mathrm{d}z}{\mathrm{d}x}$;

②设 $z = uv + \sin t, u = \mathrm{e}^t, v = \cos t$,求 $\dfrac{\mathrm{d}z}{\mathrm{d}t}$.

12　设方程 $\mathrm{e}^z = xyz$ 确定函数 $z = f(x, y)$,求 $\dfrac{\partial z}{\partial x}, \dfrac{\partial^2 z}{\partial x^2}, \dfrac{\partial^2 z}{\partial x \partial y}$.

13　已知球壳的直径为 20 厘米,厚度为 2 毫米,求球壳体积的近似值.

第 3 章
微分学的应用

导数在自然科学和工程技术中应用非常广泛. 本章在介绍中值定理的基础上, 用导数来讨论函数的单调性、极值、最大值和最小值以及曲线的凹向和拐点等, 并利用这些函数的性态描绘一元函数的图像.

3.1 微分中值定理 罗比塔法则

3.1.1 中值定理

拉格朗日中值定理是利用导数研究函数性态的理论依据, 下面先给出拉格朗日中值定理.

定理 (拉格朗日中值定理) 设函数 $y = f(x)$ 在闭区间 $[a,b]$ 上连续, 在开区间 (a,b) 内可导, 则在 (a,b) 内至少存在一点 ξ, 使得

$$f'(\xi) = \frac{f(b) - f(a)}{b - a} \quad 或 \quad f(b) - f(a) = f'(\xi)(b - a)$$

证明从略.

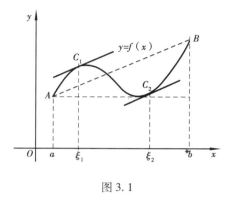

图 3.1

此定理的几何意义是: 如果函数 $y = f(x)$ 在闭区间 $[a,b]$ 上连续, 在开区间 (a,b) 内可导, 则在曲线段 $\overset{\frown}{AB}$ 上至少有一点 $C(\xi, f(\xi))$, 使得过这点的切线平行于弦 $\overline{AB}$ (如图 3.1 中的点 C_1, C_2).

拉格朗日中值定理有以下两个推论:

推论 1 如果函数 $y = f(x)$ 在区间 (a,b) 内任一点的导数 $f'(x)$ 恒为零, 则函数 $f(x)$ 恒为常数.

推论 2 如果函数 $f(x)$ 与函数 $g(x)$ 在区间 (a,b) 内的导数相等, 即 $f'(x) = g'(x)$, 则 $f(x)$ 与 $g(x)$ 在区间 (a,b) 内只相差一个常数. 即 $f(x) - g(x) = C$.

上述两个推论证明比较简单,请读者自行证明.

特别地,拉格朗日中值定理中,当 $f(a) = f(b)$ 时即为罗尔中值定理.

定理(罗尔中值定理)　设函数 $y = f(x)$ 在闭区间 $[a,b]$ 上连续,在开区间 (a,b) 内可导,且 $f(a) = f(b)$,则在 (a,b) 内至少存在一点 ξ,使得 $f'(\xi) = 0$.

罗尔中值定理的几何意义是显而易见(请读者自己作图).

例 1　对于函数 $y = \ln x$,在闭区间 $[1,e]$ 上验证拉格朗日中值定理的正确性.

解　显然 $y = \ln x$ 在闭区间 $[1,e]$ 上连续,在开区间 $(1,e)$ 内可导,因此 $y = \ln x$ 在开区间 $(1,e)$ 内至少存在一点 ξ,使得 $f(e) - f(1) = f'(\xi)(e - 1)$ 成立,即

$$1 - 0 = \frac{1}{\xi}(e - 1),\text{所以}$$

$$\xi = e - 1$$

例 2　证明　$\arcsin x + \arccos x = \dfrac{\pi}{2},(-1 \leqslant x \leqslant 1)$.

证明　设 $f(x) = \arcsin x + \arccos x$,显然 $f(x)$ 满足拉格朗日中值定理的条件,且 $f'(x) = (\arcsin x + \arccos x)' = 0$,由推论 1 知 $f(x)$ 恒为常数.

因为 $f(0) = \dfrac{\pi}{2}$,所以 $\arcsin x + \arccos x = \dfrac{\pi}{2},(-1 \leqslant x \leqslant 1)$.

3.1.2　罗比塔法则

在运用极限的运算法则求函数的极限时,我们遇到过分子、分母同时为零(或 ∞)的情况. 对这样的式子的极限是不能直接用商的极限运算法则来求极限的. 称这类型的极限为不定式,分别记为"$\dfrac{0}{0}$"或"$\dfrac{\infty}{\infty}$". 下面介绍用导数求这类极限的一种重要且简便的方法,称为罗比塔法则.

(1)罗比塔法则一$\left(\dfrac{0}{0}\text{型}\right)$

定理　如果函数 $f(x),g(x)$ 满足以下条件:

1) $\lim\limits_{x \to x_0} f(x) = 0, \lim\limits_{x \to x_0} g(x) = 0$;

2) 在点 x_0 的某空心邻域内 $f'(x),g'(x)$ 存在,且 $g'(x) \neq 0$;

3) $\lim\limits_{x \to x_0} \dfrac{f'(x)}{g'(x)} = A$(或 ∞);则

$$\lim_{x \to x_0} \frac{f(x)}{g(x)} = \lim_{x \to x_0} \frac{f'(x)}{g'(x)} = A(\text{或} \infty).$$

证明从略. 上述定理中对于 $x \to \infty$ 时 $\dfrac{0}{0}$ 型不定式仍然适用.

例 3　求下列极限:

①$\lim\limits_{x \to 3} \dfrac{x^4 - 81}{x - 3}$　　　　　　②$\lim\limits_{x \to 0} \dfrac{e^x - 1}{x^2 - x}$

③$\lim\limits_{x \to 0} \dfrac{x - \sin x}{x^3}$　　　　　　④$\lim\limits_{x \to 0} \dfrac{\ln(1 + x)}{x}$

解 ① 这是 $\dfrac{0}{0}$ 型,所以 $\qquad\qquad \lim\limits_{x\to 3}\dfrac{x^4-81}{x-3}=\lim\limits_{x\to 3}\dfrac{4x^3}{1}=108.$

② 这是 $\dfrac{0}{0}$ 型,所以 $\qquad\qquad \lim\limits_{x\to 0}\dfrac{e^x-1}{x^2-x}=\lim\limits_{x\to 0}\dfrac{e^x}{2x-1}=-1$

③ 这是 $\dfrac{0}{0}$ 型,所以 $\qquad\qquad \lim\limits_{x\to 0}\dfrac{x-\sin x}{x^3}=\lim\limits_{x\to 0}\dfrac{1-\cos x}{3x^2}=\lim\limits_{x\to 0}\dfrac{\sin x}{6x}=\dfrac{1}{6}$

④ 这是 $\dfrac{0}{0}$ 型,所以 $\qquad\qquad \lim\limits_{x\to 0}\dfrac{\ln(1+x)}{x}=\lim\limits_{x\to 0}\dfrac{\dfrac{1}{1+x}}{1}=1$

(2)罗比塔法则二 $\left(\dfrac{\infty}{\infty}型\right)$

定理 如果函数 $f(x),g(x)$ 满足以下条件:

1)$\lim\limits_{x\to x_0}f(x)=\infty,\lim\limits_{x\to x_0}g(x)=\infty$;

2)在点 x_0 的某空心邻域内 $f'(x),g'(x)$ 存在,且 $g'(x)\neq 0$;

3)$\lim\limits_{x\to x_0}\dfrac{f'(x)}{g'(x)}=A$(或 ∞);则

$$\lim\limits_{x\to x_0}\dfrac{f(x)}{g(x)}=\lim\limits_{x\to x_0}\dfrac{f'(x)}{g'(x)}=A(或\infty).$$

证明从略.

上述定理中对于 $x\to\infty$ 时不定式 $\dfrac{\infty}{\infty}$ 型仍然适用.

例 4 求下列极限:

① $\lim\limits_{x\to+\infty}\dfrac{\ln x}{x^n}$ ② $\lim\limits_{x\to 0^+}\dfrac{\ln\cot x}{\ln x}$ ③ $\lim\limits_{x\to+\infty}\dfrac{x^n}{e^x}$

解 ① 这是 $\dfrac{\infty}{\infty}$ 型,所以 $\qquad \lim\limits_{x\to+\infty}\dfrac{\ln x}{x^n}=\lim\limits_{x\to+\infty}\dfrac{\dfrac{1}{x}}{nx^{n-1}}=\lim\limits_{x\to+\infty}\dfrac{1}{nx^n}=0$

② 这是 $\dfrac{\infty}{\infty}$ 型,所以

$$\lim\limits_{x\to 0^+}\dfrac{\ln\cot x}{\ln x}=\lim\limits_{x\to 0^+}\dfrac{\dfrac{1}{\cot x}\left(-\dfrac{1}{\sin^2 x}\right)}{\dfrac{1}{x}}=\lim\limits_{x\to 0^+}\dfrac{-x}{\sin x\cos x}=-\lim\limits_{x\to 0^+}\dfrac{x}{\sin x}\cdot\lim\limits_{x\to 0^+}\dfrac{1}{\cos x}=-1$$

③ 这是 $\dfrac{\infty}{\infty}$ 型,应用 n 次罗比塔法则,得 $\lim\limits_{x\to+\infty}\dfrac{x^n}{e^x}=\lim\limits_{x\to+\infty}\dfrac{nx^{n-1}}{e^x}=\cdots=\lim\limits_{x\to+\infty}\dfrac{n!}{e^x}=0.$

(3)其他不定式的计算

除了"$\dfrac{0}{0}$"和"$\dfrac{\infty}{\infty}$"型外,还有其他的不定式,如 $0\cdot\infty,\infty-\infty,0^0,1^\infty,\infty^0$ 等.对于这些不定式可通过恒等变形或取对数等方法,将其归结为"$\dfrac{0}{0}$"或"$\dfrac{\infty}{\infty}$"型,然后用罗比塔法则进行计算.

例 5 求下列极限:

①$\lim\limits_{x \to 0^+} x \ln x$　　　　②$\lim\limits_{x \to 0^+} x^x$　　　　③$\lim\limits_{x \to 1}\left(\dfrac{2}{x^2-1}-\dfrac{1}{x-1}\right)$

解　①这是 $0 \cdot \infty$ 型,于是　$\lim\limits_{x \to 0^+} x \ln x = \lim\limits_{x \to 0^+} \dfrac{\ln x}{\dfrac{1}{x}} = \lim\limits_{x \to 0^+} \dfrac{\dfrac{1}{x}}{-\dfrac{1}{x^2}} = -\lim\limits_{x \to 0^+} x = 0$

②这是 0^0 型,于是　　　　　　$\lim\limits_{x \to 0^+} x^x = \lim\limits_{x \to 0^+} e^{x \ln x} = e^{\lim\limits_{x \to 0^+} \frac{\ln x}{\frac{1}{x}}}$

而 $\lim\limits_{x \to 0^+} \dfrac{\ln x}{\dfrac{1}{x}} = \lim\limits_{x \to 0^+} \dfrac{\dfrac{1}{x}}{-\dfrac{1}{x^2}} = -\lim\limits_{x \to 0^+} x = 0$

故有　$\lim\limits_{x \to 0^+} x^x = e^0 = 1$

③这是 $\infty - \infty$ 型,于是　　$\lim\limits_{x \to 1}\left(\dfrac{2}{x^2-1}-\dfrac{1}{x-1}\right) = \lim\limits_{x \to 1} \dfrac{1-x}{x^2-1} = \lim\limits_{x \to 1} \dfrac{-1}{2x} = -\dfrac{1}{2}$

最后要指出的是:罗比塔法则不是万能的,有时会失效,不能用罗比塔法则求出的极限不一定不存在. 如 $\lim\limits_{x \to \infty} \dfrac{x + \sin x}{1+x}$, $\lim\limits_{x \to +\infty} \dfrac{\sqrt{1+x^2}}{x}$ 等罗比塔法则失效,但它们的极限存在. 请读者自己完成.

习题 3.1

1　验证函数 $y = \arctan x$ 在区间 $[0,1]$ 上满足拉格朗日定理的条件,并求定理结论中的数值 ξ.

2　求下列极限:

①$\lim\limits_{x \to 0} \dfrac{\sin ax}{\sin bx}$, $(b \neq 0)$　　　②$\lim\limits_{x \to 0} \dfrac{e^x - e^{-x}}{\sin x}$　　　③$\lim\limits_{x \to a} \dfrac{\sin x - \sin a}{x - a}$

④$\lim\limits_{x \to \frac{\pi}{2}} \dfrac{\ln \sin x}{(\pi - 2x)^2}$　　　⑤$\lim\limits_{x \to a} \dfrac{x^m - a^m}{x^n - a^n}$　　　⑥$\lim\limits_{x \to 0}\left(\dfrac{1}{x} - \dfrac{1}{e^x - 1}\right)$

⑦$\lim\limits_{x \to 0} x \cot 2x$　　　⑧$\lim\limits_{x \to 0} x^2 e^{\frac{1}{x^2}}$　　　⑨$\lim\limits_{x \to 1}\left(\dfrac{2}{x^2-1} - \dfrac{1}{x-1}\right)$

⑩$\lim\limits_{x \to 0^+} (\sin x)^x$　　　⑪$\lim\limits_{x \to 0^+} (\cot x)^{\frac{1}{\ln x}}$　　　⑫$\lim\limits_{x \to a}\left(\dfrac{\sin x}{\sin a}\right)^{\frac{1}{x-a}}$

⑬$\lim\limits_{x \to 1} x^{\frac{1}{1-x}}$　　　⑭$\lim\limits_{x \to 0} \dfrac{x^2 \sin \dfrac{1}{x}}{\sin x}$　　　⑮$\lim\limits_{x \to \infty} \dfrac{x + \cos x}{x - 1}$

3　不求函数 $f(x) = (x-1)(x-2)(x-3)$ 的导数,说明方程 $f'(x) = 0$ 有几个实根,并指出它们所在的区间.

4　证明:①$3 \arccos x - \arccos(3x - 4x^3) = \pi$, $\left(-\dfrac{1}{2} \leqslant x \leqslant \dfrac{1}{2}\right)$;

② $|\sin x - \sin y| \leqslant |x - y|$.

3.2 一元函数的单调性与极值

3.2.1 一元函数单调性的判定法

在中学我们学过函数单调性的概念,一般来说,用函数单调性的定义来判定函数的单调性通常是很困难的.下面介绍用导数判定函数单调性的方法.

为直观起见,先讨论单调函数的图形,如图3.2中可以看出,如果曲线是上升的,曲线上每一点处的切线与x轴正向的夹角都是锐角,切线的斜率大于零,也就是说$f(x)$在相应的点处的导数$f'(x)>0$;相反地如果曲线是下降的,曲线上每一点处的切线与x轴正向的夹角都是钝角,切线的斜率小于零,也就是说$f(x)$在相应的点处的导数$f'(x)<0$. 一般地,有以下判别定理:

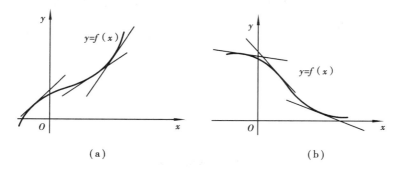

图 3.2

定理 设函数$f(x)$在区间(a,b)内可导,则有

1)如果在区间(a,b)内$f'(x)>0$,那么函数$f(x)$在(a,b)内单调增加;

2)如果在区间(a,b)内$f'(x)<0$,那么函数$f(x)$在(a,b)内单调减少.

证明 在区间(a,b)内任取两点x_1,x_2,设$x_1<x_2$. 由于$f(x)$在区间(a,b)内可导,所以$f(x)$在闭区间$[x_1,x_2]$上连续,在开区间(x_1,x_2)内可导,满足拉格朗日定理的条件,因此有

$f(x_2)-f(x_1)=f'(\xi)(x_2-x_1)$,

因为$x_2-x_1>0$

若$f'(\xi)>0$,则$f(x_2)-f(x_1)>0$,即$f(x_2)>f(x_1)$.由单调性的定义知,函数$f(x)$在(a,b)内单调增加;

若$f'(\xi)<0$,同理可证,函数$f(x)$在(a,b)内单调减少.

例1 判定函数$y=\dfrac{\ln x}{x}$在$[1,e]$上的单调性.

解 因为在$[1,e]$内$y'=\dfrac{1-\ln x}{x^2}>0$,由判定定理知,函数$y=\dfrac{\ln x}{x}$在$[1,e]$内单调增加.

例2 确定函数$f(x)=x(48-2x)^2$的单调区间.

解 函数$f(x)$的定义域为$(-\infty,+\infty)$,求导数得

$$f'(x) = (48 - 2x)^2 + 2x(48 - 2x)(-2) = 12(x - 24)(x - 8)$$

令 $f'(x) = 0$,解方程,得 $x_1 = 8, x_2 = 24$.

x_1, x_2 将函数的定义域 $(-\infty, +\infty)$ 分成三个区间: $(-\infty, 8]$, $[8, 24]$, $[24, +\infty)$,列表讨论如下:

x	$(-\infty, 8)$	8	$(8, 24)$	24	$(24, +\infty)$
$f'(x)$	+	0	−	0	+
$f(x)$	↗		↘		↗

注:表中符号 ↗ 表示函数在该区间内单调增加,↘ 表示函数在该区间内单调减少.

所以函数 $f(x)$ 在 $(-\infty, 8)$ 和 $(24, +\infty)$ 内单调增加,在 $(8, 24)$ 单调减少.

例 3　确定函数 $f(x) = (x-2)^2 \sqrt[3]{(x+1)^2}$ 的单调区间.

解　函数 $f(x)$ 的定义域为 $(-\infty, +\infty)$,求导数得

$$f'(x) = 2(x - 2)(x + 1)^{\frac{2}{3}} + (x - 2)^2 \cdot \frac{2}{3}(x + 1)^{-\frac{1}{3}} = \frac{2(x - 2)(4x + 1)}{3(x + 1)^{\frac{1}{3}}}$$

令 $f'(x) = 0$,解方程得 $x_1 = -\frac{1}{4}, x_2 = 2$. 因为 $x = -1$ 处函数不可导,所以将 $x = -1$ 也作为划分定义区间的点. 这三个点将定义域 $(-\infty, +\infty)$ 划分为四个区间,列表讨论如下:

x	$(-\infty, -1)$	-1	$\left(-1, -\frac{1}{4}\right)$	$-\frac{1}{4}$	$\left(-\frac{1}{4}, 2\right)$	2	$(2, +\infty)$
$f'(x)$	−	不存在	+	0	−	0	+
$f(x)$	↘		↗		↘		↗

所以函数 $f(x)$ 在 $(-\infty, -1)$ 和 $\left(-\frac{1}{4}, 2\right)$ 内单调减少,在 $\left(-1, -\frac{1}{4}\right)$ 和 $(2, +\infty)$ 内单调增加.

由上面的例子可得,判定函数单调区间的步骤如下:

1)确定函数 $f(x)$ 的定义域;

2)求 $f'(x)$,并求 $f'(x) = 0$ 在定义域内的实根及找出定义域内使 $f'(x)$ 不存在的点作为分界点,并根据分界点把定义域划分为相应的区间;

3)判断一阶导数 $f'(x)$ 在各个区间内的符号,从而判断 $f(x)$ 在各个区间内的单调性.

3.2.2　一元函数的极值

(1)函数极值的定义

从例题 2 我们看到,点 $x_1 = 8, x_2 = 24$ 是函数 $f(x) = x(48 - 2x)^2$ 单调区间的分界点,在这些分界点处左右两侧,函数的增减性发生变化. 像这样的单调区间的转折点在应用上具有特殊的意义,我们定义如下:

定义　设函数 $y = f(x)$ 在点 x_0 的某个邻域内有意义,

1）如果对于该邻域内任意的 $x(x \neq x_0)$ 总有 $f(x) < f(x_0)$，则称 $f(x_0)$ 为函数 $f(x)$ 的极大值，并且称点 x_0 为 $f(x)$ 的极大点.

2）如果对于该邻域内任意的 $x(x \neq x_0)$ 总有 $f(x) > f(x_0)$，则称 $f(x_0)$ 为函数 $f(x)$ 的极小值，并且称点 x_0 为 $f(x)$ 的极小点.

函数的极大值和极小值统称为函数的极值，极大点和极小点统称为函数的极值点.

应该指出的是：函数的极值是一个局部的概念，而不意味着它在整个定义域内为最大或最小. 关于极值点是指自变量轴上的点，而不是曲线上的点 $(x_0, f(x_0))$.

（2）函数极值的判定和求法

根据极值的定义可知，函数的极值有可能在导数为零的点取得. 下面我们给出函数取得极值的必要条件和充分条件.

定理（函数取得极值的必要条件） 设函数 $f(x)$ 在点 x_0 处具有导数且在 x_0 处取得极值，则 $f'(x_0) = 0$.（证明从略）

上述定理说明函数满足 $f'(x_0) = 0$ 是在 x_0 处取得极值的必要条件，但不是充分条件. 如 $f(x) = x^3$ 满足 $f'(0) = 0$，但 $x = 0$ 并不是极值点. 另一方面，$f(x)$ 在点 x_0 处没有导数（但连续），在 x_0 处也可能取得极值. 如 $y = x^{\frac{2}{3}}$，显然 $f'(0)$ 不存在，但在 $x = 0$ 处却有极小值 0.

通常我们把使导数为零的点（即 $f'(x) = 0$）称为驻点. 可见函数的极值只能在驻点和不可导点取得. 下面给出取得极值的充分条件.

定理（极值判别法Ⅰ） 设函数 $f(x)$ 在点 x_0 的某个邻域内连续且可导（允许 $f'(x_0)$ 不存在），当 x 由小到大经过 x_0 点时，如果

1）$f'(x)$ 由正变负，则函数 $f(x)$ 在 x_0 处取得极大值 $f(x_0)$；

2）$f'(x)$ 由负变正，则函数 $f(x)$ 在 x_0 处取得极小值 $f(x_0)$；

3）$f'(x)$ 不改变符号，则 x_0 不是函数 $f(x)$ 极值点.

（证明从略）. 把必要条件和充分条件结合起来就可以求函数的极值了.

例 4 求函数 $y = 2x^3 - 9x^2 + 12x - 3$ 的极值.

解 函数 $f(x)$ 的定义域为 $(-\infty, +\infty)$，求导数得

$$f'(x) = 6x^2 - 18x + 12 = 6(x-1)(x-2)$$

令 $f'(x) = 0$，解方程，得驻点：$x_1 = 1, x_2 = 2$，列表讨论如下：

x	$(-\infty, 1)$	1	$(1, 2)$	2	$(2, +\infty)$
$f'(x)$	+	0	−	0	+
$f(x)$	↗	极大值 2	↘	极小值 1	↗

由上述讨论得：函数 $y = 2x^3 - 9x^2 + 12x - 3$ 在 $x = 1$ 处取得极大值 2；在 $x = 2$ 处取得极小值 1.

例 5 求函数 $y = \dfrac{2}{3}x - (x-1)^{\frac{2}{3}}$ 的极值.

解 函数 $f(x)$ 的定义域为 $(-\infty, +\infty)$，求导数得

$$f'(x) = \frac{2}{3} - \frac{2}{3}(x-1)^{-\frac{1}{3}} = \frac{2}{3}\left(1 - \frac{1}{\sqrt[3]{x-1}}\right)$$

令 $f'(x)=0$,解方程,得驻点: $x=2$;当 $x=1$ 时, $f'(x)$ 不存在,所以用这两点划分定义域并列表讨论如下:

x	$(-\infty,1)$	1	$(1,2)$	2	$(2,+\infty)$
$f'(x)$	+	不存在	−	0	+
$f(x)$	↗	极大值 $\frac{2}{3}$	↘	极小值 $\frac{1}{3}$	↗

由上述讨论得:函数 $y=\frac{2}{3}x-(x-1)^{\frac{2}{3}}$ 在 $x=1$ 处取得极大值 $\frac{2}{3}$;在 $x=2$ 处取得极小值 $\frac{1}{3}$.

用判别法 I 判定函数的极值点时,必须确定 $f'(x)$ 在某一点 x_0 左右两侧的符号,这对比较复杂的导函数有时是很困难的.于是,函数在驻点处的二阶导数存在时,有如下的判定定理.

定理(极值判别法 II) 设函数 $f(x)$ 在点 x_0 处有二阶导数,且 $f'(x_0)=0$, $f''(x_0)$ 存在,

1)若 $f''(x_0)<0$,则函数 $f(x)$ 在 x_0 处取得极大值;

2)若 $f''(x_0)>0$,则函数 $f(x)$ 在 x_0 处取得极小值;

3)若 $f''(x_0)=0$,则不能判断 $f(x_0)$ 是否是极值.

例 6 求函数 $y=2x^3-9x^2+12x-3$ 的极值.

解 函数 $f(x)$ 的定义域为 $(-\infty,+\infty)$,求导数得

$$f'(x)=6x^2-18x+12=6(x-1)(x-2), f''(x)=12x-18$$

令 $f'(x)=0$,解方程得驻点: $x_1=1,x_2=2$,因为

$f''(1)=-6<0$,所以有函数 $f(x)$ 在 $x=1$ 处取得极大值 $f(1)=2$.

$f''(2)=6>0$,所以有函数 $f(x)$ 在 $x=2$ 处取得极小值 $f(2)=1$.

值得注意的是,若 $f'(x_0)=0$ 且 $f''(x_0)=0$,或者是 $f'(x_0)=0$ 但 $f''(x_0)$ 不存在,则判别法 II 就失效,此时只能运用判别法 I.例如 $f(x)=-x^4$, $f'(0)=f''(0)=0$, $f(0)=0$ 是 $f(x)=-x^4$ 的极大值; $g(x)=x^4$, $g'(0)=g''(0)=0$, $g(0)=0$ 是 $g(x)=x^4$ 的极小值; $h(x)=x^3$, $h'(0)=h''(0)=0$,但 $h(0)=0$ 不是极值.

最后,我们把求函数极值的步骤归纳如下:

①求 $f(x)$ 的导数 $f'(x)$;

②解方程 $f'(x)=0$ 求出定义域内的所有驻点和所有不可导点;

③分别考察每一个驻点和不可导点是否为极值点,是极大点还是极小点;

④求出各极值点的函数值.

习题 3.2

1 求下列函数的单调区间：

① $y = \dfrac{\sqrt{x}}{x + 100}$ ② $y = (x + 2)^2 (x - 1)^4$ ③ $y = x - \ln(1 + x)$

④ $y = \dfrac{x^2}{1 + x}$ ⑤ $y = x^4 - 2x^2 + 3$ ⑥ $y = e^x - x - 1$

⑦ $y = \arctan x - x$ ⑧ $y = 3x^2 + 6x + 5$ ⑨ $y = x^3 + x$

⑩ $y = 2x^2 - \ln x$

2 求下列函数的极值：

① $y = 2x^3 - 3x^2 - 12x + 14$ ② $y = \dfrac{2x}{1 + x^2}$ ③ $y = x + \sqrt{1 - x}$

④ $y = x^2 e^{-x}$ ⑤ $y = (x + 1)^{\frac{2}{3}} (x - 5)^2$ ⑥ $y = 3 - \sqrt[3]{(x - 2)^2}$

⑦ $y = (x - 1) \sqrt[3]{x^2}$ ⑧ $y = \dfrac{x^3}{(x - 1)^2}$ ⑨ $y = 2x - \ln(4x^2)$

⑩ $y = 2e^x + e^{-x}$

3 当 a 为何值时，函数 $f(x) = a \sin x + \dfrac{1}{3} \sin 3x$ 在 $x = \dfrac{\pi}{3}$ 处取得极值？是极大值还是极小值？并求此极值.

4 已知函数 $y = x^3 + ax^2 + bx + 2$ 在 $x_1 = 1$ 和 $x_2 = 2$ 处有极值，试确定 a 和 b 的值，并证明这时 x_1 处为极大点，x_2 处为极小点.

5 证明：$\dfrac{x}{1 + x} < \ln(1 + x) < x, (x > 0)$.

3.3 一元函数的最大值和最小值

在实际工作中，我们常会遇到如何求最大、最小、最快、最省、最优等问题. 对于这类问题，在数学上通常是设法将其归结为某个函数的最大值或最小值来解决.

一般说来，对于在闭区间 $[a, b]$ 上连续的函数 $y = f(x)$ 的最大值和最小值，可以由区间端点的函数值 $f(a)$, $f(b)$ 和区间内使 $f'(x) = 0$ 和 $f'(x)$ 不存在的点的函数值相比较，其中最大的就是函数的最大值，最小的就是函数的最小值. 但是特殊情况，如果连续函数 $y = f(x)$ 在区间 (a, b) 内有且仅有一个极大值，而无极小值，那么这个极大值就是函数 $y = f(x)$ 在区间 $[a, b]$ 上的最大值. 同样，如果连续函数 $y = f(x)$ 在区间 (a, b) 内有且仅有一个极小值，而无极大值，那么这个极小值就是函数 $y = f(x)$ 在区间 $[a, b]$ 上的最小值. 许多求最大值和最小值的实际问题，都属于这种类型. 下面举例说明最大值和最小值的求法.

例 1 求函数 $y = x^3 - 3x + 3$ 在闭区间 $\left[-3, \dfrac{3}{2} \right]$ 上的最大值和最小值.

解　1）求驻点：

$f'(x) = 3x^2 - 3 = 3(x-1)(x+1)$，令 $f'(x) = 0$ 得驻点：$x_1 = -1, x_2 = 1$.

2）求函数值：

$$f(x_1) = f(-1) = 5, f(x_2) = f(1) = 1, f(a) = f(-3) = -15, f(b) = f\left(\frac{3}{2}\right) = \frac{15}{8}$$

3）比较各函数值得：函数 $y = x^3 - 3x + 3$ 在闭区间 $\left[-3, \frac{3}{2}\right]$ 上的最大值为 5，最小值为 -15.

例2　某引水工程要开凿一隧道，它的截面积是矩形加半圆面积之和，（如图3.3所示）。已知隧道截面的周长为 15 米，矩形的底是多少米时，才能使隧道截面积最大？

解　设隧道的底长 $2x$ 米，则半圆的半径为 x 米，矩形的宽为 $\frac{15 - \pi x - 2x}{2}$ 米，这时隧道截面

积为：$A(x) = 2x \frac{15 - \pi x - 2x}{2} + \frac{\pi x^2}{2} = 15x - \left(2 + \frac{\pi}{2}\right)x^2, x \in \left(0, \frac{15}{2}\right)$.

因此问题归结为 x 取何值时 $A(x)$ 有最大值.

对 $A'(x)$ 求一阶、二阶导数得：$A'(x) = 15 - (\pi + 4)x, A''(x) = -(\pi + 4)$；

令 $A'(x) = 0$ 时，得 $x = \frac{15}{\pi + 4}$. 由于 $A''(x) < 0$，所以在 $x = \frac{15}{\pi + 4}$ 处函数取得最大值.

答：隧道的底长为 $\frac{30}{4 + \pi}$ 米时，才能使隧道截面积最大.

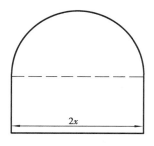

图 3.3　　　　　　　　　图 3.4

例3　把一根直径为 d 的圆木锯成截面为矩形的梁（如图3.4所示），问矩形的高 h 和宽 b 应如何选择才能使梁的抗弯模量 $W = \frac{1}{6}bh^2$ 达到最大？

解　如图3.4所示，b 与 h 有关系　$h^2 = d^2 - b^2$

因此抗弯模量为　$W = \frac{1}{6}bh^2 = \frac{1}{6}b(d^2 - b^2) = \frac{1}{6}(bd^2 - b^3), b \in (0, d)$

因此问题归结为 b 取何值时 W 有最大值. 对 W 求一阶、二阶导数得

$$W' = \frac{1}{6}(d^2 - 3b^2), W'' = -b$$

令 $W' = 0$ 时，得 $b = \sqrt{\frac{1}{3}}d$. 因 $W'' = -b < 0$ 所以在 $b = \sqrt{\frac{1}{3}}d$ 处函数 W 取得最大值.

这时 $h^2 = d^2 - b^2 = d^2 - \frac{1}{3}d^2 = \frac{2}{3}d^2$，即 $h = \sqrt{\frac{2}{3}}d$.

答：当矩形截面的高是 $\sqrt{\dfrac{2}{3}}d$，宽是 $\sqrt{\dfrac{1}{3}}d$ 时它的抗弯模量最大．

例 4 有一批钢管要能水平地通过如图 3.5 所示的 T 形通道，问钢管的长度最长不能超过多少？

解 设钢管 AB 的长度为 S 米，绕 O 点的转角为 α，则有

$$AO = \frac{2}{\cos \alpha}, OB = \frac{3}{\sin \alpha}$$

所以 $S = AO + OB = \dfrac{2}{\cos \alpha} + \dfrac{3}{\sin \alpha}, \alpha \in \left(0, \dfrac{\pi}{2}\right)$

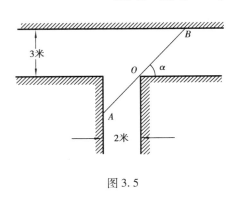

图 3.5

问题变为求 S 的最值问题．对 S 求导数得：

$$\frac{dS}{d\alpha} = \frac{2 \sin \alpha}{\cos^2 \alpha} - \frac{3 \cos \alpha}{\sin^2 \alpha} = \frac{2 \sin^3 \alpha - 3 \cos^3 \alpha}{\cos^2 \alpha \sin^2 \alpha}$$

令 $\dfrac{dS}{d\alpha} = 0$，得 $\tan \alpha = \sqrt[3]{\dfrac{3}{2}}$ 或 $\cot \alpha = \sqrt[3]{\dfrac{2}{3}}$，　所以

$$\frac{1}{\cos \alpha} = \sqrt{1 + \tan^2 \alpha} = \sqrt{1 + \sqrt[3]{\frac{9}{4}}}$$

$$\frac{1}{\sin \alpha} = \sqrt{1 + \cot^2 \alpha} = \sqrt{1 + \sqrt[3]{\frac{4}{9}}}$$

由于在 $\left(0, \dfrac{\pi}{2}\right)$ 内有唯一的 α 值且是实际问题，

所以可求得能通过的钢管的最大长度为

$$S = 2\sqrt{1 + \sqrt[3]{\frac{9}{4}}} + 3\sqrt{1 + \sqrt[3]{\frac{4}{9}}} \approx 7.02 \text{ m}$$

答：要使管要能水平地通过此通道，钢管的最大长度不能超过 7.02 米．

例 5 某工厂每月生产 q 吨产品的总成本为 $C(q) = \dfrac{1}{3}q^3 - 7q^2 + 111q + 40$（万元）．每月销售这些产品的总收入为 $R = 100q - q^2$．如果要使每月获取最大利润，试确定每月的产量及每月的最大利润．

解 由题意知每月生产 q 吨产品的利润为

$$L = R - C = 100q - q^2 - \left(\frac{1}{3}q^3 - 7q^2 + 111q + 40\right)$$

$$= -\frac{1}{3}q^3 + 6q^2 - 11q - 40$$

$L' = -q^2 + 12q - 11$，令 $L' = 0$ 得：$q_1 = 1, q_2 = 11$

$L'' = -2q + 12$，显然有 $L''(1) = -2 + 12 = 10 > 0, L''(11) = -22 + 12 = -10 < 0$

所以每月生产 11 吨时获得最大．此时最大利润为

$$L(11) = -\frac{1}{3} \times 11^3 + 6 \times 11^2 - 11 \times 11 - 40 = 121\frac{1}{3}（万元）$$

答：每月生产 11 吨时获得最大利润，此时最大利润为 $121\dfrac{1}{3}$ 万元．

习题 3.3

1　求下列函数在指定区间上的最大值和最小值:

① $y = x^3 - x^2 - x + 1$, $[-1, 2]$　　　② $y = x + \sqrt{1 - x}$, $[-5, 1]$

③ $y = \ln(1 + x^2)$, $[-1, 2]$　　　④ $y = \dfrac{x - 1}{x + 1}$, $[0, 4]$

2　设两正数之和为一定值 a, 求其积的最大值.

3　要造一圆柱形油罐, 体积为 V, 问底面半径 r 和高 h 之比等于多少时, 才能使其表面积最小?

4　欲用 6 米长的铝合金料加工一日形窗框, 问它的长和宽分别是多少时, 才能使窗户的面积最大, 最大面积是多少?

5　某工厂生产某种产品, 其固定成本为 3 万元, 每生产一百件产品, 成本增加 2 万元. 其总收入 R(单位:万元)是产量 q(单位:百件)的函数为 $R = 5q - \dfrac{1}{2}q^2$. 求达到最大利润时的产量.

6　从长为 12 厘米, 宽为 8 厘米的矩形铁皮的四个角上剪去相同的小正方形, 折成一个无盖的盒子. 问剪去的小正方形的边长为多少时才能使盒子的容积最大?

7　求内接于椭圆 $\dfrac{x^2}{a^2} + \dfrac{y^2}{b^2} = 1$ 而面积最大的矩形的边长.

8　甲船位于乙船东 75 海里, 以每小时 12 海里的速度向西行驶;而乙船则以每小时 6 海里的速度向北行驶, 问经过多少时间两船相距最近?

9　要将一个直径为 6 米、高为 2 米的圆柱形油罐用吊臂长为 15 米的吊车(车身高为 1.5 米)吊到 6.5 米高的平台上去, 试问能否吊上去?

10　露天水沟的横断面为等腰梯形. 若沟中流水的横断面积为 S, 水面的高等于 h, 问水沟的侧边的倾角 φ 如何, 才能使横断面被水浸湿的周长最小?

11　要建造一个圆柱形蓄水量为 A 的有盖蓄水池. 如果底所用的材料的单位面积造价是侧面所用材料的两倍, 问底半径与高成怎样的比例才能使蓄水池的造价最低?

3.4　一元函数图像的描绘

3.4.1　曲线的凹向和拐点

在研究函数曲线的连续变化时, 了解它上升和下降的规律是重要的, 但这还不能完全反映其变化规律. 例如函数 $y = x^2$ 和 $y = \sqrt{x}$ 在 $x \geq 0$ 时, 它们的图像都是单调上升的, 但是它们的弯曲方向即凹向却不相同. 曲线 $y = x^2$ 总位于其上任一点处切线的上方, 其图形是向上弯曲的; 曲线 $y = \sqrt{x}$ 总位于其上任一点处切线的下方, 其图形是向下弯曲的(如图 3.6 所示). 据此我们给出如下的定义：

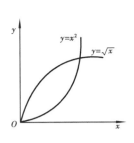

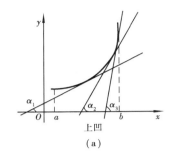

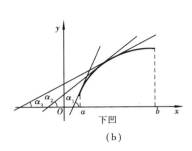

图 3.6　　　　　　　　　　　　　　　　　　　　　　　图 3.7

定义　如果在某区间内，曲线弧总位于其上任一点处切线的上方，则称曲线在这个区间内是上凹的；如果在某区间内，曲线弧总位于其上任一点处切线的下方，则称曲线在这个区间内是下凹的.

从图 3.7 可以直观看出：上凹曲线的切线斜率 $\tan \alpha = f'(x)$ 随着 x 的增大而增大，即 $f'(x)$ 单调增加；下凹曲线的切线斜率 $\tan \alpha = f'(x)$ 随着 x 的增大而减小，即 $f'(x)$ 单调减小. $f'(x)$ 的单调性可由二阶导数 $f''(x)$ 的正负来判定，因此有如下定理：

定理　设函数 $f(x)$ 在区间 (a,b) 内存在二阶导数，

①若在 (a,b) 内 $f''(x) > 0$，则曲线 $y = f(x)$ 在 (a,b) 内上凹；

②若在 (a,b) 内 $f''(x) < 0$，则曲线 $y = f(x)$ 在 (a,b) 内下凹.

曲线上凹与下凹的分界点称为曲线的拐点. 由拐点的定义知道，在拐点处的左、右近旁 $f''(x)$ 必然异号，因而在拐点处有 $f''(x) = 0$ 或 $f''(x)$ 不存在. 与驻点的情形类似，使 $f''(x) = 0$ 的点只是可能的拐点. 是不是拐点还要根据 $f''(x)$ 在该点的左、右是否异号来确定. 于是求拐点的一般步骤为：

①求函数的二阶导数 $f''(x)$；

②令 $f''(x) = 0$，求出全部实根，并求出所有二阶导数不存在的点；

③对②求出的点 x_0，讨论其左、右近旁的 $f''(x)$ 的符号，如果异号则该点是曲线的拐点的横坐标；如果同号曲线无拐点.

例 1　求曲线 $f(x) = 3x^2 - x^3$ 的凹向区间和拐点.

解　$y' = 3x(2 - x)$，$y'' = 6(1 - x)$

令 $y'' = 0$，解得 $x = 1$

列表讨论曲线的凹向和拐点：

x	$(-\infty, 1)$	1	$(1, +\infty)$
$f''(x)$	+	0	−
$f(x)$	∪	拐点 $(1,2)$	∩

注：符号 ∪ 表示上凹，∩ 表示下凹.

所以由上述讨论知：曲线在 $(-\infty, 1)$ 上凹，在 $(1, +\infty)$ 下凹，拐点为 $(1,2)$.

例 2　求曲线 $f(x) = 2 + (x - 4)^{\frac{1}{3}}$ 的凹向区间和拐点.

解　$y' = \dfrac{1}{3}(x-4)^{-\frac{2}{3}}, y'' = -\dfrac{2}{9}(x-4)^{-\frac{5}{3}}$

当 $x=4$ 时 $f''(x)$ 不存在,但在 $x=4$ 处连续且 $y=2$,因此要判断点 $(4,2)$ 是不是拐点. 列表讨论曲线的凹向和拐点:

x	$(-\infty,4)$	4	$(4,+\infty)$
$f''(x)$	+	不存在	−
$f(x)$	$\cup$	拐点$(4,2)$	$\cap$

所以曲线在 $(-\infty,4)$ 上凹,在 $(4,+\infty)$ 下凹,拐点为 $(4,2)$.

3.4.2　曲线的渐近线

在中学学习平面解析几何时我们就了解到渐近线. 如果曲线上的动点沿着曲线趋向于无穷远时,动点与某条直线的距离趋于零,则称这条直线为曲线的渐近线.

渐近线分为水平渐近线、垂直渐近线和斜渐近线三种. 下面介绍三种渐近线的求法.

(1)水平渐近线

设曲线 $y=f(x)$,如果 $\lim\limits_{\substack{x\to+\infty\\(x\to-\infty)}} f(x) = c$,则称直线 $y=c$ 为曲线 $y=f(x)$ 的水平渐近线.

(2)垂直渐近线

如果曲线 $y=f(x)$ 在点 x_0 间断,且 $\lim\limits_{\substack{x\to x_0\\(x\to x_0^+)\\(x\to x_0^-)}} f(x) = \infty$,则称直线 $x=x_0$ 为曲线 $y=f(x)$ 的垂直渐近线.

(3)斜渐近线

如果 $\lim\limits_{x\to\pm\infty}\dfrac{f(x)}{x}=a$ 且 $\lim\limits_{x\to\pm\infty}[f(x)-ax]=b$,则 $y=ax+b$ 是曲线 $y=f(x)$ 的一条斜渐近线.

例3　求曲线 $y=\dfrac{3}{x-2}$ 的水平渐近线和垂直渐近线.

解　因为 $\lim\limits_{x\to\infty}\dfrac{3}{x-2}=0$,所以 $y=0$ 是曲线的水平渐近线.

又因为 $\lim\limits_{x\to2}\dfrac{3}{x-2}=\infty$,所以 $x=2$ 是曲线的垂直渐近线.

例4　求曲线 $y=\dfrac{2x^2+3}{1-x^2}$ 的水平渐近线和垂直渐近线.

解　因为 $\lim\limits_{x\to\infty}\dfrac{2x^2+3}{1-x^2}=-2$,所以 $y=-2$ 是曲线的水平渐近线

又因为 $-1,1$ 是曲线的间断点,且 $\lim\limits_{x\to\pm1}\dfrac{2x^2+3}{1-x^2}=\infty$,所以 $x=-1,x=1$ 是曲线的垂直渐近线.

例5　求曲线 $y=x+\arctan x$ 的渐近线.

解　由　$a=\lim\limits_{x\to\infty}\dfrac{f(x)}{x}=\lim\limits_{x\to\infty}\dfrac{x+\arctan x}{x}=1$

$$b_1 = \lim_{x \to +\infty} [f(x) - ax] = \lim_{x \to +\infty} [x + \arctan x - x] = \frac{\pi}{2}$$

$$b_2 = \lim_{x \to -\infty} [f(x) - ax] = \lim_{x \to -\infty} [x + \arctan x - x] = -\frac{\pi}{2}$$

可知 $y = x \pm \dfrac{\pi}{2}$ 为所求曲线的渐近线.

3.4.3 一元函数图形的描绘

根据函数的单调性、极值、曲线的凹向和拐点,我们可以描绘一元函数图形. 具体方法如下:

①确定函数的定义域;

②确定函数关于坐标轴的对称性;

③求出曲线与坐标轴的交点;

④判断函数的单调区间并求出极值;

⑤确定函数凹向区间和拐点;

⑥求出渐近线;

⑦列表讨论并描绘函数的图像.

例 6　描绘函数 $y = 3x^2 - x^3$ 的图像.

解　①定义域为:$(-\infty, +\infty)$.

②函数没有对称性.

③令 $y = 0$,则 $x = 0, x = 3$. 表明与 x 轴有两个交点

④$y' = 6x - 3x^2 = 3x(2 - x)$,$y'' = 6 - 6x = 6(1 - x)$

令 $y' = 0$,得 $x = 0, x = 2$

令 $y'' = 0$,得 $x = 1$

⑤列表讨论:

x	$(-\infty, 0)$	0	$(0,1)$	1	$(1,2)$	2	$(2, +\infty)$
y'	$-$	0	$+$		$+$	0	$-$
y''	$+$	$+$	$+$	0	$-$	$-$	$-$
y	↘	极小值0	↗	拐点 $(1,2)$	↗	极大值4	↘

⑥无渐近线.

根据上面的讨论,可描出函数的图形如图 3.8 所示.

例 7　描绘函数 $y = \dfrac{2x - 1}{(x - 1)^2}$ 的图像.

解　①定义域为:$(-\infty, 1) \cup (1, +\infty)$.

②函数没有对称性.

③令 $y = 0$,则 $x = \dfrac{1}{2}$. 表明与 x 轴有一个交点.

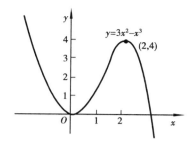

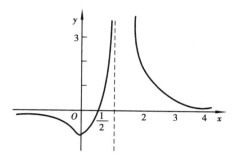

图 3.8　　　　　　　　　　　　　图 3.9

④$y' = \dfrac{-2x}{(x-1)^3}, y'' = \dfrac{2(2x+1)}{(x-1)^4}$,

令 $y' = 0$,得 $x = 0$. 令 $y'' = 0$,得 $x = -\dfrac{1}{2}$. $x = 1$ 为一阶、二阶导数不存在的点.

⑤列表讨论:

x	$\left(-\infty, -\dfrac{1}{2}\right)$	$-\dfrac{1}{2}$	$\left(-\dfrac{1}{2}, 0\right)$	0	$(0,1)$	1	$(1, +\infty)$
y'	$-$	$-$	$-$	0	$+$	不存在	$-$
y''	$-$	0	$+$	$+$	$+$	不存在	$+$
y	$\searrow$	拐点 $\left(-\dfrac{1}{2}, -\dfrac{8}{9}\right)$	$\searrow$	极小值 -1	$\nearrow$	不存在	$\searrow$

⑥渐近线:因为 $\lim\limits_{x \to 1} f(x) = \infty$,所以 $x = 1$ 是垂直渐近线;

因为 $\lim\limits_{x \to \infty} f(x) = 0$,所以 $y = 0$ 是水平渐近线.

根据上面的讨论,可描出函数的图形如图 3.9 所示.

习题 3.4

1　求下列函数的凹向区间和拐点:

①$y = x^3 - 3x^2 - 9x + 9$　　　　　②$y = xe^{-x}$

③$y = \ln(1 + x^2)$　　　　　　　　④$y = \dfrac{2x}{1 + x^2}$

2　已知曲线 $y = x^3 - ax^2 - 9x + 4$ 在 $x = 1$ 有拐点,试确定 a,并求出曲线的拐点和凹向区间.

3　a, b 为何值时,点 $(1,3)$ 为曲线 $y = ax^3 + bx^2$ 的拐点?

4　求下列曲线的渐近线:

①$y = \dfrac{1}{1 - x^2}$　　　　　　　　②$y = 1 + \dfrac{6x}{(x+3)^2}$

③$y = e^{-(x-1)^2}$ ④$y = x^2 + \dfrac{1}{x}$

5 作下列函数的图像：

①$y = \ln(x^2 - 1)$ ②$y = \dfrac{x}{x^2 - 1}$

③$y = \dfrac{1}{1 - x^2}$ ④$y = x e^{-x}$

*3.5 曲 率

在工程技术中,有时需要研究曲线的弯曲程度.例如各种梁在荷载作用下都要产生弯曲变形,因此,在设计房屋、桥梁等建筑时,都要考虑所允许的弯曲程度,否则就会造成质量事故.又如在公路和铁路的转弯处,需要用适当的曲线来衔接,才能使车辆平稳地转入弯道.工程技术上就是用曲线弧的曲率来表达曲线的弯曲程度的.为了计算曲率我们先介绍弧微分的概念.

3.5.1 弧微分

设函数 $y = f(x)$ 在区间 (a,b) 内具有连续的导数 $f'(x)$. 在曲线 $y = f(x)$ 上取一定点 $M_0(x_0, y_0)$ 作为度量弧度的起点,点 $M(x,y)$ 是曲线上任一点,规定有向弧 $\overset{\frown}{M_0 M}$ 的数量为 s,且满足条件：

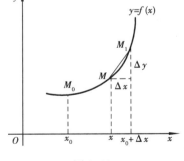

图 3.10

1)以 x 增加的方向作为有向曲线的正向,有向弧 $\overset{\frown}{M_0 M}$ 的长度为 $|s|$；

2)当有向弧 $\overset{\frown}{M_0 M}$ 的方向与曲线的正向一致时,$s > 0$；反之 $s < 0$.

显然 $s = s(x)$ 是单调增加函数.

在曲线 $y = f(x)$ 上取与 $M(x,y)$ 邻近的一点 $M_1(x + \Delta x, y + \Delta y)$（如图 3.10）,记 $\overset{\frown}{M_0 M} = s$,弧 s 的增量为 Δs,则 $\Delta s = \overset{\frown}{M_0 M_1} - \overset{\frown}{M_0 M}$. 于是

$$\frac{\Delta s}{\Delta x} = \frac{\overset{\frown}{MM_1}}{\Delta x} = \frac{\overset{\frown}{MM_1}}{|MM_1|} \cdot \frac{|MM_1|}{\Delta x} = \frac{\overset{\frown}{MM_1}}{|MM_1|} \cdot \frac{\sqrt{(\Delta x)^2 + (\Delta y)^2}}{\Delta x} = \frac{\overset{\frown}{MM_1}}{|MM_1|} \cdot \sqrt{1 + \left(\frac{\Delta y}{\Delta x}\right)^2}$$

当 $\Delta x \to 0$ 时,$M_1 \to M$,则上式两端取极限得：$\dfrac{\mathrm{d}s}{\mathrm{d}x} = \sqrt{1 + y'^2}$

即 $\mathrm{d}s = \sqrt{1 + y'^2}\,\mathrm{d}x$. 这就是曲线弧微分的公式.

如果曲线对应的函数由参数方程 $\begin{cases} x = \varphi(t) \\ y = \psi(t) \end{cases}$ 确定,则弧微分的公式可表示为：

$$\mathrm{d}s = \sqrt{\varphi'^2(t) + \psi'^2(t)}\,\mathrm{d}t$$

3.5.2　曲率及其计算公式

先从几何上分析曲线的弯曲程度与哪些因素有关系. 首先, 从图 3.11(a)可以看出, 若曲线上的动点 A 移到 B 点, 曲线上 A 的切线相应地变动为 B 点的切线. 若记切线转过的角度(简称转角)为 $\Delta\alpha$, 则 $\Delta\alpha$ 越大, 曲线的弯曲程度就越大. 所以曲线的弯曲程度与转角有关系. 其次, 从图 3.11(b)可以看出, 当转角相同时, 弧长较短的弧要比弧长较长的弧要弯曲得更厉害一些. 由此可见, 曲线弧的弯曲程度与弧长和转角有关.

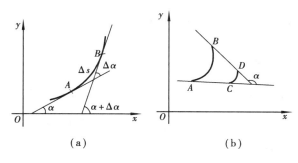

(a)　　　　　　　(b)

图 3.11

定义　曲线弧两端切线的转角 $\Delta\alpha$ 与该弧长 Δs 之比的绝对值称为该曲线弧的平均曲率, 记作 $\overline{K}$. 即 $\overline{K} = \left| \dfrac{\Delta\alpha}{\Delta s} \right|$.

由于曲线上各点的弯曲程度往往不一样, 所以平均曲率一般只能反映某一段弧的平均弯曲程度. 为了更准确地反映曲线的弯曲程度, 我们引入曲线在某一点曲率的定义.

定义　当 B 点沿曲线趋于 A 点时, 若弧 $\overset{\frown}{AB}$ 的平均曲率的极限存在, 则称该极限为曲线在 A 点处的曲率, 记作 K. 即

$$K = \lim_{B \to A} \left| \frac{\Delta\alpha}{\Delta S} \right| \quad \text{或} \quad K = \lim_{B \to A} \left| \frac{\Delta\alpha}{\Delta S} \right| = \left| \frac{\mathrm{d}\alpha}{\mathrm{d}s} \right|$$

设曲线的方程为 $y = f(x)$ 且具有二阶导数, 因为 $y' = \tan\alpha$, $\alpha = \arctan y'$, 所以 $\mathrm{d}\alpha = \dfrac{y''}{1 + y'^2}$.

又因为 $\mathrm{d}s = \sqrt{1 + y'^2}\,\mathrm{d}x$, 所以曲线 $y = f(x)$ 在点 $(x, f(x))$ 处的曲率 K 的计算公式为:

$$K = \frac{|y''|}{(1 + y'^2)^{\frac{3}{2}}}$$

例 1　证明直线上的每一点的曲率为零.

证明　设直线的方程为 $y = ax + b$, 因为 $y' = a$, $y'' = 0$. 所以 $K = 0$.

即直线上的每一点的曲率为零.

例 2　证明圆周上的每一点的曲率为半径的倒数.

证明　设圆的方程为　$(x - a)^2 + (y - b)^2 = R^2$

由隐函数的求导法有: $y' = -\dfrac{x - a}{y - b}$, $y'' = -\dfrac{1 + y'^2}{y - b}$

所以 $\boldsymbol{K} = \dfrac{|y''|}{(1 + y'^2)^{\frac{3}{2}}} = \dfrac{1}{|y - b|\sqrt{1 + y'^2}} = \dfrac{1}{\sqrt{(x - a)^2 + (y - b)^2}} = \dfrac{1}{R}$

即圆周上的每一点的曲率都为半径的倒数.

例3 求曲线 $y = x^3$ 在点 $O(0,0)$ 和 $M_1(1,1)$ 处的曲率.

解 因为 $y' = 3x^2, y'' = 6x$ 则

$$K = \frac{|y''|}{(1 + y'^2)^{\frac{3}{2}}} = \frac{|6x|}{[1 + (3x^2)^2]^{\frac{3}{2}}} = \frac{|6x|}{(1 + 9x^4)^{\frac{3}{2}}}$$

所以 在 $O(0,0)$ 的曲率为 $K_0 = \dfrac{|6 \times 0|}{(1 + 9 \times 0^4)^{\frac{3}{2}}} = 0$

在 $M_1(1,1)$ 的曲率为 $K_1 = \dfrac{|6 \times 1|}{(1 + 9 \times 1^4)^{\frac{3}{2}}} = \dfrac{3}{5\sqrt{10}}$

3.5.3 曲率半径和曲率圆

设曲线 $y = f(x)$ 在点 $M(x,y)$ 的曲率为 $K(K \neq 0)$. 沿曲线凹向一侧的法线取一点 C,使 $|CM| = \dfrac{1}{K} = R$,则把以 C 点为圆心,R 为半径的圆(如图 3.12)称为曲线 $y = f(x)$ 在点 M 处的曲率圆,点 C 称为曲线在 M 处的曲率中心,R 称为曲线在 M 点处的曲率半径.

显然,曲线 $y = f(x)$ 在点 M 处的曲率圆应满足以下条件:

①在点 M 处与曲线有相同的公切线;

②在点 M 附近与曲线有相同的凹向;

③在点 M 处与曲线有相同的曲率.

若曲线 $y = f(x)$ 在点 M 处的曲率 K 不为零,则由曲率圆的定义有:

$$R = \frac{1}{K} = \frac{(1 + y'^2)^{\frac{3}{2}}}{|y''|}$$

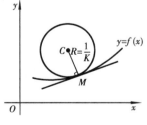

图 3.12   图 3.13

在实际问题中,常常用曲率圆在点 M 附近的一段圆弧来近似代替该点附近的一段曲线弧,以使问题简化.

例4 设一工件内表面的截线为抛物线 $y = 0.2x^2$(如图 3.13). 现要用砂轮磨削其内表面,问用多大直径的砂轮比较合适?

解 为了在磨削时不使砂轮磨掉工件中不应磨去的部分,所选用的砂轮,半径应小于或等于抛物线上各点处曲率半径的最小值. 所以先求曲率半径的最小值.

由于 $\quad y' = 0.4x, y'' = 0.4$

所以 $\quad R = \dfrac{1}{K} = \dfrac{(1 + y'^2)^{\frac{3}{2}}}{|y''|} = \dfrac{(1 + 0.16x^2)^{\frac{3}{2}}}{0.4}$

显然,当 $x=0$ 时,R 的值最小,此时 $y=0$. 故 $R_{最小}=\dfrac{1}{0.4}=2.5$

因此,选用砂轮的直径为 5 个单位长度为宜.

习题 3.5

1　求下列函数的弧微分:

① $y=x^3-x$　　　　　　　　　② $y=\mathrm{e}^x$

③ $y=\ln(x+\sqrt{1+x^2})$　　　④ $\begin{cases} x=a(t-\sin t) \\ y=a(1-\cos t) \end{cases}$

2　求下列各曲线在给定点的曲率和曲率半径:

① $xy=12$,在点 $(3,4)$　　　　② $y=x^2$,在点 $(1,1)$

3　求曲线 $y=\mathrm{e}^x$ 上曲率半径为最小的点.

3.6　二元函数的极值

3.6.1　二元函数的极值

一元函数极值的定义可以推广到多元函数中来,本节重点讨论二元函数的情形.

定义　设函数 $z=f(x,y)$ 在点 (x_0,y_0) 的某个邻域内有定义,对于该邻域异于 (x_0,y_0) 的点 (x,y),有 $f(x,y)<f(x_0,y_0)$(或 $f(x,y)>f(x_0,y_0)$),则称函数 $z=f(x,y)$ 在点 (x_0,y_0) 处取得极大值(或极小值)$f(x_0,y_0)$. 点 (x_0,y_0) 称为函数 $z=f(x,y)$ 的极大值点(或极小值点).

极大值和极小值统称为极值,极大值点和极小值点统称为极值点. 和一元函数一样,我们先给出极值存在的必要条件.

定理(极值存在的必要条件)　设函数 $z=f(x,y)$ 在点 (x_0,y_0) 有极值且在 (x_0,y_0) 处的偏导数 $f'_x(x_0,y_0),f'_y(x_0,y_0)$ 存在,则必定有 $\begin{cases} f'_x(x_0,y_0)=0 \\ f'_y(x_0,y_0)=0 \end{cases}$.

证明　因为点 (x_0,y_0) 是函数 $z=f(x,y)$ 的极值点,所以一元函数 $z=f(x,y_0)$ 在 $x=x_0$ 处、$z=f(x_0,y)$ 在 $y=y_0$ 处也取得极值. 由于 $f'_x(x_0,y_0),f'_y(x_0,y_0)$ 存在,根据一元函数极值存在的必要条件有 $\begin{cases} f'_x(x_0,y_0)=0 \\ f'_y(x_0,y_0)=0 \end{cases}$.

满足 $\begin{cases} f'_x(x_0,y_0)=0 \\ f'_y(x_0,y_0)=0 \end{cases}$ 的点 (x_0,y_0) 称为函数 $z=f(x,y)$ 的驻点. 和一元函数类似,驻点不一定是极值点. 例如函数 $z=xy$ 在点 $(0,0)$ 有 $f'_x(0,0)=f'_y(0,0)=0$,但在 $(0,0)$ 处没有极值. 二元函数在偏导数不存在的点也可能取得极值. 如函数 $z=\sqrt{x^2+y^2}$ 在点 $(0,0)$ 处偏导数不存在,但取得极小值. 因此,要求二元函数的极值,首先要求出驻点和不可导点,然后进一步判定是否有极值. 下面给出函数 $z = f(x,y)$ 在点 (x_0, y_0) 取得极值的充分条件.

定理 设函数 $z = f(x,y)$ 在点 (x_0, y_0) 的某一邻域内有二阶连续偏导数, 且 $f_x'(x_0, y_0) = 0$, $f_y'(x_0, y_0) = 0$. 记

$$A = f_{xx}''(x_0, y_0), B = f_{xy}''(x_0, y_0), C = f_{yy}''(x_0, y_0), \Delta = B^2 - AC$$

则

①当 $\Delta < 0$ 且 $A < 0$ 时, $f(x_0, y_0)$ 是极大值,

当 $\Delta < 0$ 且 $A > 0$ 时, $f(x_0, y_0)$ 是极小值;

②当 $\Delta > 0$ 时, $f(x_0, y_0)$ 不是极值;

③当 $\Delta = 0$ 时, 不能判定 $f(x_0, y_0)$ 是否为极值.

证明从略.

例 1 求函数 $f(x,y) = x^3 + y^3 - 3x^2 - 3y^2$ 的极值.

解 解方程组 $\begin{cases} f_x'(x,y) = 3x^2 - 6x = 0 \\ f_y'(x,y) = 3y^2 - 6y = 0 \end{cases}$ 得驻点 $(0,0),(0,2),(2,0),(2,2)$

求二阶导数 $f_{xx}''(x,y) = 6x - 6; f_{xy}''(x,y) = 0; f_{yy}''(x,y) = 6y - 6$

所以 $\Delta = -36(x_0 - 1)(y_0 - 1)$, 列表讨论如下:

驻　　点	$(0,0)$	$(0,2)$	$(2,0)$	$(2,2)$
Δ	-36	36	36	-36
A	-6	-6	6	6
判　　定	极大值点	非极值点	非极值点	极小值点

所以 $f(0,0) = 0$ 为函数的极大值, $f(2,2) = -8$ 为函数的极小值.

3.6.2 最大值和最小值

与一元函数相类似, 在实际中常常需要求二元函数在某区域 D 上的最大值和最小值. 一元函数的最值是由区间内的极值和区间端点处的函数值比较而得. 类似地, 二元函数的最值也是由区域 D 内的极值和边界上的最大及最小值进行比较而得到, 具体步骤如下:

①求区域 D 内的驻点和不可导点;

②求出驻点处和不可导点处的函数值以及边界上函数的最大值和最小值, 比较上述函数值, 其中最大者即为函数的最大值, 最小者即为函数的最小值.

例 2 求函数 $z = (x^2 + y^2 - 2x)^2$ 在区域 $x^2 + y^2 \leqslant 2x$ 上的最大值和最小值.

解 因为 $z_x' = 2(x^2 + y^2 - 2x)(2x - 2), z_y' = 2(x^2 + y^2 - 2x)2y$

令 $z_x' = z_y' = 0$ 求得区域内的驻点为 $(1,0)$.

所以 $f(1,0) = 1$.

把 $x^2 + y^2 = 2x$ 代入 $z = (x^2 + y^2 - 2x)^2$ 有 $z = 0$ (即在区域边界上的函数值为零). 又因为 $z \geqslant 0$, 又只有一个驻点, 比较得函数 $z = (x^2 + y^2 - 2x)^2$ 在区域 $x^2 + y^2 \leqslant 2x$ 的最大值为 $f(1,0) = 1$, 最小值为 0.

3.6.3 条件极值与拉格朗日乘数法

前面我们所介绍的二元函数的极值问题, 对于函数的自变量除了限制在定义域内之外没

有其他的约束条件,所以称为无条件极值. 在实际问题中,往往会遇到自变量之间受到一定条件的约束的问题,这就是条件极值.

例 3　要用钢板做一个长、宽、高分别为 x,y,z 的无盖长方形水池,要求容积为 4 m^3. 求 x,y,z 各为多少时,可使所用的钢板最省?

这个问题是求表面积 $S = xy + 2(xz + yz)$ 最小的问题. 它受到条件 $xyz = 4$ 的约束,所以是条件极值问题.

对条件极值问题,在某些简单的情况下可以从约束条件中解出某个自变量以消去自变量之间的约束的方法,把条件极值问题化为无条件极值问题进行求解. 例如例 3 的问题可从 $xyz = 4$ 中解出 $z = \dfrac{4}{xy}$ 代入 S 中,消去一个变量,将它变为无条件极值问题(请读者自己求解). 然而,一般的条件极值问题是不易化为无条件极值问题的. 下面我们介绍拉格朗日乘数法来解决条件极值问题.

设二元函数 $z = f(x,y)$ 和 $\varphi(x,y)$ 在所考虑的区域内有连续的一阶偏导数,且 $\varphi'_x(x,y)$,$\varphi'_y(x,y)$ 不同时为零,求 $z = f(x,y)$ 在约束条件 $\varphi(x,y) = 0$ 下的极值可用下面步骤来求:

1)构造辅助函数 $F(x,y) = f(x,y) + \lambda\varphi(x,y)$,称为拉格朗日函数,$\lambda$ 称为拉格朗日常数;

2)解联立方程组 $\begin{cases} F'_x = 0 \\ F'_y = 0 \\ \varphi(x,y) = 0 \end{cases}$ 即 $\begin{cases} f'_x(x,y) + \lambda\varphi'_x(x,y) = 0 \\ f'_y(x,y) + \lambda\varphi'_y(x,y) = 0 \\ \varphi(x,y) = 0 \end{cases}$

得到可能的极值点 (x,y),但在实际问题中往往就是所求的极值点.

应该指出的是:拉格朗日乘数法可以推广到两个以上自变量或一个以上的约束条件. 下面举例说明.

例 4　求容量为 V 的具有最小表面积的长方体的长、宽、高.

解　设长方体的长、宽、高分别为 x,y,z,根据题意,问题转化为求函数 $S = 2(xy + xz + yz)$ 在约束条件 $xyz = V$ 下的最小值.

构造辅助函数 $F(x,y,z) = 2(xy + xz + yz) + \lambda(V - xyz)$

求出 $F(x,y,z)$ 对 x,y,z 的一阶偏导数并令其为零且与 $V - xyz = 0$ 组成方程组:

$$\begin{cases} 2(y + z) - \lambda yz = 0 \\ 2(x + z) - \lambda xz = 0 \\ 2(x + y) - \lambda xy = 0 \\ V - xyz = 0 \end{cases}$$

解之得　$x = y = z = \sqrt[3]{V}$.

所以当 $x = y = z = \sqrt[3]{V}$ 时, 长方体的表面积最小.

例 5　某公司的两个工厂生产同样的产品但成本不同. 第一工厂生产 x 单位和第二工厂生产 y 单位的总成本是 $C = x^2 + 2y^2 + xy + 700$. 如果公司的生产任务是 500 个单位,试问如何分配任务使总成本最小?

解　根据题意,所求问题转化为求函数 $C = x^2 + 2y^2 + xy + 700$ 在约束条件 $x + y = 500$ 下的最小值.

构造辅助函数 $F(x,y) = x^2 + 2y^2 + xy + 700 + \lambda(x + y - 500)$

求出 $F(x,y)$ 对 x,y 的一阶偏导数并令其为零且与 $x+y-500=0$ 组成方程组：

$$\begin{cases} 2x+y+\lambda=0 \\ 4y+x+\lambda=0 \\ x+y-500=0 \end{cases}$$

解之得　$x=375, y=125$

所以把任务分配给第一工厂 375 个单位任务和分配给第二工厂 125 个单位任务时,公司所需的总成本最小.

习题 3.6

1　求下列函数的极值：

①$f(x,y)=x^2+xy+y^2+x-y+1$　　②$f(x,y)=(6x-x^2)(4y-y^2)$

③$f(x,y)=4(x-y)-x^2-y^2$　　④$f(x,y)=e^{2x}(x+y^2+2y)$

⑤$f(x,y)=x^3-y^3+3x^2+3y^2-9x$

2　把正数 a 分成三个正数之和,使它们的积为最大,求这三个正数.

3　求内接于半径为 a 的球且有最大体积的长方体.

4　求函数 $f(x,y)=x+2y$ 在条件 $x^2+y^2=5$ 下的极值.

5　设生产某种产品的数量 z 与所用两种原料 A,B 的数量 x,y 间有关系式 $z=0.005x^2y$,已知两种原料的单价分别为一元和二元,欲用 150 元购料,问购进两种原料各多少时,可使生产的数量最多?

6　求函数 $f(x,y)=4x-4y-x^2-y^2$ 在区域 $D: x^2+y^2 \leq 18$ 上的最大值和最小值.

7　求抛物线 $y=x^2$ 和直线 $x+y+2=0$ 之间的最短距离.

8　一个表面积为 96 m^2 的长方形水箱,问箱子尺寸如何才能使其容积最大?

复习题 3

1　选择题

①下列函数在给定的区间上满足拉格朗日中值定理的有(　　　).

(A)$y=\dfrac{2x}{1+x^2}$,$[-1,1]$　　　　(B)$y=|x|$,$[-1,2]$

(C)$y=x^2-5x+6$,$[2,3]$　　　　(D)$y=\ln(1+x^2)$,$[0,3]$

②下列极限不能使用罗比塔法则的有(　　　).

(A)$\lim\limits_{x\to 0}\dfrac{x^2\sin\dfrac{1}{x}}{\sin x}$　　　　(B)$\lim\limits_{x\to +\infty}x\left(\dfrac{\pi}{2}-\arctan x\right)$

(C)$\lim\limits_{x\to\infty}\dfrac{x-\sin x}{x+\sin x}$　　　　(D)$\lim\limits_{x\to\infty}\left(1+\dfrac{k}{x}\right)^x$

③函数 $y=x^3+12x+1$ 在定义域内(　　　).

（A）单调增加　　　　　　　　　　（B）单调减少

（C）图形上凹　　　　　　　　　　（D）图形下凹

④函数 $y = f(x)$ 在点 $x = x_0$ 处取得极大值,则必有(　　).

（A）$f'(x_0) = 0$　　　　　　　　　（B）$f''(x_0) < 0$

（C）$f'(x_0) = 0$ 且 $f''(x_0) < 0$　　（D）$f'(x_0) = 0$ 或不存在

⑤$x = 1$ 是函数 $y = |\ln x|$ 的(　　).

（A）零点　　　　　　　　　　　　（B）驻点

（C）极值点　　　　　　　　　　　（D）拐点

⑥曲线 $y = \dfrac{2x-1}{(x-1)^2}$(　　).

（A）有水平渐近线　　　　　　　　（B）有铅直渐近线

（C）有斜渐近线　　　　　　　　　（D）没有渐近线

⑦曲线 $y = \mathrm{e}^{-\frac{1}{x}}$(　　).

（A）定义域为 $(-\infty, 0) \cup (0, +\infty)$　（B）无极值,有拐点

（C）有水平和铅直渐近线　　　　　（D）在 $(-\infty, 0) \cup (0, +\infty)$ 上单调增加

⑧$y = x^{\frac{2}{3}}$ 在 $[-1, 2]$ 上有(　　).

（A）极大值　　　　　　　　　　　（B）极小值

（C）最大值　　　　　　　　　　　（D）最小值

⑨若函数 $f(x, y)$ 在点 (x_0, y_0) 处存在偏导数且 $f'_x(x_0, y_0) = f'_y(x_0, y_0) = 0$,则 $f(x, y)$ 在点 (x_0, y_0) 处(　　).

（A）连续　　　　　　　　　　　　（B）可微

（C）有极值　　　　　　　　　　　（D）可能有极值

⑩点(　　)是函数 $z = x^3 - y^3 + 3x^2 + 3y^2 - 9x$ 的极大点.

（A）$(1, 0)$　　　　　　　　　　　（B）$(1, 2)$

（C）$(-3, 0)$　　　　　　　　　　（D）$(-3, 2)$

2　填空题

①在区间 $[1, \mathrm{e}]$ 上对函数 $y = \ln x$ 应用拉格朗日中值定理,则 $\xi = $ ＿＿＿＿＿＿.

②函数 $y = x - \ln(1+x)$ 的极小点＿＿＿＿＿＿,极小值是＿＿＿＿＿＿.

函数 $y = \mathrm{e}^x(3-x)$ 的极大值是＿＿＿＿＿＿.

③曲线 $y = x\mathrm{e}^{-2x}$ 的下凹区间为＿＿＿＿＿＿,拐点为＿＿＿＿＿＿.

④曲线 $y = x^3 + ax^2 + bx + c$ 有一个拐点 $(1, -1)$,且在 $x = 0$ 处取得极大值 1,则 $a = $ ＿＿＿＿＿＿,$b = $ ＿＿＿＿＿＿,$c = $ ＿＿＿＿＿＿.

⑤函数 $y = \ln(1+x^2)$ 在 $[-1, 2]$ 上的最大值为＿＿＿＿＿＿,最小值为＿＿＿＿＿＿.

⑥函数 $y = \operatorname{arccot} x$ 的渐近线方程为＿＿＿＿＿＿.

⑦函数 $z = x^2 + y^2$ 在约束条件 $x + y = 1$ 下的极值为＿＿＿＿＿＿.

3　求下列极限

①$\lim\limits_{x \to 0} \dfrac{\mathrm{e}^{3x} - 1}{x}$　　　　　②$\lim\limits_{x \to 0} \dfrac{x - \sin x}{x^3}$　　　　　③$\lim\limits_{x \to 0} \dfrac{\tan x - x}{x - \sin x}$

④ $\lim\limits_{x\to\infty}\dfrac{\ln(1+3x^2)}{\ln(3+x^4)}$ ⑤ $\lim\limits_{x\to1}\left(\dfrac{1}{\ln x}-\dfrac{1}{x-1}\right)$ ⑥ $\lim\limits_{x\to0^+}x^{\sin x}$

4 证明：(1) $\arcsin\dfrac{2x}{1+x^2}=2\arctan x$，$(|x|\leqslant1)$；(2) $e^x>1+x$，$(x\neq0)$.

5 求下列函数的单调区间和极值：

① $y=(x-1)(x+1)^3$ ② $y=x-\ln(1+x)$ ③ $y=x-\dfrac{3}{2}x^{\frac{2}{3}}$

6 求下列函数的最大值与最小值：

① $y=2x^3-3x^2$；$[-1,4]$ ② $y=\sin2x-x$；$\left[-\dfrac{\pi}{2},\dfrac{\pi}{2}\right]$ ③ $y=x+\sqrt{1-x}$；$[-5,1]$

7 求函数 $y=\dfrac{x}{1+x^2}$ 的单调区间、凹凸区间、极值并作出其草图.

8 已知某厂生产 x 件产品的成本为 $C=25\,000+200x+\dfrac{1}{40}x^2$（元）.

① 要使平均成本最小，应生产多少件产品？

② 若产品以每件 500 元售出，要使利润最大，应生产多少件产品？

9* 设某商家销售某种商品的价格满足关系 $P(x)=7-0.2x$（万元/吨），商品的成本函数为 $C(x)=3x+1$（万元），其中 x 为销售量.

① 若每销售一吨，政府要征税 t（万元），求该商家利润最大时的销售量；

② t 为何值时，政府税收总额最大？

10 求 $z=xy(3-x-y)$ 的极值.

11* 某商店经营相关产品 A,B，相应的销售单价分别为 P 和 Q（百元），根据以往的销售状况知道这两种商品的需求量分别是 $Q_A=1-P+2Q$，$Q_B=11+P-3Q$，而联合成本函数是 $C=4Q_A+Q_B$，试求当利润最大时的销售量和销售价格.

12 试将 90 这个数分成三个数之和，使它们之积最大.

第 **4** 章
积分学及其应用

在前面我们讨论了函数的微分学,本章将讨论函数的积分学. 在积分学中有不定积分、定积分、二重积分、曲线积分等基本概念.

4.1 不定积分的概念、基本积分公式与直接积分法

4.1.1 原函数的概念

在微分学中已经解决了求已知函数的导数或微分的问题,但是在实际问题中常遇到与此相反的问题. 例如,已知物体在时刻 t 的运动速度 $v(t) = s'(t)$,求物体的运动规律 $s(t)$;又如,已知曲线的切线的斜率 $k = f'(x)$,求曲线方程 $y = F(x)$ 等. 显然这些都是已知某函数的导数或微分,反过来求这个函数的问题. 下面我们先引进原函数的概念.

定义 设 $f(x)$ 是定义在某一区间 I 上的函数,如果存在函数 $F(x)$,使在这个区间上每一点有 $F'(x) = f(x)$ 或 $\mathrm{d}F(x) = f(x)\mathrm{d}x$,则称 $F(x)$ 为函数 $f(x)$ 的原函数.

例如,在区间 $(-\infty, +\infty)$ 内,因为 $(\sin x)' = \cos x$,所以 $\sin x$ 是 $\cos x$ 在 $(-\infty, +\infty)$ 内的一个原函数. 又因为 $(\sin x + 1)' = \cos x$,$(\sin x + 3)' = \cos x$,所以 $\sin x + 1$,$\sin x + 3$ 也都是 $\cos x$ 的原函数. 显然,若 C 是任意的常数,则 $\sin x + C$ 也是 $\cos x$ 的原函数.

一般地,由原函数的定义可知,如果函数 $F(x)$ 是函数 $f(x)$ 的原函数,那么函数簇 $F(x) + C(C$ 是任意常数) 中任何一个函数都是函数 $f(x)$ 的原函数. 即一个函数如果存在原函数,它的原函数必有无穷多个. 在这无穷多个原函数中,除了形如 $F(x) + C$ 形式的函数外,是否还有其他形式的函数,它也是函数 $f(x)$ 的原函数呢?我们有如下定理:

定理 如果函数 $f(x)$ 有原函数 $F(x)$,则函数 $f(x)$ 的无穷多个原函数仅限于 $F(x) + C(C$ 是任意常数) 的形式.

证 已知 $F(x)$ 是 $f(x)$ 的原函数,即

$$F'(x) = f(x) \tag{1}$$

又假设函数 $\phi(x)$ 是函数 $f(x)$ 的任意一个原函数,即

$$\phi'(x) = f(x) \tag{2}$$

(1)与(2)式相减:$F'(x) - \phi'(x) = [F(x) - \phi(x)]' = f(x) - f(x) = 0$

由微分中值定理得

$F(x) - \phi(x) = C$(设 C 是某一个常数)   或 $\phi(x) = F(x) + C.$

因此,一个函数的原函数有无穷多个,这无穷多个原函数彼此仅相差一个常数. 如果欲求函数 $f(x)$ 的所有原函数,只需求出函数 $f(x)$ 的一个原函数,然后再将它加上一个任意常数 C,就得到所有的原函数. 下面引入不定积分的概念.

4.1.2 不定积分的概念

定义   函数 $f(x)$ 在某个区间 I 上的全部原函数 $F(x) + C$(C 是任意常数)叫作函数 $f(x)$ 在该区间 I 上的不定积分,记作 $\int f(x)\mathrm{d}x$,其中 $\int$ 为积分号,称 $f(x)$ 为被积函数,$f(x)\mathrm{d}x$ 为被积表达式,x 为积分变量.

由定义有,$\int f(x)\mathrm{d}x = F(x) + C.$ 其中 C 是任意常数,称为积分常数. 由此可见,求不定积分 $\int f(x)\mathrm{d}x$ 就是求 $f(x)$ 的全体原函数.

例 1   求 $\int x^3\mathrm{d}x$.

解   由于 $\left(\dfrac{x^4}{4}\right)' = x^3$,所以 $\dfrac{x^4}{4}$ 是 x^3 的一个原函数,因此

$$\int x^3\mathrm{d}x = \frac{x^4}{4} + C$$

4.1.3 不定积分的几何意义

$f(x)$ 的一个原函数 $F(x)$ 的图形叫作函数 $f(x)$ 的积分曲线,它的方程是 $y = F(x)$. 因 $F'(x) = f(x)$,故积分曲线上点 x 处的切线的斜率恰好等于函数 $f(x)$ 在点 x 处的函数值. 如果把这条积分曲线沿 y 轴的方向上下平行移动一段长度时,这样就得到一簇曲线,称为积分曲线簇. 这就是不定积分的几何意义. 又因不论常数 C 取何值,都有 $[F(x) + C]' = f(x)$,所以,这簇积分曲线具有这样的特点:在每条积分曲线上横坐标相同的点处作切线,这些切线都是彼此平行的(如图 4.1).

例 2   求通过点 $(2,5)$ 而它的切线斜率为 $2x$ 的曲线方程.

解   设所求的曲线方程为 $y = F(x)$,由题意知,$y' = F'(x) = 2x$,而 x^2 是 $2x$ 的一个原函数,所以我们得到全部积分曲线为

$$y = \int 2x\mathrm{d}x = x^2 + C$$

利用所求曲线通过点 $(2,5)$ 得:$5 = 2^2 + C, C = 1$

故所求曲线方程为 $y = x^2 + 1.$

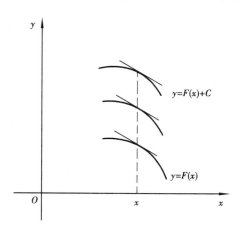

图 4.1

4.1.4　不定积分的性质

1）不定积分与微分互为逆运算. 即

$$\mathrm{d}\int f(x)\,\mathrm{d}x = f(x)\,\mathrm{d}x \qquad 或\left[\int f(x)\,\mathrm{d}x\right]' = f(x)$$

$$\int F'(x)\,\mathrm{d}x = F(x) + C \qquad 或\int \mathrm{d}F(x) = F(x) + C$$

例 3　$\mathrm{d}\int\dfrac{1}{x+2}\mathrm{d}x = \dfrac{1}{x+2}\mathrm{d}x$;　　$\int \mathrm{d}\arctan x = \arctan x + C.$

2）被积函数的常数因子可以提到积分号的前面. 即

$$\int kf(x)\,\mathrm{d}x = k\int f(x)\,\mathrm{d}x \quad (k \neq 0)$$

3）两个函数代数和的不定积分等于每个函数不定积分的代数和. 即

$$\int[f(x) \pm g(x)]\,\mathrm{d}x = \int f(x)\,\mathrm{d}x \pm \int g(x)\,\mathrm{d}x$$

这个性质可以推广到 n 个（有限个）函数的情形,即 n 个函数代数和的不定积分等于 n 个函数不定积分的代数和.

4.1.5　不定积分的基本积分公式　　直接积分法

根据导数的基本公式和不定积分的定义,可得出下列基本积分公式.

① $\int 0\,\mathrm{d}x = C$

② $\int k\,\mathrm{d}x = kx + C$　（其中 k 是常数）

③ $\int x^{\alpha}\,\mathrm{d}x = \dfrac{x^{\alpha+1}}{\alpha + 1} + C$　（$\alpha \neq -1$）

④ $\int\dfrac{1}{x}\mathrm{d}x = \ln|x| + C$　（$x \neq 0$）

⑤ $\int a^{x}\,\mathrm{d}x = \dfrac{a^{x}}{\ln a} + C$　（其中 $a > 0, a \neq 1$）

⑥ $\int \mathrm{e}^{x}\,\mathrm{d}x = \mathrm{e}^{x} + C$

⑦ $\int \sin x\,\mathrm{d}x = -\cos x + C$

⑧ $\int \cos x\,\mathrm{d}x = \sin x + C$

⑨ $\int \sec^{2}x\,\mathrm{d}x = \int\dfrac{1}{\cos^{2}x}\mathrm{d}x = \tan x + C$

⑩ $\int \csc^{2}x\,\mathrm{d}x = \int\dfrac{1}{\sin^{2}x}\mathrm{d}x = -\cot x + C$

⑪ $\int \sec x \tan x\,\mathrm{d}x = \sec x + C$

⑫ $\int \csc x\cot x\,\mathrm{d}x = -\csc x + C$

⑬ $\int \dfrac{1}{\sqrt{1-x^2}}\mathrm{d}x = \arcsin x + C = -\arccos x + C$

⑭ $\int \dfrac{1}{1+x^2}\mathrm{d}x = \arctan x + C = -\operatorname{arccot} x + C$

在求积分的过程中,只利用基本积分公式及性质,或者只需要经过简单的恒等变换就可以计算出积分的结果,这样的积分方法称直接积分法.用直接积分法可以求一些简单的积分.

例4 求 $\int \left(8^x + 5\sin x - \sqrt{x} - \dfrac{2}{x} + 4\right)\mathrm{d}x$

解 $\int \left(8^x + 5\sin x - \sqrt{x} - \dfrac{2}{x} + 4\right)\mathrm{d}x$

$= \int 8^x \mathrm{d}x + 5\int \sin x\mathrm{d}x - \int \sqrt{x}\mathrm{d}x - 2\int \dfrac{1}{x}\mathrm{d}x + \int 4\mathrm{d}x$

$= \dfrac{8^x}{\ln 8} - 5\cos x - \dfrac{2}{3}x^{\frac{3}{2}} - 2\ln|x| + 4x + C$

例5 求 $\int (1 + \sqrt{x})^2 \mathrm{d}x$

解 $\int (1+\sqrt{x})^2\mathrm{d}x = \int (1 + 2\sqrt{x} + x)\mathrm{d}x = \int \mathrm{d}x + 2\int x^{\frac{1}{2}}\mathrm{d}x + \int x\mathrm{d}x$

$= x + \dfrac{4}{3}x^{\frac{3}{2}} + \dfrac{1}{2}x^2 + C$

例6 求 $\int \dfrac{\mathrm{d}x}{x^2(1+x^2)}$

解 $\int \dfrac{\mathrm{d}x}{x^2(1+x^2)} = \int \dfrac{(x^2+1)-x^2}{x^2(1+x^2)}\mathrm{d}x = \int \left[\dfrac{1}{x^2} - \dfrac{1}{1+x^2}\right]\mathrm{d}x = -\dfrac{1}{x} - \arctan x + C.$

例7 求 $\int \dfrac{\mathrm{d}x}{\sin^2 x \cos^2 x}$

解 $\int \dfrac{\mathrm{d}x}{\sin^2 x \cos^2 x} = \int \dfrac{\sin^2 x + \cos^2 x}{\sin^2 x \cos^2 x}\mathrm{d}x = \int \left[\dfrac{1}{\sin^2 x} + \dfrac{1}{\cos^2 x}\right]\mathrm{d}x = \tan x - \cot x + C.$

例8 求 $\int \tan^2 x\mathrm{d}x$

解 $\int \tan^2 x\mathrm{d}x = \int (\sec^2 x - 1)\mathrm{d}x = \int \sec^2 x\mathrm{d}x - \int \mathrm{d}x = \tan x - x + C$

习 题 4.1

1 ( ) 是函数 $\sin 2x$ 的原函数.

(A) $\sin^2 x$　　　　　　(B) $-\cos^2 x$　　　　　　(C) $\dfrac{1}{2}\sin 2x$　　　　　　(D) $-\dfrac{1}{2}\cos 2x$

2 在区间 (a,b) 内,如果 $f'(x) = g'(x)$,则有( ).

(A) $f(x) = g(x)$　　　　　　　　　　　　(B) $f(x) = g(x) + C$

(C) $\left[\int f(x)\mathrm{d}x\right]' = \left[\int g(x)\mathrm{d}x\right]'$　　　　　　(D) $\int \mathrm{d}f(x) = \int \mathrm{d}g(x)$

3 求通过点$(1,2)$,且其切线的斜率为$3x^2$的曲线方程.

4 利用基本积分公式计算下列积分.

① $\displaystyle\int x\sqrt{x}\,\mathrm{d}x$

② $\displaystyle\int\left(3x^2+\sqrt{x}-\dfrac{2}{x}\right)\mathrm{d}x$

③ $\displaystyle\int\sqrt{x\sqrt{x}}\,\mathrm{d}x$

④ $\displaystyle\int\dfrac{x^2}{1+x^2}\,\mathrm{d}x$

⑤ $\displaystyle\int\dfrac{1}{x\sqrt{x}}\,\mathrm{d}x$

⑥ $\displaystyle\int\left(1+\sqrt{x}\right)^2\mathrm{d}x$

⑦ $\displaystyle\int\tan^2x\,\mathrm{d}x$

⑧ $\displaystyle\int\left(\sqrt{x}+\sqrt[3]{x}+\dfrac{1}{\sqrt[3]{x}}\right)\mathrm{d}x$

⑨ $\displaystyle\int\dfrac{(x^2+1)^2}{x^3}\,\mathrm{d}x$

⑩ $\displaystyle\int\dfrac{\cos 2x}{\cos x-\sin x}\,\mathrm{d}x$

⑪ $\displaystyle\int(2-\sec^2x)\,\mathrm{d}x$

⑫ $\displaystyle\int\mathrm{e}^x(2-\mathrm{e}^{-x})\,\mathrm{d}x$

⑬ $\displaystyle\int a^x\mathrm{e}^x\,\mathrm{d}x$

⑭ $\displaystyle\int\dfrac{1}{1+\cos 2x}\,\mathrm{d}x$

⑮ $\displaystyle\int\dfrac{x^4}{1+x^2}\,\mathrm{d}x$

⑯ $\displaystyle\int\left(\dfrac{\sin x}{2}-\dfrac{1}{\cos^2x}+\dfrac{5}{1+x^2}\right)\mathrm{d}x$

⑰ $\displaystyle\int\sec x(\sec x-\tan x)\,\mathrm{d}x$

4.2 不定积分的换元积分法与分部积分法

用直接积分法计算的不定积分是很有限的,因此有必要进一步研究不定积分的求法,本节将介绍不定积分的换元积分法与分部积分法.

4.2.1 不定积分换元积分法

(1) 不定积分的第一类换元积分法

先看一个简单的例子:

求$\displaystyle\int\cos 2x\,\mathrm{d}x$.

在基本公式中虽然有$\displaystyle\int\cos x\,\mathrm{d}x=\sin x+C$,但是在这里不能直接应用,因为被积函数$\cos 2x$是一个复合函数. 为了应用这个公式,我们先把原积分作如下变形,然后计算.

$$\int\cos 2x\,\mathrm{d}x=\frac{1}{2}\int\cos 2x\,\mathrm{d}(2x)\xrightarrow{\text{令}\,2x\,=\,u}\frac{1}{2}\int\cos u\,\mathrm{d}u=\frac{1}{2}\sin u+C$$

$$\xrightarrow{\text{回代}\,u\,=\,2x}\frac{1}{2}\sin 2x+C$$

用求导的方法检验,这个结果是正确的.

一般地,若不定积分的被积表达式能写成$f[\varphi(x)]\varphi'(x)\mathrm{d}x=f[\varphi(x)]\mathrm{d}\varphi(x)$的形式,则

103

令 $\varphi(x) = u$，当积分 $\int f(u)\mathrm{d}u$ 用基本积分公式容易求出，求出原函数后再换回原来的变量，这种方法称第一类换元积分法. 我们有以下定理.

定理 设 $f(u)$ 有原函数 $F(u)$，且 $u = \varphi(x)$ 可导，则 $F[\varphi(x)]$ 是 $f[\varphi(x)]\varphi'(x)$ 的原函数，即有 $\int f[\varphi(x)]\varphi'(x)\mathrm{d}x = F[\varphi(x)] + C$.

证明 令 $u = \varphi(x)$，由复合函数求导公式有

$$\frac{\mathrm{d}}{\mathrm{d}x}F[\varphi(x)] = \frac{\mathrm{d}F(u)}{\mathrm{d}u} \cdot \frac{\mathrm{d}u}{\mathrm{d}x} = f(u)\varphi'(x) = f[\varphi(x)]\varphi'(x)$$

于是 $\int f[\varphi(x)]\varphi'(x)\mathrm{d}x = F[\varphi(x)] + C$.

上面的定理可简写为：

$$\int f[\varphi(x)]\varphi'(x)\mathrm{d}x = \int f[\varphi(x)]\mathrm{d}\varphi(x) \xrightarrow{\text{令 } \varphi[t] = u} \int f(u)\mathrm{d}u$$
$$= F(u) + C \xrightarrow{\text{回代 } u = \varphi[x]} F[\varphi(x)] + C$$

上述公式称作第一类换元积分公式.

例 1 求 $\int (2x + 1)^5\mathrm{d}x$

解
$$\int (2x + 1)^5\mathrm{d}x = \int (2x + 1)^5 \frac{1}{2}\mathrm{d}(2x + 1) = \frac{1}{2}\int (2x + 1)^5\mathrm{d}(2x + 1)$$
$$\xrightarrow{\text{令 } 2x + 1 = u} \frac{1}{2}\int u^5\mathrm{d}u = \frac{1}{12}u^6 + C$$
$$\xrightarrow{\text{回代 } u = 2x + 1} \frac{1}{12}(2x + 1)^6 + C$$

例 2 求 $\int \frac{1}{x^2}\sin\frac{1}{x}\mathrm{d}x$.

解
$$\int \frac{1}{x^2}\sin\frac{1}{x}\mathrm{d}x = -\int \sin\frac{1}{x}\mathrm{d}\left(\frac{1}{x}\right) \xrightarrow{\text{令 } 1/x = u} -\int \sin u\,\mathrm{d}u = \cos u + C$$
$$\xrightarrow{\text{回代 } u = 1/x} \cos\frac{1}{x} + C$$

例 3 求 $\int \frac{x}{\sqrt{x^2 + 1}}\mathrm{d}x$.

解
$$\int \frac{x}{\sqrt{x^2 + 1}}\mathrm{d}x = \frac{1}{2}\int \frac{\mathrm{d}(x^2 + 1)}{\sqrt{x^2 + 1}} \xrightarrow{\text{令 } x^2 + 1 = u} \frac{1}{2}\int \frac{\mathrm{d}u}{\sqrt{u}} = \frac{1}{2} \cdot 2\sqrt{u} + C$$
$$\xrightarrow{\text{回代 } u = x^2 + 1} \sqrt{x^2 + 1} + C.$$

例 4 求 $\int \frac{\mathrm{d}x}{x\ln x}$.

解
$$\int \frac{\mathrm{d}x}{x\ln x} = \int \frac{\mathrm{d}(\ln x)}{\ln x} \xrightarrow{\text{令 } \ln x = u} \int \frac{\mathrm{d}u}{u}$$
$$= \ln|u| + C \xrightarrow{\text{回代 } u = \ln x} \ln|\ln x| + C.$$

若运算熟练后，不必写出换元和回代这一过程，直接计算即可.

例 5　求 $\int x \mathrm{e}^{-x^2} \mathrm{d}x$.

解　$\int x \mathrm{e}^{-x^2} \mathrm{d}x = -\dfrac{1}{2} \int \mathrm{e}^{-x^2} \mathrm{d}(-x^2) = -\dfrac{1}{2} \mathrm{e}^{-x^2} + C$

使用第一类换元积分法的关键是把被积表达式"凑"成可以积出来的形式,即"凑"成某个函数的微分,因而,第一类换元积分法又叫作凑微分法.

例 6　求 $\int \dfrac{1}{\sqrt{a^2 - x^2}} \mathrm{d}x (a > 0)$.

解　$\int \dfrac{1}{\sqrt{a^2 - x^2}} \mathrm{d}x = \dfrac{1}{a} \int \dfrac{\mathrm{d}x}{\sqrt{1 - \left(\dfrac{x}{a}\right)^2}} = \int \dfrac{\mathrm{d}\left(\dfrac{x}{a}\right)}{\sqrt{1 - \left(\dfrac{x}{a}\right)^2}} = \arcsin \dfrac{x}{a} + C$.

例 7　求 $\int \tan x \mathrm{d}x$.

解　$\int \tan x \mathrm{d}x = \int \dfrac{\sin x}{\cos x} \mathrm{d}x = -\int \dfrac{\mathrm{d}(\cos x)}{\cos x} = -\ln |\cos x| + C$

类似地可得　$\int \cot x \mathrm{d}x = \ln |\sin x| + C$.

例 8　求 $\int \csc x \mathrm{d}x$.

解　$\int \csc x \mathrm{d}x = \int \dfrac{1}{\sin x} \mathrm{d}x = \int \dfrac{\mathrm{d}x}{2 \sin \dfrac{x}{2} \cos \dfrac{x}{2}}$

$\qquad = \int \dfrac{\mathrm{d}\left(\dfrac{x}{2}\right)}{\tan \dfrac{x}{2} \cos^2 \dfrac{x}{2}} = \int \dfrac{\mathrm{d}\left(\tan \dfrac{x}{2}\right)}{\tan \dfrac{x}{2}} = \ln \left| \tan \dfrac{x}{2} \right| + C$

因为　$\tan \dfrac{x}{2} = \dfrac{\sin \dfrac{x}{2}}{\cos \dfrac{x}{2}} = \dfrac{2 \sin^2 \dfrac{x}{2}}{\sin x} = \dfrac{1 - \cos x}{\sin x} = \csc x - \cot x$

所以　$\int \csc x \mathrm{d}x = \int \dfrac{\mathrm{d}x}{\sin x} = \ln |\csc x - \cot x| + C$

由于 $\cos x = \sin\left(x + \dfrac{\pi}{2}\right)$,则有

$$\int \sec x \mathrm{d}x = \int \dfrac{\mathrm{d}x}{\cos x} = \int \dfrac{\mathrm{d}x}{\sin\left(x + \dfrac{\pi}{2}\right)} = \int \dfrac{\mathrm{d}\left(x + \dfrac{\pi}{2}\right)}{\sin\left(x + \dfrac{\pi}{2}\right)}$$

$$= \ln \left| \csc\left(x + \dfrac{\pi}{2}\right) - \cot\left(x + \dfrac{\pi}{2}\right) \right| + C$$

$$= \ln |\sec x + \tan x| + C.$$

另解:$\int \sec x \mathrm{d}x = \int \dfrac{\sec x (\sec x + \tan x)}{\sec x + \tan x} \mathrm{d}x$

$$= \int \frac{d(\sec x + \tan x)}{\sec x + \tan x} = \ln |\sec x + \tan x| + C$$

$$\int \csc x dx = \int \frac{\csc x(\csc x - \cot x)}{\csc x - \cot x} dx$$

$$= \int \frac{d(\csc x - \cot x)}{\csc x - \cot x} = \ln |\csc x - \cot x| + C$$

例 9　求 $\int \frac{1}{x^2 - a^2} dx$.

解　$\int \frac{1}{x^2 - a^2} dx = \frac{1}{2a} \int \left(\frac{1}{x - a} - \frac{1}{x + a} \right) dx$

$$= \frac{1}{2a} \left(\int \frac{d(x - a)}{x - a} - \int \frac{d(x + a)}{x + a} \right) = \frac{1}{2a} (\ln |x - a| - \ln |x + a|) + C$$

$$= \frac{1}{2a} \ln \left| \frac{x - a}{x + a} \right| + C.$$

例 10　求 $\int \frac{dx}{a^2 + x^2}$.

解　$\int \frac{dx}{a^2 + x^2} = \frac{1}{a^2} \int \frac{dx}{1 + \left(\frac{x}{a} \right)^2} = \frac{1}{a} \int \frac{d\left(\frac{x}{a} \right)}{1 + \left(\frac{x}{a} \right)^2} = \frac{1}{a} \arctan \frac{x}{a} + C.$

例 7、8、9、10 的结果可作为基本积分公式的扩充,要求熟记,现列表如下:

$\int \tan x dx = -\ln |\cos x| + C$	$\int \cot x dx = \ln |\sin x| + C$
$\int \sec x dx = \ln |\sec x + \tan x| + C$	$\int \csc x dx = \ln |\csc x - \cot x| + C$
$\int \frac{1}{a^2 + x^2} dx = \frac{1}{a} \arctan \frac{x}{a} + C$	$\int \frac{1}{x^2 - a^2} dx = \frac{1}{2a} \ln \left| \frac{x - a}{x + a} \right| + C$
$\int \frac{1}{a^2 - x^2} dx = \frac{1}{2a} \ln \left| \frac{a + x}{a - x} \right| + C$	$\int \frac{1}{\sqrt{a^2 - x^2}} dx = \arcsin \frac{x}{a} + C$

例 11　$\int \cos^2 x dx$

解　$\int \cos^2 x dx = \int \frac{1 + \cos 2x}{2} dx$

$$= \frac{1}{2} \int dx + \frac{1}{4} \int \cos 2x d(2x)$$

$$= \frac{1}{2} x + \frac{1}{4} \sin 2x + C$$

例 12 $\int \cos^3 x \mathrm{d}x$

解 $\int \cos^3 x \mathrm{d}x = \int \cos x (1 - \sin^2 x) \mathrm{d}x$

$$= \int (1 - \sin^2 x) \mathrm{d} \sin x = \sin x - \frac{1}{3} \sin^3 x + C$$

例 13 求 $\int \cos 3x \cos 2x \mathrm{d}x$

解 $\int \cos 3x \cos 2x \mathrm{d}x = \frac{1}{2} \int (\cos 5x + \cos x) \mathrm{d}x$

$$= \frac{1}{2} \left[\frac{1}{5} \int \cos 5x \mathrm{d}(5x) + \int \cos x \mathrm{d}x \right]$$

$$= \frac{1}{10} \sin 5x + \frac{1}{2} \sin x + C$$

例 14 求 $\int \dfrac{\mathrm{d}x}{x^2 - 2x + 3}$.

解 $\int \dfrac{\mathrm{d}x}{x^2 - 2x + 3} = \int \dfrac{1}{(x-1)^2 + (\sqrt{2})^2} \mathrm{d}(x-1) = \dfrac{1}{\sqrt{2}} \arctan \dfrac{x-1}{\sqrt{2}} + C$

例 15 求 $\int \dfrac{\mathrm{d}x}{\sqrt{1 + x - x^2}}$.

解 $\int \dfrac{\mathrm{d}x}{\sqrt{1 + x - x^2}} = \int \dfrac{\mathrm{d}\left(x - \dfrac{1}{2}\right)}{\sqrt{\left(\dfrac{\sqrt{5}}{2}\right)^2 - \left(x - \dfrac{1}{2}\right)^2}} = \arcsin \dfrac{x - \dfrac{1}{2}}{\dfrac{\sqrt{5}}{2}} + C$

（2）不定积分的第二类换元积分法

第一类换元积分法，是选择新积分变量 $u = \varphi(x)$ 进行换元. 但对某些被积函数来说，例如 $\int \sqrt{a^2 - x^2} \mathrm{d}x$，用第一类换元积分法就很困难，而用相反的方式令 $x = a \sin t$ 进行换元，却能比较顺利地求出结果. 一般有以下定理：

定理 设 $x = \varphi(t)$ 是严格单调可导函数，且 $\varphi'(t) \neq 0$，如果 $F(t)$ 是 $f[\varphi(t)] \varphi'(t)$ 的一个原函数，则有

$$\int f(x) \mathrm{d}x = \int f[\varphi(t)] \varphi'(t) \mathrm{d}t = F(t) + C = F[\varphi^{-1}(x)] + C.$$

证明 因为 $\dfrac{\mathrm{d}F[\varphi^{-1}(x)]}{\mathrm{d}x} = \dfrac{\mathrm{d}F(t)}{\mathrm{d}t} \cdot \dfrac{\mathrm{d}t}{\mathrm{d}x} = f[\varphi(t)] \cdot \varphi'(t) \dfrac{1}{\varphi'(t)} = f[\varphi(t)] = f(x)$

所以结论成立.

上述定理可简写成：

$$\int f(x) \mathrm{d}x \xrightarrow{\text{令} x = \varphi(t)} \int f[\varphi(t)] \varphi'(t) \mathrm{d}t = F[t] + C \xrightarrow{\text{回代} t = \varphi^{-1}(x)x} F[\varphi^{-1}(x)] + C$$

上述公式称作第二类换元积分公式.

例 16 求 $\int \dfrac{\mathrm{d}x}{\sqrt{x} + \sqrt[3]{x}}$.

解　令 $x = t^6, t = \sqrt[6]{x}, \mathrm{d}x = 6t^5\mathrm{d}t(x > 0, t > 0)$，则

$$\int \frac{\mathrm{d}x}{\sqrt{x} + \sqrt[3]{x}} = \int \frac{6t^5}{t^3 + t^2}\mathrm{d}t = 6\int \frac{t^3}{t + 1}\mathrm{d}t = 6\int\Big(t^2 - t + 1 - \frac{1}{t + 1}\Big)\mathrm{d}t$$

$$= 6\Big[\frac{1}{3}t^3 - \frac{1}{2}t^2 + t - \ln(t + 1)\Big] + C$$

$$\xlongequal{\text{回代}\, t = \sqrt[6]{x}} 2\sqrt{x} + 3\sqrt[3]{x} + 6\sqrt[6]{x} - 6\ln(\sqrt[6]{x} + 1) + C$$

例 17　求 $\int \sqrt{a^2 - x^2}\mathrm{d}x(a > 0)$.

解　为了消去根号，可作三角变换，

令 $x = a\sin t, t = \arcsin \frac{x}{a}, \mathrm{d}x = a\cos t\mathrm{d}t\Big(|x| \leqslant a, |t| \leqslant \frac{\pi}{2}\Big)$，则

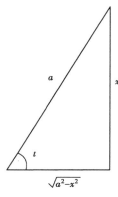

图 4.2

$$\int \sqrt{a^2 - x^2}\mathrm{d}x = \int \sqrt{a^2 - a^2\sin^2 t} \cdot a\cos t\mathrm{d}t$$

$$= \int a^2\cos^2 t\mathrm{d}t = \frac{a^2}{2}\int(1 + \cos 2t)\mathrm{d}t$$

$$= \frac{a^2}{2}(t + \frac{1}{2}\sin 2t) + C$$

$$= \frac{a^2}{2}(t + \sin t\cos t) + C$$

为了把 $\sin t, \cos t$ 换成 x 的函数，可以根据 $\sin t = \frac{x}{a}$ 作辅助三

角形（如图 4.2），便有 $\cos t = \frac{\sqrt{a^2 - x^2}}{a}$，于是

$$\int \sqrt{a^2 - x^2}\mathrm{d}x = \frac{a^2}{2}\Big[\arcsin \frac{x}{a} + \frac{x}{a} \cdot \frac{\sqrt{a^2 - x^2}}{a}\Big] + C$$

$$= \frac{1}{2}(a^2\arcsin \frac{x}{a} + x\sqrt{a^2 - x^2}) + C.$$

例 18　求 $\int \frac{\mathrm{d}x}{\sqrt{a^2 + x^2}}$.

解　令 $x = a\tan t\quad |t| < \frac{\pi}{2}, \mathrm{d}x = a\sec^2 t\mathrm{d}t, \sqrt{a^2 + x^2} = a\sec t$，则

$$\int \frac{\mathrm{d}x}{\sqrt{a^2 + x^2}} = \int \frac{a\sec^2 t\mathrm{d}t}{a\sec t} = \int \sec t\mathrm{d}t = \ln|\sec t + \tan t| + C.$$

为了把 $\sec t$ 换成 x 的函数，可以根据 $\tan t = \frac{x}{a}$ 作辅助三角形（如

图 4.3），便有 $\sec t = \frac{\sqrt{a^2 + x^2}}{a}$，于是

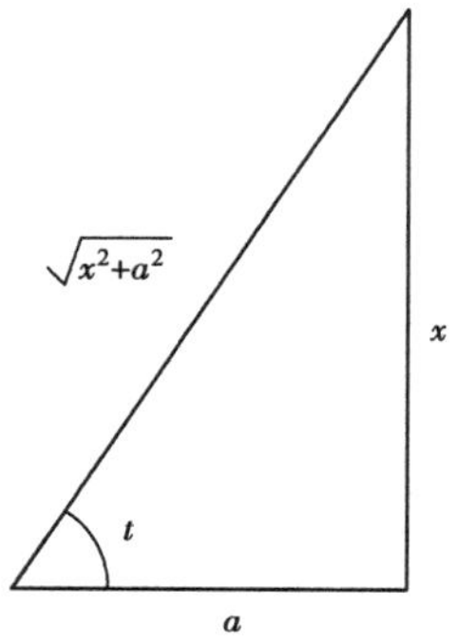

$$\int \frac{\mathrm{d}x}{\sqrt{a^2 + x^2}} = \ln|\sec t + \tan t| + C_1 = \ln\left|\frac{\sqrt{a^2 + x^2}}{a} + \frac{x}{a}\right| + C_1$$

$$= \ln\left|\sqrt{a^2 + x^2} + x\right| + C.$$

图 4.3

例 19　求 $\displaystyle\int \frac{\mathrm{d}x}{\sqrt{x^2 - a^2}}$.

解　令 $x = a \sec t, \sqrt{x^2 - a^2} = a \tan t, \mathrm{d}x = a \sec t \tan t\mathrm{d}t$

$$\int \frac{\mathrm{d}x}{\sqrt{x^2 - a^2}} = \int \frac{a \sec t \tan t}{a \tan t}\mathrm{d}t = \int \sec t\mathrm{d}t$$

$$= \ln |\sec t + \tan t| + C$$

为了把 $\tan t$ 换成 x 的函数,可以根据 $\sec t = \dfrac{x}{a}$ 作辅助三角形

(如图 4.4),便有 $\tan t = \dfrac{\sqrt{x^2 - a^2}}{a}$,于是

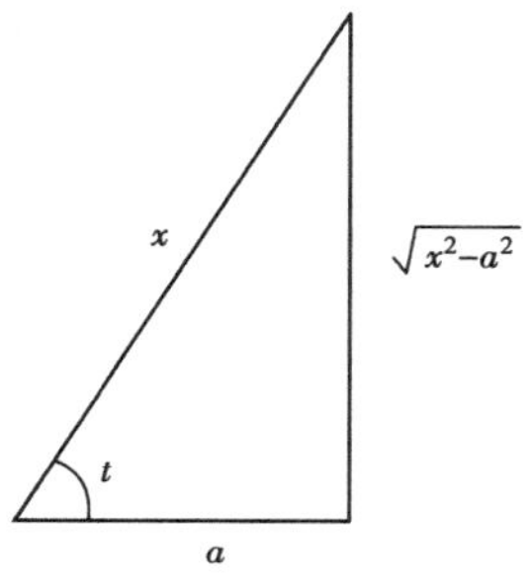

图 4.4

$$\int \frac{\mathrm{d}x}{\sqrt{x^2 - a^2}} = \ln |\sec t + \tan t| + C$$

$$= \ln \left| \frac{x}{a} + \frac{\sqrt{x^2 - a^2}}{a} \right| + C = \ln \left| x + \sqrt{x^2 - a^2} \right| + C_1$$

例 17、18、19 所用的方法称三角代换法. 一般地被积表达式如下

1)含有 $\sqrt{a^2 - x^2}$,可作变换 $x = a \sin t$;

2)含有 $\sqrt{a^2 + x^2}$,可作变换 $x = a \tan t$;

3)含有 $\sqrt{x^2 - a^2}$,可作变换 $x = a\sec t$.

4.2.2　不定积分的分部积分法

换元积分法虽然是一种重要的方法,但它却不能求 $\int x \sin x\mathrm{d}x, \int x \arctan x\mathrm{d}x, \int x \ln x\mathrm{d}x$ 等这类简单的积分问题. 为此下面介绍另一种基本积分法 —— 分部积分法.

设 $u = u(x)$、$v = v(x)$ 为可微分的函数,由 $\mathrm{d}(uv) = u\mathrm{d}v + v\mathrm{d}u$

得　$u\mathrm{d}v = \mathrm{d}(uv) - v\mathrm{d}u$,上式两边积分,得

$$\int u\mathrm{d}v = uv - \int v\mathrm{d}u$$

上式叫不定积分的分部积分公式.

分部积分公式的作用在于:如果左端的积分 $\int u\mathrm{d}v$ 不易求得,而右端积分 $\int v\mathrm{d}u$ 比较容易求得,则利用这个公式能起到化难为易的作用. 运用这个公式的关键在于选择 u 和 $\mathrm{d}v$.

例 20　求 $\int x\mathrm{e}^x\mathrm{d}x$.

解　令 $u = x, \mathrm{d}v = \mathrm{e}^x\mathrm{d}x$ 则 $\mathrm{d}u = \mathrm{d}x, v = \mathrm{e}^x$,根据分部积分公式得

$$\int x\mathrm{e}^x\mathrm{d}x = \int x\mathrm{d}\mathrm{e}^x = x\mathrm{e}^x - \int \mathrm{e}^x\mathrm{d}x = \mathrm{e}^x(x - 1) + C.$$

例 21　求 $\int x \sin x\mathrm{d}x$.

解　令　$u = x, \mathrm{d}v = \sin x\mathrm{d}x$ 则 $\mathrm{d}u = \mathrm{d}x, v = - \cos x$,根据分部积分公式得

$$\int x \sin x dx = -\int x d \cos x = -x \cos x + \int \cos x dx = -x \cos x + \sin x + C.$$

例 22　求 $\int x^{-2} \ln x dx.$

解　令 $u = \ln x, dv = x^{-2}dx$ 则 $du = \dfrac{1}{x}dx, v = -x^{-1}$，由分部积分公式得

$$\int x^{-2} \ln x dx = -\int \ln x d\left(\dfrac{1}{x}\right) = -\dfrac{\ln x}{x} + \int \dfrac{1}{x}d \ln x$$

$$= -\dfrac{\ln x}{x} + \int \dfrac{1}{x^2}dx = -\dfrac{1}{x}(\ln x + 1) + C$$

例 23　求 $\int x^2 \cos x dx.$

解　令 $u = x^2, dv = \cos x dx$，则 $du = 2x dx, v = \sin x$
由分部积分公式得

$$\int x^2 \cos x dx = \int x^2 d \sin x = x^2 \sin x - 2\int x \sin x dx$$

而 $\int x \sin x dx = -x \cos x + \sin x + C$　（根据例 21 知）

所以
$$\int x^2 \cos x dx = \sin x(x^2 - 2) + 2x \cos x + C.$$

例 24　求 $\int \arcsin x dx.$

解　令 $u = \arcsin x, dv = dx$，由分部积分公式得

$$\int \arcsin x dx = x \arcsin x - \int x d \arcsin x = x \arcsin x - \int \dfrac{x}{\sqrt{1-x^2}}dx$$

$$= x \arcsin x + \dfrac{1}{2}\int \dfrac{d(1-x^2)}{\sqrt{1-x^2}} = x \arcsin x + \sqrt{1-x^2} + C$$

例 25　求 $\int e^x \sin x dx.$

解　运用分部积分公式直接计算.

$$\int e^x \sin x dx = \int \sin x de^x = e^x \sin x - \int e^x \cos x dx = e^x \sin x - \int \cos x de^x$$

$$= e^x \sin x - \left[e^x \cos x - \int e^x(-\sin x)dx\right]$$

$$= e^x \sin x - e^x \cos x - \int e^x \sin x dx$$

移项得
$$2\int e^x \sin x dx = e^x(\sin x - \cos x) + C$$

所以
$$\int e^x \sin x dx = \dfrac{1}{2}e^x(\sin x - \cos x) + C$$

类似地有

$$\int e^x \cos x dx = \dfrac{1}{2}e^x(\sin x + \cos x) + C$$

习 题 4. 2

1　求下列不定积分:

① $\int (2 - x)^{\frac{1}{2}} \mathrm{d}x$

② $\int \dfrac{1}{2x + 1} \mathrm{d}x$

③ $\int \dfrac{1}{\sqrt[3]{3 - 2x}} \mathrm{d}x$

④ $\int 10^{3x} \mathrm{d}x$

⑤ $\int \mathrm{e}^{-x} \mathrm{d}x$

⑥ $\int x \sqrt{x^2 - 3} \mathrm{d}x$

⑦ $\int \dfrac{\ln x}{x} \mathrm{d}x$

⑧ $\int \dfrac{x}{x^2 + a^2} \mathrm{d}x$

⑨ $\int \sqrt{2 + \mathrm{e}^x} \cdot \mathrm{e}^x \mathrm{d}x$

⑩ $\int \mathrm{e}^{-\frac{1}{x}} \dfrac{\mathrm{d}x}{x^2}$

⑪ $\int \dfrac{\mathrm{d}x}{\sqrt{2ax - x^2}} (a > 0)$

⑫ $\int \sin x \cos x \mathrm{d}x$

⑬ $\int \sin^2 x \mathrm{d}x$

⑭ $\int \sin^3 x \mathrm{d}x$

⑮ $\int \sin 2x \sin 3x \mathrm{d}x$

⑯ $\int \dfrac{\mathrm{d}x}{\mathrm{e}^x + \mathrm{e}^{-x}}$

⑰ $\int \dfrac{1 - x}{\sqrt{9 - 4x^2}} \mathrm{d}x$

⑱ $\int \tan^4 x \mathrm{d}x$

⑲ $\int \dfrac{\sin (\sqrt{x} + 1)}{\sqrt{x}} \mathrm{d}x$

⑳ $\int \tan x \sec^3 x \mathrm{d}x$

㉑ $\int \dfrac{\mathrm{d}x}{x \sqrt{x + 1}}$

㉒ $\int \dfrac{\mathrm{d}x}{\sqrt{1 + \mathrm{e}^x}}$

㉓ $\int \dfrac{\sqrt{x^2 - 9}}{x} \mathrm{d}x$

㉔ $\int \dfrac{\mathrm{d}x}{x^2 \sqrt{1 + x^2}}$

㉕ $\int \dfrac{x^2}{\sqrt{9 - x^2}} \mathrm{d}x$

㉖ $\int \dfrac{2x + 5}{x^2 + 4x + 7} \mathrm{d}x$

㉗ $\int x \sqrt{x + 1} \mathrm{d}x$

2　求下列不定积分:

① $\int \ln x \mathrm{d}x$

② $\int x \arctan x \mathrm{d}x$

③ $\int x \ln x \mathrm{d}x$

④ $\int \operatorname{arccot} x \mathrm{d}x$

⑤ $\int x^2 \cos x \mathrm{d}x$

⑥ $\int \sec^3 x \mathrm{d}x$

⑦ $\int x \mathrm{e}^{-x} \mathrm{d}x$

⑧ $\int \mathrm{e}^{2x} \cos 3x \mathrm{d}x$

⑨ $\int \ln (1 + x^2) \mathrm{d}x$ ⑩ $\int \sin (\ln x) \mathrm{d}x$

⑪ $\int \dfrac{\ln x}{\sqrt{x}} \mathrm{d}x$ ⑫ $\int \dfrac{x \arcsin x}{\sqrt{1 - x^2}} \mathrm{d}x$

3   若 $f(x)$ 的一个原函数为 $\dfrac{\ln x}{x}$，求 $\int x f'(x) \mathrm{d}x$.

4   已知 $\int \dfrac{f(x)}{x} \mathrm{d}x = \arcsin x + C$，求 $\int f(x) \mathrm{d}x$.

4.3   定积分的概念及其性质

4.3.1   定积分的概念

(1) 引例

例 1   求曲边梯形的面积.

设函数 $f(x)$ 在闭区间 $[a,b]$ 上连续，且 $f(x) \geqslant 0$，则由曲线 $y = f(x)$，直线 $x = a, x = b$ 以及 x 轴所围成的图形称为曲边梯形. 现在按以下步骤来计算曲边梯形的面积 A（如图 4.5）.

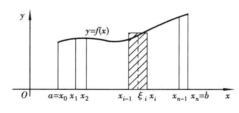

图 4.5

① 分割   把以区间 $[a,b]$ 为底边的曲边梯形分成若干个小曲边梯形.

在 $[a,b]$ 内插入 $n - 1$ 个分点：$a = x_0 < x_1 < \cdots < x_n = b$，把区间 $[a,b]$ 分成任意 n 个子区间 $[x_0, x_1], [x_1, x_2], \cdots, [x_{n-1}, x_n]$，过各分点作平行于 y 轴的直线，于是原曲边梯形被分成 n 个以这些子区间为底边的小曲边梯形，又设这些小曲边梯形面积依次为 $\Delta A_1, \Delta A_2, \cdots, \Delta A_n$.

② 求近似的积分和   即求曲边梯形面积的近似值

在每一个小区间 $[x_{i-1}, x_i]$ $(i = 1, 2, \cdots, n)$ 上任意取一点 ξ_i，即 $x_{i-1} \leqslant \xi_i \leqslant x_i$，则用 $\xi_i \in [x_{i-1}, x_i]$ 的函数值 $f(\xi_i)$ 作为小矩形的高，Δx_i 为宽的小矩形的面积 $f(\xi_i) \Delta x_i$ 来近似替代相应小曲边梯形的面积 ΔA_i. 即 $\Delta A_i \approx f(\xi_i) \Delta x_i$.

这样就有 $\Delta A_1 \approx f(\xi_1) \Delta x_1, \Delta A_2 \approx f(\xi_2) \Delta x_2, \cdots, \Delta A_n \approx f(\xi_n) \Delta x_n$，它们的和为 $f(\xi_1) \Delta x_1 + f(\xi_2) \Delta x_2 + \cdots + f(\xi_n) \Delta x_n = \sum\limits_{i=1}^{n} f(\xi_i) \Delta x_i$

所以曲边梯形的面积 $A = \sum\limits_{i=1}^{n} \Delta A_i \approx \sum\limits_{i=1}^{n} f(\xi_i) \Delta x_i$.

③ 取极限   即求曲边梯形面积的精确值

当区间 $[a,b]$ 被分得越细，即每个子区间长度 $\Delta x_i (i = 1, 2, \cdots, n)$ 越小，记 $\lambda =$

$\max\limits_{1\leqslant i\leqslant n}\{\Delta x_i\}$，当 $\lambda\to 0$ 时，便得到 A 的精确值：

$$A = \lim_{\lambda\to 0}\sum_{i=1}^{n}f(\xi_i)\Delta x_i$$

抛开上述问题的实际意义，抽象出它的数学概念，便可得到定积分的定义.

（2）定积分的定义

定义　设函数 $f(x)$ 定义在区间 $[a,b]$ 上，在 (a,b) 内任意插入 $n-1$ 个分点，即

$$a = x_0 < x_1 < x_2 < \cdots < x_{n-1} < x_n = b$$

把区间 $[a,b]$ 分成 n 个小区间 $[x_0,x_1]$，$[x_1,x_2]$，$\cdots$，$[x_{n-1},x_n]$，每个小区间的长度分别为

$$\Delta x_1 = x_1 - x_0,\Delta x_2 = x_2 - x_1,\cdots,\Delta x_n = x_n - x_{n-1}$$

在每个小区间 $[x_{i-1},x_i]$（$i = 1,2,\cdots,n$）上任取一点 ξ_i，$\xi_i \in [x_{i-1},x_i]$，作和式

$$\sum_{i=1}^{n}f(\xi_i)\Delta x_i \tag{1}$$

不论区间 $[a,b]$ 如何分法及 ξ_i 如何取法，若当 $\lambda\to 0$ 时，$\left(\lambda = \max\limits_{1\leqslant i\leqslant n}\{\Delta x_i\}\right)$，$\sum\limits_{i=1}^{n}f(\xi_i)\Delta x_i$ 都有确定的极限存在，那么这个极限值称为函数 $f(x)$ 在 $[a,b]$ 上的定积分，记作 $\int_a^b f(x)\mathrm{d}x$

即

$$\int_a^b f(x)\mathrm{d}x = \lim_{\lambda\to 0}\sum_{i=1}^{n}f(\xi_i)\Delta x_i \tag{2}$$

其中 x 称为积分变量，函数 $f(x)$ 称为被积函数，$\int$ 称为积分号，$f(x)\mathrm{d}x$ 称为被积表达式，a 与 b 分别称为积分下限和上限，$[a,b]$ 称为积分区间.

关于定积分的概念，要注意以下两点：

①当 $\sum\limits_{i=1}^{n}f(\xi_i)\Delta x_i$ 的极限存在时，其极限值仅与被积函数 $f(x)$ 及积分区间有关，与区间 $[a,b]$ 的分法和点 ξ_i 的取法以及积分变量用什么字母无关，即

$$\int_a^b f(x)\mathrm{d}x = \int_a^b f(t)\mathrm{d}t = \int_a^b f(u)\mathrm{d}u$$

②极限过程中的 $\lambda\to 0$ 表示所有小区间长度的最大值趋于 0，即所有小区间长度都趋于 0，因而必然要求分点个数无限增加，即 $n \to \infty$. 但反过来，$n \to \infty$ 时，并不能保证 $\lambda \to 0$，例如，取分点

$$x_0 = a,x_1 = \frac{1}{2}(b - a) + a,x_2 = \frac{2}{3}(b - a) + a,\cdots,x_n = \frac{n-1}{n}(b - a) + a,x_n = b$$

则不论 n 取多大，$\lambda = \frac{1}{2}(b - a)$，它是个常数，不趋于 0.

根据定积分的定义，前面所讨论的问题可记为：

曲边梯形的面积 A 等于函数 $f(x)$ 在区间 $[a,b]$ 上的定积分，即

$$A = \int_a^b f(x)\mathrm{d}x \tag{3}$$

为了以后计算和应用方便起见，补充两点规定：

（1）当 $a = b$ 时，有 $\int_a^b f(x)\mathrm{d}x = 0$；

（2）当 $a > b$ 时,有 $\int_a^b f(x)\mathrm{d}x = -\int_b^a f(x)\mathrm{d}x$.

4.3.2 定积分的几何意义

若把定积分 $\int_a^b f(x)\mathrm{d}x$ 与由曲线 $y = f(x)$ 及直线 $x = a, x = b, y = 0$ 所围成的曲边梯形的面积作比较. 可得出以下结论:

当 $f(x) \geqslant 0, a < b$ 时,定积分 $\int_a^b f(x)\mathrm{d}x \geqslant 0$,这时,曲边梯形在 x 轴上方,定积分与曲边梯形的面积 A 相等. 即 $\int_a^b f(x)\mathrm{d}x = A$(如图 4.6).

当 $f(x) \leqslant 0, a < b$ 时,定积分 $\int_a^b f(x)\mathrm{d}x \leqslant 0$,这时,曲边梯形在 x 轴下方. 而 $y = f(x)$, $x = a, x = b$ 与 x 轴所围成的曲边梯形面积总为正数. 所以当 $f(x) \leqslant 0, a < b$ 时,$\int_a^b f(x)\mathrm{d}x = -A$. 即定积分与曲边梯形面积负值相等(如图 4.7).

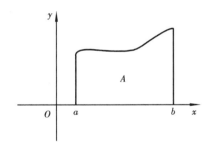

图 4.6

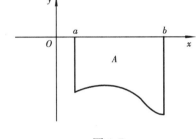

图 4.7

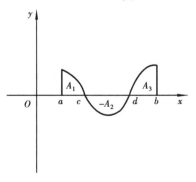

图 4.8

当 $f(x)$ 有正有负时,定积分 $\int_a^b f(x)\mathrm{d}x$ 的几何意义为:在 $[a,b]$ 上所围成的各个曲边梯形面积的代数和. 即 $\int_a^b f(x)\mathrm{d}x = A_1 - A_2 + A_3$(如图 4.8).

换句话说,定积分的值是在 x 轴上方的曲边梯形面积与 x 轴下方的曲边梯形面积之差.

对于定积分有这样一个重要问题:函数 $f(x)$ 在区间 $[a,b]$ 上满足怎样的条件以及式 $\sum_{i=1}^{n} f(\xi_i)\Delta x_i$ 当 $\lambda \to 0$ 时的极限是否一定存在呢?这个问题的解决依赖于定积分存在定理,现将其叙述如下:

定理(定积分存在定理) 若函数 $f(x)$ 在区间 $[a,b]$ 上连续或在区间 $[a,b]$ 只有有限个第一类间断点,则 $f(x)$ 在 $[a,b]$ 上的定积分存在(称可积的).

4.3.3 定积分的性质

假设所讨论的函数 $f(x)$ 在积分区间上都是可积的.

由定积分的定义、极限的运算法则和性质可得出定积分的以下性质:

① $\int_a^b kf(x)\,dx = k\int_a^b f(x)\,dx$　　其中 k 为常数.

② $\int_a^b [f(x) \pm g(x)]\,dx = \int_a^b f(x)\,dx \pm \int_a^b g(x)\,dx.$

③ $\int_a^b f(x)\,dx = \int_a^c f(x)\,dx + \int_c^b f(x)\,dx$, 其中 c 可以在 $[a,b]$ 内, 也可以在 $[a,b]$ 外.

④ 若在区间 $[a,b]$ 上, 函数 $f(x) = 1$, 则 $\int_a^b f(x)\,dx = b - a.$

⑤ 若在区间 $[a,b]$ 上有 $f(x) \leqslant g(x)$, 则 $\int_a^b f(x)\,dx \leqslant \int_a^b g(x)\,dx$

推论　　$\left| \int_a^b f(x)\,dx \right| \leqslant \int_a^b |f(x)|\,dx$

⑥(估值定理) 若 M、m 分别是函数 $f(x)$ 在区间 $[a,b]$ 上的最大值和最小值, 则

$$m(b-a) \leqslant \int_a^b f(x)\,dx \leqslant M(b-a)$$

这个性质说明, 由被积函数的积分区间上的最大值和最小值, 可以估算积分值的范围, 其几何意义如图 4.9 所示.

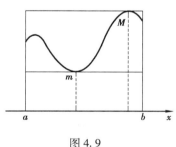

图 4.9

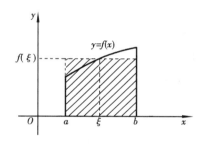

图 4.10

⑦(定积分中值定理) 若函数 $f(x)$ 在闭区间 $[a,b]$ 上连续, 则在 $[a,b]$ 上至少存在一点 ξ, 使得 $\int_a^b f(x)\,dx = f(\xi)(b-a)$

证明: 由性质 6 可得　　$m(b-a) \leqslant \int_a^b f(x)\,dx \leqslant M(b-a)$

因而　　　　　　　　　　$m \leqslant \dfrac{1}{(b-a)} \int_a^b f(x)\,dx \leqslant M$

这表明 $\dfrac{1}{(b-a)} \int_a^b f(x)\,dx$ 是介于连续函数 $f(x)$ 的最大值 M 和最小值 m 之间的一个数. 由连续函数的介值定理可知, 在 $[a,b]$ 上至少存在一点 ξ, 使得

$$f(\xi) = \frac{1}{b-a} \int_a^b f(x)\,dx$$

故有 $\int_a^b f(x)\,dx = f(\xi)(b-a).$

这个公式叫作积分中值公式. 其几何意义是: 以区间 $[a,b]$ 为底边, 以曲线 $y = f(x)$ 为曲边的曲边梯形面积, 等于同一底边而高为 $f(\xi)$ 的一个矩形的面积(如图 4.10).

$f(\xi)$ 称为 $f(x)$ 的平均高度. 通常称 $f(\xi) = \dfrac{1}{b-a}\displaystyle\int_a^b f(x)\mathrm{d}x$ 为函数 $f(x)$ 在 $[a,b]$ 的平均值.

例 2　估计定积分 $\displaystyle\int_{\frac{\pi}{4}}^{\frac{\pi}{2}} \dfrac{\sin x}{x}\mathrm{d}x$ 值的范围.

解　$f(x) = \dfrac{\sin x}{x}, f'(x) = \dfrac{x\cos x - \sin x}{x^2} = \dfrac{\cos x(x - \tan x)}{x^2} < 0$ 可知 $f(x)$ 在积分区

间 $\left[\dfrac{\pi}{4}, \dfrac{\pi}{2}\right]$ 上单调递减. 因此 $m = f\left(\dfrac{\pi}{2}\right) = \dfrac{2}{\pi}, M = f\left(\dfrac{\pi}{4}\right) = \dfrac{2\sqrt{2}}{\pi}$

根据性质 6 知, 有

$$\frac{2}{\pi}\left(\frac{\pi}{2} - \frac{\pi}{4}\right) < \int_{\frac{\pi}{4}}^{\frac{\pi}{2}} \frac{\sin x}{x}\mathrm{d}x < \frac{2\sqrt{2}}{\pi}\left(\frac{\pi}{2} - \frac{\pi}{4}\right)$$

所以 $\dfrac{1}{2} < \displaystyle\int_{\frac{\pi}{4}}^{\frac{\pi}{2}} \dfrac{\sin x}{x}\mathrm{d}x < \dfrac{\sqrt{2}}{2}$

习题 4.3

1　利用定积分定义计算下列积分:

① $\displaystyle\int_a^b x\mathrm{d}x$ 　　　　　　　　② $\displaystyle\int_0^1 \mathrm{e}^x\mathrm{d}x$

2　将下列图形的面积用定积分表示:

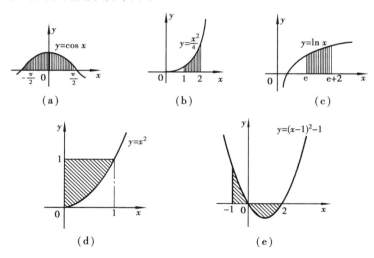

（a）　　　　　　　　（b）　　　　　　　　（c）

（d）　　　　　　　　（e）

图 4.11

3　利用定积分的性质比较下列积分的大小:

① $\displaystyle\int_0^1 x\mathrm{d}x$ 与 $\displaystyle\int_0^1 x^2\mathrm{d}x$ 　　　　　② $\displaystyle\int_0^{\frac{\pi}{2}} x\mathrm{d}x$ 与 $\displaystyle\int_0^{\frac{\pi}{2}} \sin x\mathrm{d}x$

③ $\displaystyle\int_0^1 \mathrm{e}^{-x}\mathrm{d}x$ 与 $\displaystyle\int_0^1 \mathrm{e}^{-x^2}\mathrm{d}x$

4 利用定积分的性质估计下列积分值:

① $\int_0^1 \mathrm{e}^x \mathrm{d}x$ ② $\int_1^2 (2x^3 - x^4) \mathrm{d}x$

③ $\int_1^4 (x^2 + 1) \mathrm{d}x$ ④ $\int_{\frac{1}{\sqrt{3}}}^{\sqrt{3}} x \arctan x \mathrm{d}x$

4.4 定积分的计算公式

在上一节介绍了定积分的定义,它提供了计算定积分的一种方法. 但直接用定积分的定义 $\int_a^b f(x)\mathrm{d}x = \lim_{\lambda \to 0} \sum_{i=1}^n f(\xi_i)\Delta x_i$ 来计算往往非常复杂,甚至不可能. 下面建立不定积分和定积分的关系,从而得到计算定积分的公式.

4.4.1 变上限函数及其导数

设 $f(x)$ 在 $[a,b]$ 上连续,x 为 $[a,b]$ 上任意一点,则 $f(x)$ 在 $[a,b]$ 上可积,也就是 $\int_a^x f(x)\mathrm{d}x$ 存在. 这时变量 x 既表示定积分的上限,又表示积分变量,为了避免混淆,可把被积表达式中的积分变量 x 改为 t,于是 $f(x)$ 在 $[a,x]$ 上的定积分为 $\int_a^x f(t)\mathrm{d}t$.

如果上限 x 在 $[a,b]$ 上任意变动,则对于每一个取定的 x 值,$\int_a^x f(t)\mathrm{d}t$ 都有唯一的定值与之对应. 因此 $\int_a^x f(t)\mathrm{d}t$ 是变上限的函数,记作

$$\phi(x) = \int_a^x f(t)\mathrm{d}t \quad a \le x \le b \tag{1}$$

这个积分通常称为变上限积分. 关于变上限积分,有下面重要的性质.

定理 1(微积分学第一基本定理) 如果函数 $f(x)$ 在 $[a,b]$ 上连续,则积分上限的函数 $\phi(x) = \int_a^x f(t)\mathrm{d}t (a \le x \le b)$ 在 $[a,b]$ 上可导,且它的导数为

$$\phi'(x) = \frac{\mathrm{d}}{\mathrm{d}x} \int_a^x f(t)\mathrm{d}t = f(x) \quad (a \le x \le b)$$

证明 给自变量 x 以增量 Δx,使 $x + \Delta x$ 处的函数值为 $\phi(x + \Delta x) = \int_a^{x+\Delta x} f(t)\mathrm{d}t$,相应地,函数 $\phi(x)$ 的增量为:$\Delta\phi = \phi(x + \Delta x) - \phi(x) = \int_a^{x+\Delta x} f(t)\mathrm{d}t - \int_a^x f(t)\mathrm{d}t$

根据定积分性质 3 有

$$\Delta\phi = \int_a^x f(t)\mathrm{d}t + \int_x^{x+\Delta x} f(t)\mathrm{d}t - \int_a^x f(t)\mathrm{d}t = \int_x^{x+\Delta x} f(t)\mathrm{d}t$$

由定积分中值定理知,在 x 与 Δx 之间必存在一点 ξ,使得

$$\int_x^{x+\Delta x} f(t)\mathrm{d}t = f(\xi)[(x + \Delta x) - x] = f(\xi)\Delta x$$

所以 $\dfrac{\Delta\phi}{\Delta x} = f(\xi)$，令 $\Delta x \to 0$，则 $\xi \to x$，由于 $f(x)$ 是连续函数，因此

$$\phi'(x) = \lim_{\Delta x \to 0}\frac{\Delta\phi}{\Delta x} = \lim_{\xi \to x}f(\xi) = f(x).$$

这个重要结果表明了积分与导数之间的内在联系，就是说，只要 $f(x)$ 连续，$f(x)$ 的原函数总是存在的，它就是变上限积分 $\phi(x)$. 显然，$\phi(x)$ 是 $f(x)$ 的一个原函数，由此可得出下面原函数存在定理.

定理2 （原函数存在定理）如果函数 $f(x)$ 在区间 $[a,b]$ 上连续，则 $\phi(x) = \displaystyle\int_a^x f(t)\mathrm{d}t$ 就是 $f(x)$ 在区间 $[a,b]$ 上的一个原函数.

这个定理初步揭示了定积分与原函数的联系，使得我们有可能通过原函数来计算定积分.

例1 设 $\phi(x) = \displaystyle\int_a^x \frac{3t}{t^2 + 3t + 5}\mathrm{d}t$，求 $\phi'(x)$.

解 由定理1得，$\phi'(x) = \dfrac{3x}{x^2 + 3x + 5}$.

例2 设 $\phi(x) = \displaystyle\int_{\sin x}^2 \frac{1}{1 + t^2}\mathrm{d}t$，求 $\phi'\left(\dfrac{\pi}{6}\right)$.

解 $\phi(x) = \displaystyle\int_{\sin x}^2 \frac{1}{1 + t^2}\mathrm{d}t = -\int_2^{\sin x} \frac{1}{1 + t^2}\mathrm{d}t = -\int_2^u \frac{1}{1 + t^2}\mathrm{d}t$

这里 $u = \sin x$，用复合函数求导法得

$$\phi'(x) = \frac{\mathrm{d}}{\mathrm{d}x}\left[-\int_2^u \frac{1}{1 + t^2}\mathrm{d}t\right] = \frac{\mathrm{d}}{\mathrm{d}u}\left[-\int_2^u \frac{1}{1 + t^2}\mathrm{d}t\right]\frac{\mathrm{d}u}{\mathrm{d}x} = -\frac{1}{1 + u^2}\cos x = -\frac{\cos x}{1 + \sin^2 x}$$

所以 $\phi'\left(\dfrac{\pi}{6}\right) = -\dfrac{\dfrac{\sqrt{3}}{2}}{1 + \left(\dfrac{1}{2}\right)^2} = -\dfrac{2\sqrt{3}}{5}$

例3 求 $\displaystyle\lim_{x \to 0}\frac{\int_0^x \sin t\mathrm{d}t}{x^2}$.

解 由罗比塔法则有 $\displaystyle\lim_{x \to 0}\frac{\int_0^x \sin t\mathrm{d}t}{x^2} = \lim_{x \to 0}\frac{\sin x}{2x} = \frac{1}{2}$.

4.4.2 牛顿 — 莱布尼兹(Newton-Leibniz) 公式

根据上面的结果，我们可得到定积分的计算分式(牛顿 — 莱布尼兹(Newton-Leibniz) 公式).

定理3 若函数 $F(x)$ 是连续函数 $f(x)$ 在区间 $[a,b]$ 上的一个原函数，则

$$\boxed{\int_a^b f(x)\mathrm{d}x = F(b) - F(a)}$$

证明 已知 $F(x)$ 是 $f(x)$ 的一个原函数，由定理2知，$\phi(x) = \displaystyle\int_a^x f(t)\mathrm{d}t$ 也是 $f(x)$ 的一个原函数，所以 $\phi(x)$ 与 $F(x)$ 只相差一个常数 C，即

$$\phi(x) = F(x) + C \quad 或 \quad \int_a^x f(t)\,dt = F(x) + C$$

令 $x = a$，得 $\int_a^a f(t)\,dt = F(a) + C$

而 $\int_a^a f(t)\,dt = 0$，所以 $C = -F(a)$

从而有 $\int_a^x f(t)\,dt = F(x) - F(a)$

再令 $x = b$，则 $\int_a^b f(t)\,dt = F(b) - F(a)$

故有 $\int_a^b f(x)\,dx = F(b) - F(a)$

通常把 $F(b) - F(a)$ 用记号 $F(x)\big|_a^b$ 或 $[F(x)]_a^b$ 表示.

所以 $\int_a^b f(x)\,dx = F(x)\big|_a^b = [F(x)]_a^b = F(b) - F(a)$.

这个公式就是著名的牛顿 — 莱布尼兹公式,也称为微积分基本公式. 它揭示了定积分与不定积分之间的联系,是计算定积分的有效而简便的公式.

例 4　计算 $\int_0^1 x^2\,dx$.

解　由于 $\dfrac{x^3}{3}$ 是 x^2 的一个原函数,由牛顿 — 莱布尼兹公式得

$$\int_0^1 x^2\,dx = \frac{x^3}{3}\bigg|_0^1 = \frac{1}{3} - 0 = \frac{1}{3}$$

例 5　计算 $\int_{-1}^1 |x|\,dx$.

解　因为 $|x| = \begin{cases} x & 0 \leqslant x \leqslant 1 \\ -x & -1 \leqslant x \leqslant 0 \end{cases}$

所以 $\int_{-1}^1 |x|\,dx = \int_{-1}^0 (-x)\,dx + \int_0^1 x\,dx = \left(-\dfrac{x^2}{2}\right)\bigg|_{-1}^0 + \dfrac{x^2}{2}\bigg|_0^1 = \dfrac{1}{2} + \dfrac{1}{2} = 1$.

例 6　计算 $\int_0^{\frac{\pi}{2}} (2\sin x + \cos x)\,dx$.

解　因为 $-2\cos x$、$\sin x$ 分别是 $2\sin x$、$\cos x$ 的一个原函数,根据牛顿 — 莱布尼兹公式得

$$\int_0^{\frac{\pi}{2}} (2\sin x + \cos x)\,dx = \int_0^{\frac{\pi}{2}} 2\sin x\,dx + \int_0^{\frac{\pi}{2}} \cos x\,dx$$

$$= (-2\cos x)\bigg|_0^{\frac{\pi}{2}} + (\sin x)\bigg|_0^{\frac{\pi}{2}}$$

$$= (0 + 2) + (1 - 0) = 3.$$

例 7　设 $f(x) = \begin{cases} 2x & 0 \leqslant x \leqslant 1 \\ 5 & 1 < x \leqslant 2 \end{cases}$，计算 $\int_0^2 f(x)\,dx$.

解　函数 $f(x)$ 在 $x = 1$ 处间断,且为第一类间断点,由定积分存在定理知,函数在区间 $[1,2]$ 上可积,故有

$$\int_0^2 f(x)\,\mathrm{d}x = \int_0^1 2x\,\mathrm{d}x + \int_1^2 5\,\mathrm{d}x = x^2 \big|_0^1 + 5x \big|_1^2 = 1 + 5 = 6.$$

例 8 计算正弦曲线 $y = \sin x$ 在 $[0,\pi]$ 上与 x 轴所围成的平面图形的面积.

解 所求图形的面积为 $A = \int_0^\pi \sin x\,\mathrm{d}x$,由于 $-\cos x$ 是 $\sin x$ 的一个原函数,则有

$$A = \int_0^\pi \sin x\,\mathrm{d}x = -\cos x \big|_0^\pi = -(-1) - (-1) = 2.$$

习 题 4.4

1 求下列函数的导数:

① $f(x) = \int_0^x \dfrac{1 - t + t^2}{1 + t + t^2}\,\mathrm{d}t$

② $f(x) = \int_a^{\mathrm{e}^x} \dfrac{\ln t}{t}\,\mathrm{d}t\,(a > 0)$

③ $f(x) = \int_x^2 \sqrt{1 + t^2}\,\mathrm{d}t$

④ $f(x) = \int_0^{x^2} \sqrt{1 + t^2}\,\mathrm{d}t$

⑤ $f(x) = \int_{x^2}^{x^3} \dfrac{1}{\sqrt{1 + t^4}}\,\mathrm{d}t$

⑥ $f(x) = \int_{\sin x}^{\cos x} \cos(\pi t^2)\,\mathrm{d}t$

2 计算下列极限:

① $\lim\limits_{x \to 0} \dfrac{\displaystyle\int_0^x \cos t^2\,\mathrm{d}t}{x}$

② $\lim\limits_{x \to 0} \dfrac{\displaystyle\int_0^x \cos^2 t\,\mathrm{d}t}{x}$

③ $\lim\limits_{x \to 0} \dfrac{\displaystyle\int_0^x \arctan t\,\mathrm{d}t}{x^2}$

④ $\lim\limits_{x \to 0} \dfrac{\displaystyle\int_0^x \sin t^2\,\mathrm{d}t}{x^3}$

3 计算下列定积分:

① $\displaystyle\int_{-1}^3 \sqrt[3]{x}\,\mathrm{d}x$

② $\displaystyle\int_0^\pi \sin x\,\mathrm{d}x$

③ $\displaystyle\int_1^2 (3x - 1)\,\mathrm{d}x$

④ $\displaystyle\int_0^{2\pi} |\sin x|\,\mathrm{d}x$

⑤ $\displaystyle\int_{-\frac{1}{2}}^{\frac{1}{2}} \dfrac{1}{\sqrt{1 - x^2}}\,\mathrm{d}x$

⑥ $\displaystyle\int_1^{\sqrt{3}} \dfrac{1 + 2x^2}{x^2(1 + x^2)}\,\mathrm{d}x$;

⑦ $\displaystyle\int_0^2 |1 - x|\,\mathrm{d}x$

⑧ $\displaystyle\int_{-\sqrt{3}}^1 \dfrac{1}{1 + x^2}\,\mathrm{d}x$

⑨ $\displaystyle\int_0^{\frac{\pi}{4}} \tan^2 x\,\mathrm{d}x$;

4 设 $f(x) = \begin{cases} 1 + x^2 & 0 \leqslant x \leqslant 1 \\ 2 - x & 1 < x \leqslant 2 \end{cases}$,计算 $\displaystyle\int_0^2 f(x)\,\mathrm{d}x$.

5 求在 $y = \mathrm{e}^x$ 上 $[0,2]$ 的平均值.

6 计算由曲线 $y = x^2 + 1$,直线 $x + y = 3$ 及坐标轴所围成的曲边梯形的面积 A.

4.5 定积分的换元积分法与分部积分法

与不定积分的换元法对应,定积分也有换元积分法与分部积分法.

4.5.1 定积分的换元法

定理1 设函数 $f(x)$ 在 $[a,b]$ 上连续,函数 $x = \varphi(t)$ 在 $[\alpha,\beta]$ 上有连续的导数 $\varphi'(t)$,又 $\varphi(\alpha) = a, \varphi(\beta) = b$,当 $t \in [\alpha,\beta]$ 时相对应的 $x \in [a,b]$,则

$$\int_a^b f(x)\,\mathrm{d}x = \int_\alpha^\beta f[\varphi(t)]\varphi'(t)\,\mathrm{d}t$$

这个公式称作定积分换元公式.

例1 计算 $\int_0^3 \dfrac{x}{\sqrt{x+1}}\mathrm{d}x$.

解 设 $\sqrt{x+1} = t$,则 $\mathrm{d}x = 2t\mathrm{d}t$,当 $x = 0$ 时,$t = 1$;当 $x = 3$ 时,$t = 2$. 于是

$$\int_0^3 \frac{x}{\sqrt{x+1}}\mathrm{d}x = \int_1^2 \frac{t^2-1}{t} \cdot 2t\mathrm{d}t = 2\left[\frac{t^3}{3} - t\right]_1^2 = \frac{8}{3}.$$

例2 计算 $\int_{-2}^2 x^2\sqrt{4-x^2}\mathrm{d}x$.

解 设 $x = 2\sin t, |t| \leq \dfrac{\pi}{2}$,则 $\mathrm{d}x = 2\cos t\mathrm{d}t, \sqrt{4-x^2} = 2\cos t$;当 $x = -2$ 时,$t = -\dfrac{\pi}{2}$;

当 $x = 2$ 时,$t = \dfrac{\pi}{2}$. 于是

$$\int_{-2}^2 x^2\sqrt{4-x^2}\mathrm{d}x = \int_{-\frac{\pi}{2}}^{\frac{\pi}{2}} 16\sin^2 t\cos^2 t\mathrm{d}t = 4\int_{-\frac{\pi}{2}}^{\frac{\pi}{2}}\sin^2 2t\mathrm{d}t$$

$$= 2\int_{-\frac{\pi}{2}}^{\frac{\pi}{2}}(1-\cos 4t)\mathrm{d}t = 2\left[t - \frac{1}{4}\sin 4t\right]_{-\frac{\pi}{2}}^{\frac{\pi}{2}} = 2\pi$$

例3 证明

① 如果 $f(x)$ 在 $[-a,a]$ 上连续且为奇函数,则 $\int_{-a}^a f(x)\mathrm{d}x = 0$;

② 如果 $f(x)$ 在 $[-a,a]$ 上连续且为偶函数,则 $\int_{-a}^a f(x)\mathrm{d}x = 2\int_0^a f(x)\mathrm{d}x$.

证明 $\int_{-a}^a f(x)\mathrm{d}x = \int_{-a}^0 f(x)\mathrm{d}x + \int_0^a f(x)\mathrm{d}x$,在积分 $\int_{-a}^0 f(x)\mathrm{d}x$ 中,设 $x = -t$,则

$$\int_{-a}^0 f(x)\mathrm{d}x = -\int_a^0 f(-t)\mathrm{d}t = \int_0^a f(-t)\mathrm{d}t = \int_0^a f(-x)\mathrm{d}x$$

所以 $\int_{-a}^a f(x)\mathrm{d}x = \int_0^a [f(x) + f(-x)]\mathrm{d}x$

显然有 ① 如果 $f(x)$ 在 $[-a,a]$ 上连续且为奇函数,则 $\int_{-a}^a f(x)\mathrm{d}x = 0$;

② 如果 $f(x)$ 在 $[-a,a]$ 上连续且为偶函数,则 $\int_{-a}^a f(x)\mathrm{d}x = 2\int_0^a f(x)\mathrm{d}x$.

上述结论常用来化简计算对称区间上的定积分.

4.5.2 定积分的分部积分法

定理 2 如果函数 $u(x)$、$v(x)$ 在区间 $[a,b]$ 上具有连续导数,则

$$\int_a^b u(x)\mathrm{d}[v(x)] = [u(x)\cdot v(x)]_a^b - \int_a^b v(x)\mathrm{d}[u(x)].$$

上式可简写为

$$\int_a^b u\mathrm{d}v = [uv]_a^b - \int_a^b v\mathrm{d}u.$$

这就是定积分的分部积分公式.

例 4 计算 $\int_0^\pi x\cos x\mathrm{d}x$.

解
$$\int_0^\pi x\cos x\mathrm{d}x = \int_0^\pi x\mathrm{d}\sin x = [x\sin x]_0^\pi - \int_0^\pi \sin x\mathrm{d}x$$
$$= 0 - [-\cos x]_0^\pi = -2.$$

例 5 计算 $\int_0^1 x\arcsin x\mathrm{d}x$.

解 先用分部积分法,然后再用换元法.
$$\int_0^1 x\arcsin x\mathrm{d}x = \frac{1}{2}\int_0^1 \arcsin x\mathrm{d}x^2 = \frac{1}{2}[x^2\arcsin x]_0^1 - \frac{1}{2}\int_0^1 x^2\mathrm{d}\arcsin x$$
$$= \frac{\pi}{4} - \frac{1}{2}\int_0^1 \frac{x^2}{\sqrt{1-x^2}}\mathrm{d}x \xrightarrow{\diamondsuit x=\sin t} \frac{\pi}{4} - \frac{1}{2}\int_0^{\frac{\pi}{2}} \frac{\sin^2 t}{\sqrt{1-\sin^2 t}}\cdot\cos t\mathrm{d}t$$
$$= \frac{\pi}{4} - \frac{1}{2}\int_0^{\frac{\pi}{2}} \sin^2 t\mathrm{d}t = \frac{\pi}{4} - \frac{1}{2}\int_0^{\frac{\pi}{2}} \frac{1-\cos 2t}{2}\mathrm{d}t$$
$$= \frac{\pi}{4} - \frac{1}{4}\left[t - \frac{1}{2}\sin 2t\right]_0^{\frac{\pi}{2}} = \frac{\pi}{8}.$$

例 6 计算 $\int_0^4 \mathrm{e}^{\sqrt{x}}\mathrm{d}x$.

解 先换元再用分部积分公式. 设 $\sqrt{x}=t$,则 $\mathrm{d}x = 2t\mathrm{d}t$. 当 $x=0$ 时,$t=0$;当 $x=4$ 时,$t=2$. 于是

$$\int_0^4 \mathrm{e}^{\sqrt{x}}\mathrm{d}x = \int_0^2 \mathrm{e}^t\cdot 2t\mathrm{d}t = 2\int_0^2 t\mathrm{e}^t\mathrm{d}t = 2\int_0^2 t\mathrm{d}\mathrm{e}^t$$
$$= 2[t\mathrm{e}^t]_0^2 - 2\int_0^2 \mathrm{e}^t\mathrm{d}t = 4\mathrm{e}^2 - 2[\mathrm{e}^t]_0^2 = 2(\mathrm{e}^2+1).$$

习题 4.5

1 计算下列定积分:

① $\int_0^1 x\mathrm{e}^{x^2}\mathrm{d}x$

② $\int_0^1 \frac{x}{1+x^2}\mathrm{d}x$

③ $\int_0^{\ln 2} \frac{\mathrm{e}^x}{1+\mathrm{e}^{2x}}\mathrm{d}x$

④ $\int_1^e \frac{1+\ln x}{x}\mathrm{d}x$

⑤ $\int_1^{e^2} \dfrac{\mathrm{d}x}{x \sqrt{1 + \ln x}}$

⑥ $\int_0^{\frac{\pi}{2}} \cos^5 x \sin x \mathrm{d}x$

⑦ $\int_1^{\sqrt{3}} \dfrac{\sqrt{x^2 - 1}}{x} \mathrm{d}x$

⑧ $\int_1^{\sqrt{3}} \dfrac{\mathrm{d}x}{x^2 \sqrt{1 + x^2}}$

⑨ $\int_0^{\sqrt{2}} \sqrt{2 - x^2} \mathrm{d}x$

⑩ $\int_0^4 \dfrac{1}{1 + \sqrt{x}} \mathrm{d}x$

⑪ $\int_{-2}^2 \dfrac{x \cos x \mathrm{d}x}{2x^4 + x^2 + 1}$

⑫ $\int_{-\frac{1}{2}}^{\frac{1}{2}} \dfrac{x \arcsin x \mathrm{d}x}{\sqrt{1 - x^2}}$

⑬ $\int_0^{\frac{1}{2}} \arcsin x \mathrm{d}x$

⑭ $\int_0^1 t e^t \mathrm{d}t$

⑮ $\int_1^e x \ln x \mathrm{d}x$

⑯ $\int_0^{\ln 2} \sqrt{e^x - 1} \mathrm{d}x$

2　若 $f(x)$ 在 $[a,b]$ 上连续,证明 $\int_a^b f(a + b - x)\mathrm{d}x = \int_a^b f(x)\mathrm{d}x$.

3　若 $f(x)$ 在 $[0,1]$ 上连续,证明

① $\int_0^{\frac{\pi}{2}} f(\sin x)\mathrm{d}x = \int_0^{\frac{\pi}{2}} f(\cos x)\mathrm{d}x$（提示:令 $x = \dfrac{\pi}{2} - t$）;

② $\int_0^{\pi} x f(\sin x)\mathrm{d}x = \dfrac{\pi}{2} \int_0^{\pi} f(\sin x)\mathrm{d}x$,并求 $\int_0^{\pi} \dfrac{x \sin x \mathrm{d}x}{1 + \cos^2 x}$（提示:令 $x = \pi - t$）.

4.6　定积分的应用

4.6.1　定积分的微元法

应用定积分理论解决实际问题,常用到微元法. 现以求连续曲线 $y = f(x)$（$f(x) \geqslant 0$）为曲边,区间 $[a,b]$ 为底的曲边梯形的面积 S 为例进行分析. 由 4.3.1 的引例知,具体方法是:

① 把区间 $[a,b]$ 任意分成 n 个子区间,从而把相应的量 S 也分成 n 份. 把与第 i 个子区间 $[x_{i-1},x_i]$ 相应的部分量,记作 ΔS_i;

② 求出部分量 ΔS_i 的近似值 $\Delta S_i \approx f(\xi_i)\Delta x_i$,$\xi_i \in [x_{i-1},x_i]$;

③ 求出和数 $\sum_{i=1}^n f(\xi_i)\Delta x_i$,并将它作为 S 的近似值;

④ 令最大子区间的长度 $\lambda \to 0$,求和数 $\sum_{i=1}^n f(\xi_i)\Delta x_i$ 的极限,即

$$S = \lim_{\lambda \to 0} \sum_{i=1}^n f(\xi_i)\Delta x_i = \int_a^b f(x)\mathrm{d}x$$

以上四个步骤中第二步确定 $\Delta S_i \approx f(\xi_i)\Delta x_i$ 是关键. 为了方便应用,省略下标 i,用 $[x,x + \mathrm{d}x]$ 表示任一个小区间,并取这个小区间的左端点 x 为 ξ,这样 $\Delta S_i \approx f(x)\mathrm{d}x$,我们把 $f(x)\mathrm{d}x$ 称为 S 的面积元素（面积微元）,记作 $\mathrm{d}S$. 即

$$dS = f(x)dx$$

把 dS 作为被积表达式,求从 a 到 b 的定积分. 即得曲边梯形的面积

$$S = \int_a^b dS = \int_a^b f(x)dx$$

可见面积 S 就是面积元素 dS 在 $[a,b]$ 上的积分.

一般地,如果某个所求量 Q 对区间 $[a,b]$ 具有可加性且与 $[a,b]$ 上的一个连续函数 $f(x)$ 有关,我们可以用定积分将此量求出,具体方法如下:

① 选取积分变量 x,确定它的变化区间 $[a,b]$;

② 在区间 $[a,b]$ 上任取一个小区间 $[x, x+dx]$,并在该小区间上求出 Q 的微分元素 dQ(取 Q 的微元 dQ 为 ΔQ);

③ 求积分 $Q = \int_a^b dQ$,即得到 Q 的值.

上述方法通常称为定积分的微元法.

4.6.2 定积分在几何中的应用

(1)平面图形的面积

用微元法可以求一些复杂平面图形的面积.

1)直角坐标系中的平面图形的面积

例1 计算由两条抛物线 $y^2 = x, y = x^2$ 所围成的图形的面积.

解 所求平面图形的草图如图 4.12 所示,先求出这两条抛物线的交点坐标,为此解方程组

$$\begin{cases} y^2 = x \\ y = x^2 \end{cases} \quad 解得 \begin{cases} x = 0 \\ y = 0 \end{cases}, \begin{cases} x = 1 \\ y = 1 \end{cases}$$

即这两条抛物线的交点为 $(0,0)$ 及 $(1,1)$.

取横坐标 x 为积分变量,它的变化区间为 $[0,1]$,相应于 $[0,1]$ 上的任一小区间 $[x, x+dx]$ 的窄条的面积近似于高为 $\sqrt{x} - x^2$,底为 dx 的窄矩形的面积,从而得到面积元素 $dS = (\sqrt{x} - x^2)dx$.

以 $(\sqrt{x} - x^2)dx$ 为被积表达式,在区间 $[0,1]$ 上作定积分,便得所求面积为

$$S = \int_0^1 (\sqrt{x} - x^2)dx = \left[\frac{2}{3}x^{\frac{3}{2}} - \frac{x^3}{3} \right]_0^1 = \frac{1}{3}$$

例2 计算抛物线 $y^2 = 2x$ 与直线 $y = x - 4$ 所围成的图形的面积.

解 所求平面图形的草图如图 4.13 所示,先求出直线和抛物线的交点坐标,为此解方程

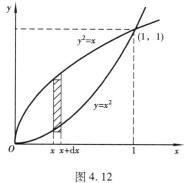

图 4.12

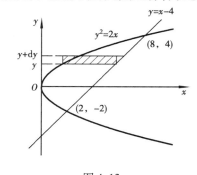

图 4.13

组为

$$\begin{cases} y^2 = 2x \\ y = x - 4 \end{cases} \quad 解得 \begin{cases} x = 2 \\ y = -2 \end{cases}, \begin{cases} x = 8 \\ y = 4 \end{cases}$$

即直线和抛物线的交点为 $(2,-2)$ 和 $(8,4)$.

选取纵坐标 y 为积分变量,它的变化区间为 $[-2,4]$,相应于 $[-2,4]$ 上的任一小区间 $[y,y+dy]$ 的窄条的面积近似于高为 dy,底为 $(y+4) - \frac{1}{2}y^2$ 的窄矩形的面积,从而得到面积元素 $ds = (y + 4 - \frac{1}{2}y^2)dy$.

以 $(y + 4 - \frac{1}{2}y^2)dy$ 为被积表达式,在区间 $[-2,4]$ 上作定积分,便得所求面积为

$$A = \int_{-2}^{4} (y + 4 - \frac{1}{2}y^2)dy = \left[\frac{y^2}{2} + 4y - \frac{y^3}{6} \right]_{-2}^{4} = 18.$$

例3　求椭圆 $\frac{x^2}{a^2} + \frac{y^2}{b^2} = 1$ 所围成的图形的面积.

解　作椭圆的草图,如图 4.14 所示,由对称性得,椭圆所围成的图形面积为 $A = 4A_1$,

其中 A_1 为该椭圆在第一象限部分与坐标轴所围成图形的面积,因此

$$A = 4A_1 = 4\int_0^a y dx = 4\frac{b}{a}\int_0^a \sqrt{a^2 - x^2}dx$$

$$= \frac{4b}{a}\left(\frac{x}{2}\sqrt{a^2 - x^2} + \frac{a^2}{2}\arcsin\frac{x}{a} \right)\Big|_0^a = \pi ab$$

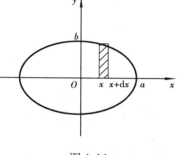

图 4.14

当 $a = b$ 时,即是圆面积的公式 $A = \pi a^2$.

2)极坐标系中的平面图形的面积

某些平面图形,用极坐标来计算它们的面积比较方便.

求由曲线 $r = \varphi(\theta)$ 及射线 $\theta = \alpha, \theta = \beta$ 所围成的图形面积(简称为曲边扇形).现在要计算它的面积,这里 $\varphi(\theta)$ 在 $[\alpha,\beta]$ 上连续,且 $\varphi(\theta) \geq 0$.

由于当 θ 在 $[\alpha,\beta]$ 上变动时,极径 $r = \varphi(\theta)$ 也随之变动.因此所求图形的面积不能直接利用圆扇形面积的公式 $A = \frac{1}{2}R^2\theta$ 来计算.

取极角 θ 为积分变量,它的变化区间为 $[\alpha,\beta]$,相应于任一小区间 $[\theta, \theta + d\theta]$ 的窄曲边扇形的面积可以用半径为 $r = \varphi(\theta)$,中心角为 $d\theta$ 的圆扇形的面积来近似代替,从而得到这窄曲边扇形面积的近似值,(如图 4.15)即曲边扇形的面积元素

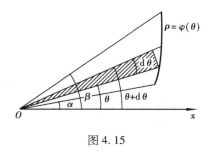

图 4.15

$$dA = \frac{1}{2}[\varphi(\theta)]^2 d\theta$$

以 $\frac{1}{2}[\varphi(\theta)]^2 d\theta$ 为被积表达式,在闭区间 $[\alpha,\beta]$ 上作定积分,便得到所求曲边扇形的面积为

$$A = \int_\alpha^\beta \frac{1}{2}[\varphi(\theta)]^2 d\theta$$

例4　计算阿基米德螺线 $r = a\theta(a > 0)$ 上相应于 θ

125

从 0 变到 2π 的一段弧与极轴所围成的图形(如图 4.16).

解 在指定的这段螺线上,θ 的变化区间为 $[0,2\pi]$,相应于 $[0,2\pi]$ 上任一小区间 $[\theta,\theta + \mathrm{d}\theta]$ 的窄曲边扇形的面积近似于以 $a\theta$ 为半径,圆心角为 $\mathrm{d}\theta$ 的圆扇形的面积,从而得到面积元素 $\mathrm{d}A = \dfrac{1}{2}(a\theta)^2\mathrm{d}\theta.$

于是所求面积为

$$A = \int_0^{2\pi} \frac{a^2}{2}\theta^2\mathrm{d}\theta = \frac{a^2}{2}\left[\frac{\theta^3}{3}\right]_0^{2\pi} = \frac{4}{3}a^2\pi^3.$$

例 5 计算心形线 $r = a(1 + \cos\theta)\,(a > 0)$ 所围成的图形的面积(如图 4.17).

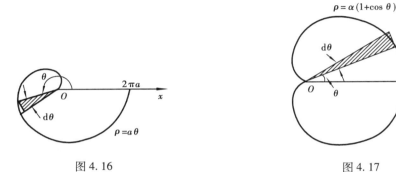

图 4.16　　　　　　　　　　　　图 4.17

解 心形线的图形对称于极轴,因此所求图形的面积 A 是极轴以上部分图形面积 A_1 的两倍.

对于极轴以上部分的图形,θ 的变化区间为 $[0,\pi]$,相应于 $[0,\pi]$ 上任一小区间 $[\theta,\theta + \mathrm{d}\theta]$ 的窄曲边扇形的面积近似于半径为 $a(1 + \cos\theta)$,中心角为 $\mathrm{d}\theta$ 的圆扇形的面积,从而得到面积元素:

$$\mathrm{d}A_1 = \frac{1}{2}a^2(1 + \cos\theta)^2\mathrm{d}\theta,\text{于是}$$

$$A_1 = \int_0^\pi \frac{1}{2}a^2(1 + \cos\theta)^2\mathrm{d}\theta = \frac{a^2}{2}\int_0^\pi(1 + 2\cos\theta + \cos^2\theta)\mathrm{d}\theta$$

$$= \frac{a^2}{2}\int_0^\pi\left(\frac{3}{2} + 2\cos\theta + \frac{1}{2}\cos 2\theta\right)\mathrm{d}\theta$$

$$= \frac{a^2}{2}\left[\frac{3}{2}\theta + 2\sin\theta + \frac{1}{4}\sin 2\theta\right]_0^\pi = \frac{3}{4}\pi a^2.$$

因而所求面积为 $A = 2A_1 = \dfrac{3}{2}\pi a^2.$

例 6 求双纽线 $r^2 = a^2\cos 2\theta$ 所围成的平面图形的面积.

解 双纽线 $r^2 = a^2\cos 2\theta$ 关于两坐标轴对称,所以它所围成的图形的面积为 $A = 4A_1$.其中 A_1 为在第一象限部分的面积,因此求出 A_1 的面积,便可得到 A 的面积(如图 4.18).

取 θ 为积分变量,θ 的变化区间为 $\left[0,\dfrac{\pi}{4}\right]$,相应于

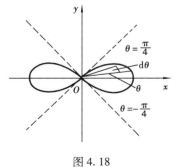

图 4.18

$\left[0,\dfrac{\pi}{4}\right]$ 上任一小区间 $[\theta,\theta+\mathrm{d}\theta]$ 的窄曲边扇形面积近似于半径为 $a\sqrt{\cos 2\theta}$,中心角为 $\mathrm{d}\theta$ 的圆扇形面积. 从而得到面积元素 $\mathrm{d}A_1=\dfrac{1}{2}a^2\cos 2\theta\mathrm{d}\theta$

于是 $A_1=\displaystyle\int_0^{\frac{\pi}{4}}\dfrac{1}{2}a^2\cos 2\theta\mathrm{d}\theta=\dfrac{a^2}{2}\int_0^{\frac{\pi}{4}}\cos 2\theta\mathrm{d}\theta=\dfrac{a^2}{4}$

因而所求面积为 $A=4A_1=4\cdot\dfrac{a^2}{4}=a^2$.

（2）体积

1）旋转体的体积

旋转体是由一个平面图形绕这平面内一条直线旋转一周而成的立体,这直线叫作旋转轴.
圆柱、圆锥、圆台、球体可以分别看成是由矩形绕它的一条边,直角三角形绕它的直角边,直角梯形绕它的直角腰,半圆绕它的直径旋转一周而成的立体,所以它们都是旋转体.

上述旋转体都可以看作是由连续曲线 $y=f(x)$,直线 $x=a$,$x=b$ 及 x 轴所围成的曲边梯形绕 x 轴旋转一周而成的立体. 现在我们考虑用定积分来计算这种旋转体的体积（如图 4.19）.

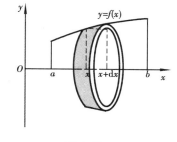

取横坐标 x 为积分变量,它的变化区间为 $[a,b]$,相应于 $[a,b]$ 上的任一小区间 $[x,x+\mathrm{d}x]$ 的窄曲边梯形绕轴旋转而成的薄片的体积近似于 $f(x)$ 为底半径,$\mathrm{d}x$ 为高的圆柱体的体积,即体积元素 $\mathrm{d}V=\pi[f(x)]^2\mathrm{d}x$.

以 $\pi[f(x)]^2\mathrm{d}x$ 为被积表达式,在闭区间 $[a,b]$ 上作定积分,

图 4.19

便得所求旋转体体积为：

$$V_x=\int_a^b\pi[f(x)]^2\mathrm{d}x \tag{1}$$

类似地可以求得：由曲线 $x=\varphi(y)$,直线 $y=c$,$y=d(c<d)$ 与 y 轴所围成的曲边梯形,绕 y 轴旋转一周而成的旋转体的体积为：

$$V_y=\pi\int_c^d[\varphi(y)]^2\mathrm{d}y \tag{2}$$

例7　求由连接坐标原点 O 及点 $P(h,r)$ 所得的直线以及直线 $x=h$ 及 x 轴围成的直角三角形绕 x 轴旋转一周构成的旋转体（圆锥体）的体积（如图 4.20）.

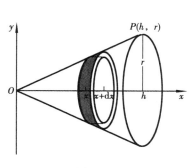

图 4.20

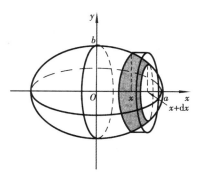

图 4.21

127

解　过原点 O 及点 $P(h,r)$ 的直线方程为 $y = \dfrac{r}{h}x$,

取横坐标 x 为积分变量,它的变化区间为 $[0,h]$,由公式(1)得所求圆锥体的体积为:

$$V = \int_0^h \pi \left[\frac{r}{h}x\right]^2 dx = \frac{\pi r^2}{h^2}\left[\frac{x^3}{3}\right]_0^h = \frac{\pi r^2 h}{3}.$$

例 8　计算由椭圆 $\dfrac{x^2}{a^2} + \dfrac{y^2}{b^2} = 1$ 所围成的图形绕 x 轴旋转一周而成的旋转体(旋转椭球体)的体积(如图 4.21).

解　这个旋转椭球体也可以看作是由半个椭圆 $y = \dfrac{b}{a}\sqrt{a^2 - x^2}$ 及 x 轴所围成的图形绕 x 轴旋转一周而成的立体.

取 x 为积分变量,它的变化区间为 $[-a,a]$,由公式(1)得所求椭球体的体积为:

$$V = \int_{-a}^a \pi \frac{b^2}{a^2}(a^2 - x^2)dx = \pi\frac{b^2}{a^2}\left[a^2 x - \frac{x^3}{3}\right]_{-a}^a = \frac{4}{3}\pi a b^2.$$

当 $a = b$ 时,旋转椭球体就成为半径为 a 的球体,它的体积为 $\dfrac{4}{3}\pi a^3$.

例 9　计算由摆线 $\begin{cases} x = a(t - \sin t) \\ y = a(1 - \cos t) \end{cases}$ 的一拱以及直线 $y = 0$ 所围成的图形分别绕 x 轴,y 轴旋转而成的旋转体的体积(如图 4.22).

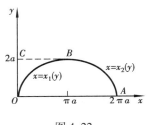

图 4.22

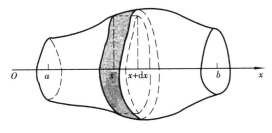

图 4.23

解　如图 4.23 所示,按旋转体的体积公式(1),所述图形绕 x 轴旋转而成的旋转体的体积为:

$$V_x = \int_0^{2\pi a} \pi y^2 dx = \pi \int_0^{2\pi} a^2(1 - \cos t)^2 \cdot a(1 - \cos t)dt$$

$$= \pi a^3 \int_0^{2\pi} (1 - 3\cos t + 3\cos^2 t - \cos^3 t)dt = 5\pi^2 a^3.$$

所述图形绕 y 轴旋转而成的旋转体的体积可看作平面图形 $OABC$ 与 OBC 分别绕轴旋转而成的旋转体的体积之差. 因此所求的体积为:

$$V_y = \int_0^{2a} \pi x_2^2(y)dy - \int_0^{2a} \pi x_1^2(y)dy$$

$$= \pi \int_{2\pi}^{\pi} a^2(t - \sin t)^2 \cdot a\sin t dt - \pi \int_0^{\pi} a^2(t - \sin t)^2 \cdot a\sin t dt$$

$$= -\pi a^3 \int_0^{2\pi}(t - \sin t)^2 \sin t dt = 6\pi^3 a^3.$$

2)平行截面面积为已知的立体的体积

从计算旋转体体积的过程中知:如果一个立体不是旋转体,但却知道设立体垂直于一定轴的各个截面的面积,则这个立体的体积可以用定积分来计算.

取定轴为 x 轴,设该立体在过点 $x = a, x = b$ 且垂直于 x 轴的两个平面之间,以 $A(x)$ 表示过点 x 且垂直于 x 轴的截面面积. 假定 $A(x)$ 为 x 的已知连续函数,取 x 为积分变量,它的变化区间为 $[a, b]$;立体中相应于 $[a, b]$ 上任一小区间 $[x, x + dx]$ 的一薄片的体积近似于有底面积为 $A(x)$,高为 dx 的扁柱体的体积(如图 4.23). 即体积元素

$$dV = A(x)dx$$

以 $A(x)dx$ 为被积表达式,在闭区间 $[a, b]$ 上作定积分,便得所求立体的体积

$$V = \int_a^b A(x)dx \tag{3}$$

例 10　一平面经过半径为 R 的圆柱体的底圆中心,并与底面交成角 α,计算这平面截圆柱体所得立体的体积(如图 4.24).

解　设这平面与圆柱体的底面的交线为 x 轴,底面上过圆中心,且垂直于 x 轴的直线为 y 轴,则,底圆的方程为

$$x^2 + y^2 = R^2$$

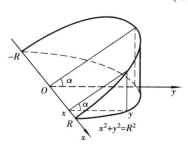

图 4.24

立体中过 x 轴的点 x 且垂直于 x 轴的截面是一个直角三角形,它的两条直角边的长分别为 y 及 $y \tan \alpha$,即 $\sqrt{R^2 - x^2}$ 和 $\sqrt{R^2 - x^2} \tan \alpha$.

因而截面积为 $A(x) = \dfrac{1}{2}(R^2 - x^2) \tan \alpha$,由公式(3)得所求立体的体积为

$$V = \int_{-R}^R \frac{1}{2}(R^2 - x^2) \tan \alpha dx = \frac{1}{2} \tan \alpha \left[R^2 x - \frac{1}{3} x^3 \right]_{-R}^R = \frac{2}{3} R^3 \tan \alpha.$$

(3)*平面曲线的弧长

设 A, B 是曲线上的两个端点,在弧 AB 上依次任取分点 $A = M_0, M_1, \cdots, M_{i-1}, M_i, \cdots, M_{n-1}, M_n = B$,并依次连接相邻的分点得一内接折线,当分点的数目无限增加且每个小段 $\overline{M_{i-1} M_i}$ 都缩向一点时,如果此折线的长 $\sum\limits_{i=1}^n |M_{i-1} M_i|$ 的极限存在,则称此极限为曲线弧的弧长,并称此曲线弧 AB 是可求长的(如图 4.25).

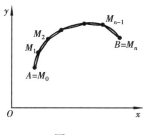

图 4.25

定理　光滑的曲线弧是可求长的.

设曲线弧由参数方程:

$$\begin{cases} x = \varphi(t) \\ y = \psi(t) \end{cases} \quad (\alpha \leqslant t \leqslant \beta)$$

给出,其中 $\varphi(t), \psi(t)$ 在 $[\alpha, \beta]$ 上具有连续导数,现在来计算这曲线弧的长度.

取参数 t 为积分变量,它的变化区间为 $[\alpha, \beta]$,相应于 $[\alpha, \beta]$ 上任一小区间 $[t, t + \Delta t]$ 的小弧段的长度 Δs 近似等于对应的弦的长度 $\sqrt{(\Delta x)^2 + (\Delta y)^2}$. 因此

$$\Delta x = \varphi(t + dt) - \varphi(t) \approx dx = \varphi'(t)dt$$
$$\Delta y = \psi(t + dt) - \psi(t) \approx dy = \psi'(t)dt$$

所以,Δs 的近似值(弧微分)即弧长元素为:
$$ds = \sqrt{(dx)^2 + (dy)^2} = \sqrt{\varphi'^2(t)(dt)^2 + \psi'^2(t)(dt)^2} = \sqrt{\varphi'^2(t) + \psi'^2(t)}\,dt$$
于是所求弧长为:
$$s = \int_\alpha^\beta \sqrt{\varphi'^2(t) + \psi'^2(t)}\,dt \tag{4}$$

当曲线弧由直角坐标方程 $y = f(x)$ $(a \leq x \leq b)$ 给出,其中 $f(x)$ 在 $[a,b]$ 上具有一阶连续导数,这时曲线弧有参数方程
$$\begin{cases} x = x \\ y = f(x) \end{cases} \quad (a \leq x \leq b)$$

从而所求的弧长为
$$s = \int_a^b \sqrt{1 + y'^2}\,dx \tag{5}$$

当曲线弧由极坐标方程 $r = r(\theta)(\alpha \leq \theta \leq \beta)$ 给出,其中 $r(\theta)$ 在 $[\alpha,\beta]$ 具有连续导数,则由直角坐标与极坐标的关系可得
$$\begin{cases} x = r\cos\theta \\ y = r\sin\theta \end{cases} \quad (\alpha \leq \theta \leq \beta)$$

这就是以极角 θ 为参数的曲线弧的参数方程. 于是,弧长元素为:
$$ds = \sqrt{x'^2(\theta) + y'^2(\theta)} = \sqrt{r^2(\theta) + r'^2(\theta)}\,d\theta$$
从而所求弧长为:
$$s = \int_\alpha^\beta \sqrt{r^2(\theta) + r'^2(\theta)}\,d\theta \tag{6}$$

例 11 计算曲线 $y = \dfrac{2}{3}x^{\frac{3}{2}}$ 上相应于 x 从 a 到 b 的一段弧的长度(如图 4.26).

解 因为 $y' = x^{\frac{1}{2}}$,从而弧长元素:
$$ds = \sqrt{1 + (x^{\frac{1}{2}})^2}\,dx = \sqrt{1 + x}\,dx$$
因此,根据公式(5)得所求弧长为:
$$s = \int_a^b \sqrt{1 + x}\,dx = \left[\frac{2}{3}(1 + x)^{\frac{3}{2}}\right]_a^b = \frac{2}{3}[(1 + b)^{\frac{3}{2}} - (1 + a)^{\frac{3}{2}}]$$

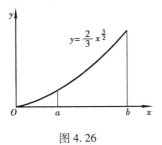

图 4.26

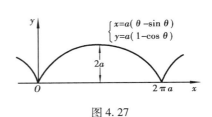

图 4.27

例 12 计算摆线 $\begin{cases} x = a(\theta - \sin\theta) \\ y = a(1 - \cos\theta) \end{cases}$ 的一拱 $(0 \leq \theta \leq 2\pi)$ 的长度(如图 4.27).

解 弧长元素为:
$$ds = \sqrt{a^2(1 - \cos\theta)^2 + a^2\sin^2\theta}\,d\theta$$
$$= a\sqrt{2(1 - \cos\theta)}\,d\theta = 2a\sin\frac{\theta}{2}\,d\theta$$

由公式（4）得所求的弧长为：

$$s = \int_0^{2\pi} 2a \sin\frac{\theta}{2}\mathrm{d}\theta = 2a\left[-2\cos\frac{\theta}{2}\right]_0^{2\pi} = 8a.$$

4.6.3 定积分在物理中的应用

（1）变力沿直线做的功

从物理学知道，如果物体在作直线运动的过程中有一个不变的力 F 作用在这个物体上，且这力的方向与物体运动的方向一致.那么，在物体移动了距离 s 时，力对物体所做的功为：

$$W = F \cdot s$$

如果物体在运动过程中所受到的力是变化的，这就会遇到变力对物体做功的问题，下面通过具体例子说明如何计算变力所做的功.

例 13 把一个带 $+q$ 电荷量的点电荷放在 r 轴上坐标原点 O 处，它产生一个电场，这个电场对周围的电荷有作用力，由物理学知道，如果有一个单位正电荷放在这个电场中距离原点 O 为 r 的地方，那么电场对它的作用力的大小为：

$$F = k\frac{q}{r^2}(k\ 为常数)$$

当这个单位正电荷在电场中从 $r = a$ 处沿轴移动到 $r = b(a <$
$b)$ 处时，计算电场力 F 对它所做的功（如图 4.28）.

图 4.28

解 在上述移动过程中电场对这个单位正电荷的作用力是变化的.取 r 为积分变量，它的变化区间为 $[a,b]$，设 $[r,r+\mathrm{d}r]$ 为 $[a,b]$ 上的任一小区间，当单位正电荷从 r 移动到 $r+\mathrm{d}r$ 时，电场力对它所做的功近似于 $\frac{kq}{r^2}\mathrm{d}r$，

即功元素为 $\mathrm{d}W = \dfrac{kq}{r^2}\mathrm{d}r$

于是所求的功为 $W = \int_a^b \dfrac{kq}{r^2}\mathrm{d}r = kq\left[-\dfrac{1}{r}\right]_a^b = kq\left(\dfrac{1}{a} - \dfrac{1}{b}\right).$

（2）水压力

从物理学知道，在水深为 h 处的压强为 $P = \rho gh(\rho$ 是水的密度，g 是重力加速度）.如果有一面积为 A 的平板水平放置在水深为 h 处，那么，平板一侧所受的水压力为 $f = PA$.

如果平板铅直放置在水中，那么，由于水深不同的点处压强 P 不相同，平板一侧所受的水压力就不能用上述方法计算.下面举例说明它的计算方法.

例 14 一个横放着的圆柱形水桶，桶内盛有半桶水.设桶的底半径为 R，水的密度为 ρ.计算桶的一个端面上所受的压力 [如图 4.29（a）].

解 桶的一个端面是圆片，所以现在要计算的是当水平面通过圆心时，铅直放置的一个半圆片的一侧所受到的水压力.

建立如图 4.29（b）所示的坐标系，则半圆的方程为 $x^2 + y^2 = R^2(0 \leqslant x \leqslant R)$，取 x 为积分变量，它的变化区间为 $[0,R]$，设 $[x,x+\mathrm{d}x]$ 为 $[0,R]$ 上的任一小区间，半圆片上相应于的窄条上各点处的压强近似于 ρgx，窄条的面积近似于 $2\sqrt{R^2 - x^2}\mathrm{d}x$.因此，窄条一侧所受水压力的近似值，即压力元素为：

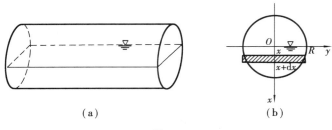

图 4.29

$$\mathrm{d}f = 2\rho g x \sqrt{R^2 - x^2}\mathrm{d}x$$

于是所求压力为：

$$f = \int_0^R 2\rho g x \sqrt{R^2 - x^2}\mathrm{d}x = -\rho g \int_0^R (R^2 - x^2)^{\frac{1}{2}}\mathrm{d}(R^2 - x^2)$$

$$= -\rho g \left[\frac{2}{3}(R^2 - x^2)^{\frac{3}{2}}\right]_0^R = \frac{2\rho g}{3}R^3.$$

习题 4.6

1　求下列各曲线所围成的图形的面积.

① $y = \sqrt{x}$ 与 $y = x$　　　　② $y = \mathrm{e}^x$ 与 $y = \mathrm{e}$ 及 $x = 0$

③ $y = 3 - x^2$ 与 $y = 2x$　　　④ $y = x^2$ 与 $y = 2x + 3$

⑤ $y = \frac{1}{2}x^2$ 与 $x^2 + y^2 = 8$　　⑥ $y = \frac{1}{x}$ 与 $y = x$ 及 $x = 2$

⑦ $y = \mathrm{e}^x, y = \mathrm{e}^{-x}$ 与 $x = 1$　　⑧ $y = \ln x, y$ 轴, $y = \ln a, y = \ln b (b > a > 0)$.

2　求由摆线 $x = a(t - \sin t), y = a(1 - \cos t)$ 的一拱 $(0 \le t \le 2\pi)$ 与横轴所围成的图形的面积.

3　求抛物线 $y = x^2 - 4$ 与直线 $y = 2 - x$ 所围成的面积.

4　求下列各曲线所围成的图形的面积.

① $\rho = 2a\cos\theta$　　　　② $x = a\cos^3 t, y = a\sin^3 t$

5　求由 $y = x^3, x = 2, y = 0$ 所围成的图形分别绕 x 轴及 y 轴旋转所得旋转体的体积.

6　求曲线 $(x - 2)^2 + y^2 = 1$ 所围成的图形分别绕 x 轴及 y 轴旋转所得旋转体的体积.

7*　求曲线 $y^2 = 2Px$ 从点 $(0,0)$ 到点 $\left(\frac{P}{2}, P\right)$ 之间的弧长.

8*　设有一铅直放置的闸门, 在水面下的尺寸是: 宽 3 米, 深 5 米, 求水对闸门的总压力 (水的比重为 1).

9*　一底为 8 米, 高为 6 米的等腰三角形薄片铅直沉入水中, 顶点在上方, 而且顶点离水面 3 米, 求它一侧所受的压力.

10*　一物体按规律 $x = ct^3$ 作直线运动, 介质的阻力与速度的平方成正比. 计算物体由 $x = 0$ 移至 $x = a$ 时, 克服介质阻力所做的功.

11*　有一半径为 3 米的半球形水池盛满水, 若要把水全抽干, 问需要做多少功?

4.7　广义积分和 Γ 函数

以前我们讨论定积分时,是以有限区间与有界函数(特别是连续函数)为前提的. 但为了解决某些问题,我们需要考察无穷区间上的积分或无界函数的积分. 这两类积分称为广义积分.

4.7.1　无穷限的广义积分

定义　设函数 $f(x)$ 在无穷区间 $[a,+\infty)$ 连续,取 $b>a$,如果极限 $\lim\limits_{b\to+\infty}\int_a^b f(x)\mathrm{d}x$ 存在,则称此极限为函数 $f(x)$ 在无穷区间 $[a,+\infty)$ 上的广义积分,记为 $\int_a^{+\infty} f(x)\mathrm{d}x$,即

$$\int_a^{+\infty} f(x)\mathrm{d}x = \lim_{b\to+\infty}\int_a^b f(x)\mathrm{d}x \tag{1}$$

此时又称广义积分 $\int_a^{+\infty} f(x)\mathrm{d}x$ 收敛. 若 $\lim\limits_{b\to+\infty}\int_a^b f(x)\mathrm{d}x$ 极限不存在,则称广义积分 $\int_a^{+\infty} f(x)\mathrm{d}x$ 发散.

同理,设 $f(x)$ 在 $(-\infty,b]$ 上连续,取 $a<b$,如果极限 $\lim\limits_{a\to-\infty}\int_a^b f(x)\mathrm{d}x$ 存在,则称此极限为函数 $f(x)$ 在无穷区间 $(-\infty,b]$ 上的广义积分,记为 $\int_{-\infty}^b f(x)\mathrm{d}x$,即

$$\int_{-\infty}^b f(x)\mathrm{d}x = \lim_{a\to-\infty}\int_a^b f(x)\mathrm{d}x \tag{2}$$

此时又称广义积分 $\int_{-\infty}^b f(x)\mathrm{d}x$ 收敛. 若 $\lim\limits_{a\to-\infty}\int_a^b f(x)\mathrm{d}x$ 极限不存在,则称广义积分 $\int_{-\infty}^b f(x)\mathrm{d}x$ 发散.

如果 $f(x)$ 在 $(-\infty,+\infty)$ 连续,类似地可定义广义积分

$$\int_{-\infty}^{+\infty} f(x)\mathrm{d}x = \int_{-\infty}^0 f(x)\mathrm{d}x + \int_0^{+\infty} f(x)\mathrm{d}x \tag{3}$$

若(3)式右端的两个广义积分都收敛时,称广义积分 $\int_{-\infty}^{+\infty} f(x)\mathrm{d}x$ 收敛,否则称它为发散.

上述三种广义积分统称为无穷区间上的广义积分.

例 1　求广义积分 $\int_{\frac{2}{\pi}}^{+\infty}\dfrac{1}{x^2}\sin\dfrac{1}{x}\mathrm{d}x$.

解　$\displaystyle\int_{\frac{2}{\pi}}^{+\infty}\frac{1}{x^2}\sin\frac{1}{x}\mathrm{d}x = \lim_{b\to+\infty}\int_{\frac{2}{\pi}}^b\frac{1}{x^2}\sin\frac{1}{x}\mathrm{d}x = \lim_{b\to+\infty}\left[\cos\frac{1}{x}\right]_{\frac{2}{\pi}}^b = \lim_{b\to+\infty}\left(\cos\frac{1}{b}-\cos\frac{\pi}{2}\right)=1.$

例 2　求广义积分 $\int_{-\infty}^{+\infty}\dfrac{1}{1+x^2}\mathrm{d}x$.

解　$\displaystyle\int_{-\infty}^{+\infty}\frac{1}{1+x^2}\mathrm{d}x = \int_{-\infty}^0\frac{1}{1+x^2}\mathrm{d}x + \int_0^{+\infty}\frac{1}{1+x^2}\mathrm{d}x$

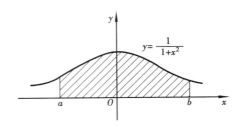

图 4.30

$$= \lim_{a \to -\infty} \int_a^0 \frac{1}{1+x^2} dx + \lim_{b \to +\infty} \int_0^b \frac{1}{1+x^2} dx$$

$$= \lim_{a \to -\infty} [\arctan x]_a^0 + \lim_{b \to +\infty} [\arctan x]_0^b$$

$$= \lim_{a \to -\infty} [-\arctan a] + \lim_{b \to +\infty} [\arctan b] = \frac{\pi}{2} + \frac{\pi}{2} = \pi.$$

例3 考察广义积分 $\int_1^{+\infty} \frac{1}{x^\alpha} dx$ 的敛散性.

解 当 $\alpha \neq 1$ 时,则

$$\int_1^{+\infty} \frac{1}{x^\alpha} dx = \lim_{b \to +\infty} \int_1^b \frac{1}{x^\alpha} dx = \lim_{b \to +\infty} \left[\frac{1}{1-\alpha} x^{1-\alpha} \right]_1^b = \lim_{b \to +\infty} \frac{1}{1-\alpha} (b^{1-\alpha} - 1)$$

当 $\alpha > 1$ 时,上式右端的极限存在,其极限值为 $\frac{1}{\alpha - 1}$,故有 $\int_1^{+\infty} \frac{1}{x^\alpha} dx = \frac{1}{\alpha - 1}$

则广义积分 $\int_1^{+\infty} \frac{1}{x^\alpha} dx$ 收敛.

当 $\alpha < 1$ 时,$\lim_{b \to +\infty} \frac{1}{1-\alpha} b^{1-\alpha} = +\infty$,故广义积分 $\int_1^{+\infty} \frac{1}{x^\alpha} dx$ 发散.

当 $\alpha = 1$ 时,有

$$\int_1^{+\infty} \frac{1}{x} dx = \lim_{b \to +\infty} \int_1^b \frac{1}{x} dx = \lim_{b \to +\infty} (\ln |b| - \ln |1|) = +\infty,即积分发散.$$

故当 $\alpha \leq 1$ 时,广义积分 $\int_1^{+\infty} \frac{1}{x^\alpha} dx$ 发散.

有时为了书写方便,把 $\lim_{b \to \infty} [F(x)]_a^b$ 记为 $[F(x)]_a^{+\infty}$.

例4 上节中的例13若考虑将单位正电荷从该点处$(r = a)$移到无穷远处时,要求电场力所做的功 W,此时,电场电对单位正电荷所做的功就是广义积分

$$W = \int_a^{+\infty} \frac{kq}{r^2} dr = \left[-\frac{kq}{r} \right]_a^{+\infty} = \frac{kq}{a}$$

4.7.2 无界函数的广义积分

定义 设函数 $f(x)$ 在 $(a, b]$ 内连续,当 $x \to a^+$ 时,$f(x) \to \infty$. 设 $\varepsilon > 0$,如果极限 $\lim_{\varepsilon \to 0} \int_{a+\varepsilon}^b f(x) dx$ 存在,则称此极限为无界函数 $f(x)$ 在 $(a, b]$ 的广义积分,记为

$$\int_a^b f(x) dx = \lim_{\varepsilon \to 0} \int_{a+\varepsilon}^b f(x) dx$$

同理,设函数 $f(x)$ 在 $[a,b)$ 内连续,当 $x \to b^-$ 时, $f(x) \to \infty$. 设 $\varepsilon > 0$,如果极限 $\lim\limits_{\varepsilon \to 0} \int_a^{b-\varepsilon} f(x)\mathrm{d}x$ 存在,则称此极限为无界函数 $f(x)$ 在 $[a,b)$ 的广义积分,记为:

$$\int_a^b f(x)\mathrm{d}x = \lim_{\varepsilon \to 0} \int_a^{b-\varepsilon} f(x)\mathrm{d}x$$

如果函数 $f(x)$ 在区间 $[a,b]$ 内某一点 $c(a < c < b)$,当 $x \to c$ 时, $f(x) \to \infty$,则定义广义积分

$$\int_a^b f(x)\mathrm{d}x = \lim_{\varepsilon \to 0} \int_a^{c-\varepsilon} f(x)\mathrm{d}x + \lim_{\varepsilon \to 0} \int_{c+\varepsilon}^b f(x)\mathrm{d}x$$

当上式右端的两个极限都存在时,广义积分 $\int_a^c f(x)\mathrm{d}x$ 与 $\int_c^b f(x)\mathrm{d}x$ 都收敛,从而 $\int_a^b f(x)\mathrm{d}x$ 收敛,且有 $\int_a^b f(x)\mathrm{d}x = \int_a^c f(x)\mathrm{d}x + \int_c^b f(x)\mathrm{d}x$.

如果 $\int_a^c f(x)\mathrm{d}x$, $\int_c^b f(x)\mathrm{d}x$ 中任一个发散时,则 $\int_a^b f(x)\mathrm{d}x$ 必发散.

例 5　求 $\int_0^1 \ln x\mathrm{d}x$.

解　被积函数 $f(x) = \ln x$,当 $x \to 0^+$ 时, $f(x) \to \infty$,则

$$\int_0^1 \ln x\mathrm{d}x = \lim_{\varepsilon \to 0^+} \int_\varepsilon^1 \ln x\mathrm{d}x = \lim_{x \to 0^+} [x \ln x - x]_\varepsilon^1 = \lim_{\varepsilon \to 0^+} (-1 - \varepsilon \ln \varepsilon + \varepsilon)$$

利用罗比塔法则知, $\lim\limits_{\varepsilon \to 0^+} \varepsilon \ln \varepsilon = 0$,所以 $\int_0^1 \ln x\mathrm{d}x = -1$.

例 6　求 $\int_{-1}^1 \dfrac{1}{x^2}\mathrm{d}x$.

解　被积函数 $f(x) = \dfrac{1}{x^2}$ 在积分区间 $[-1,1]$ 上除去点 $x = 0$ 外均连续,当 $x \to 0$ 时, $f(x) \to \infty$,则

$$\int_{-1}^1 \frac{1}{x^2}\mathrm{d}x = \int_{-1}^0 \frac{1}{x^2}\mathrm{d}x + \int_0^1 \frac{1}{x^2}\mathrm{d}x$$

$$= \lim_{\varepsilon \to 0} \int_{-1}^{-\varepsilon} \frac{1}{x^2}\mathrm{d}x + \lim_{\varepsilon \to 0} \int_\varepsilon^1 \frac{1}{x^2}\mathrm{d}x$$

$$= \lim_{\varepsilon \to 0} \left[-\frac{1}{x} \right]_{-1}^{-\varepsilon} + \lim_{\varepsilon \to 0} \left[-\frac{1}{x} \right]_\varepsilon^1$$

而 $\lim\limits_{\varepsilon \to 0} \left[-\dfrac{1}{x} \right]_{-1}^{-\varepsilon} \to +\infty$,所以 $\int_{-1}^1 \dfrac{1}{x^2}\mathrm{d}x$ 发散.

注意: 如果忽略了被积函数在 $x = 0$ 处是无界的,就会得出如下面的错误结果:

$$\int_{-1}^1 \frac{1}{x^2}\mathrm{d}x = \left[-\frac{1}{x} \right]_{-1}^1 = -1 - 1 = -2.$$

例 7　讨论广义积分 $\int_0^2 \dfrac{1}{\sqrt{4 - x^2}}\mathrm{d}x$ 的敛散性.

解　当 $x = 2$ 时,是函数 $\dfrac{1}{\sqrt{4 - x^2}}$ 的无穷间断点,根据定义,广义积分

$$\int_0^2 \frac{1}{\sqrt{4 - x^2}}\mathrm{d}x = \lim_{\varepsilon \to 0} \int_0^{2-\varepsilon} \frac{1}{\sqrt{4 - x^2}}\mathrm{d}x = \lim_{\varepsilon \to 0} \left[\arcsin \frac{x}{2} \right]_0^{2-\varepsilon}$$

$$= \lim_{\varepsilon \to 0} \arcsin \frac{2 - \varepsilon}{2} = \frac{\pi}{2}.$$

例 8 证明广义积分 $\int_0^1 \frac{1}{x^\alpha} \mathrm{d}x \, (x > 0)$.

① 当 $\alpha < 1$ 时收敛;② 当 $\alpha \geqslant 1$ 时发散.

证明:$x = 0$ 是函数 $\frac{1}{x^\alpha}$ 的无穷间断点

① 当 $\alpha < 1$ 时,因

$$\int_0^1 \frac{1}{x^\alpha} \mathrm{d}x = \lim_{\varepsilon \to 0} \int_\varepsilon^1 \frac{1}{x^\alpha} \mathrm{d}x = \lim_{\varepsilon \to 0} \left[\frac{1}{1 - \alpha} x^{1-\alpha} \right]_\varepsilon^1 = \frac{1}{1 - \alpha} \lim_{\varepsilon \to 0} (1 - \varepsilon^{1-\alpha}) = \frac{1}{1 - \alpha}$$

故　　　$\int_0^1 \frac{1}{x^\alpha} \mathrm{d}x$ 收敛;

② 当 $\alpha = 1$ 时,因

$$\int_0^1 \frac{1}{x^\alpha} \mathrm{d}x = \lim_{\varepsilon \to 0} \int_\varepsilon^1 \frac{1}{x} \mathrm{d}x = \lim_{\varepsilon \to 0} \left[\ln |x| \right]_\varepsilon^1 = \lim_{\varepsilon \to 0} (0 - \ln \varepsilon) = +\infty,$$

当 $\alpha > 1$ 时,因

$$\int_0^1 \frac{1}{x^\alpha} \mathrm{d}x = \lim_{\varepsilon \to 0} \int_\varepsilon^1 \frac{1}{x^\alpha} \mathrm{d}x = \frac{1}{1 - \alpha} \lim_{\varepsilon \to 0} (1 - \varepsilon^{1-\alpha}) = +\infty$$

故当 $\alpha \geqslant 1$ 时,$\int_0^1 \frac{1}{x^\alpha} \mathrm{d}x$ 发散.

4.7.3　Γ 函数

下面讨论在概率论与数理统计中常用到的积分区间为无限且含有参变量的积分.

定义　积分 $\Gamma(r) = \int_0^\infty x^{r-1} \mathrm{e}^{-x} \mathrm{d}x \, (r > 0)$ 是参变量 r 的函数,称为 Γ 函数.

可以证明这个积分是收敛的.

Γ 函数有一个重要性质　$\Gamma(r + 1) = r\Gamma(r) \quad (r > 0)$

特别地当 r 为正整数时可得 $\Gamma(n + 1) = n!$

因为 $\Gamma(n + 1) = n\Gamma(n) = n(n - 1)\Gamma(n - 1) = \cdots = n!\Gamma(1)$

而 $\Gamma(1) = \int_0^\infty \mathrm{e}^{-x} \mathrm{d}x = 1$

所以　$\Gamma(n + 1) = n!$

例 9　计算积分 $\int_0^\infty x^4 \mathrm{e}^{-x} \mathrm{d}x$.

解　　$\int_0^\infty x^4 \mathrm{e}^{-x} \mathrm{d}x = \Gamma(5) = 4! = 24$

Γ 函数还可以写成另外的形式,例如设 Γ 函数中令 $x = y^2$,则有 $\Gamma(r) = 2\int_0^\infty y^{2r-1} \mathrm{e}^{-y^2} \mathrm{d}y$

当 $r = \frac{1}{2}$ 时, $\Gamma\left(\frac{1}{2}\right) = 2\int_0^\infty \mathrm{e}^{-y^2} \mathrm{d}y$

可以证明 $\Gamma\left(\frac{1}{2}\right) = 2\int_0^\infty \mathrm{e}^{-y^2} \mathrm{d}y = \sqrt{\pi}.$

即 $\int_0^\infty \mathrm{e}^{-y^2}\mathrm{d}y = \dfrac{\sqrt{\pi}}{2}$.

习 题 4.7

1　计算下列广义积分.

①$\int_0^{+\infty} \dfrac{1}{(1+x)^3}\mathrm{d}x$

②$\int_0^{+\infty} x\mathrm{e}^{-x^2}\mathrm{d}x$

③$\int_{-\infty}^{+\infty} \dfrac{1}{x^2+2x+2}\mathrm{d}x$

④$\int_{-\infty}^0 \dfrac{2x}{x^2+1}\mathrm{d}x$

⑤$\int_0^{+\infty} \dfrac{\ln x}{x}\mathrm{d}x$

⑥$\int_0^1 \dfrac{x}{\sqrt{1-x^2}}\mathrm{d}x$;

⑦$\int_0^1 \dfrac{1}{\sqrt{1-x^2}}\mathrm{d}x$

⑧$\int_0^2 \dfrac{1}{(1-x)^2}\mathrm{d}x$

⑨$\int_{-2}^2 \dfrac{1}{x^2}\mathrm{d}x$

2　当 k 为何值时,广义积分 $\int_2^{+\infty} \dfrac{\mathrm{d}x}{x(\ln x)^k}$ 收敛?又何值时发散?

3　当 k 为何值时,广义积分 $\int_a^b \dfrac{\mathrm{d}x}{(x-a)^k}$ $(b>a)$ 收敛?又 k 为何值时发散?

4　计算: ①$\dfrac{\Gamma(7)}{3\Gamma(4)\Gamma(2)}$　　　　②$\int_0^{\infty} x^4\mathrm{e}^{-x}\mathrm{d}x$

4.8　二重积分

我们在前面介绍的定积分被积函数是一元函数,积分的范围是数轴上的一个区间.本节讨论被积函数是二元函数,积分的范围是平面区域的积分问题,这就是二重积分.下面介绍二重积分的概念、性质及计算方法.

4.8.1　二重积分的概念

同从计算曲边梯形的面积引出定积分概念一样,我们从计算曲顶柱体的体积引出二重积分的概念.

(1)曲顶柱体的体积

设有一立体,它的底是 xOy 面上的闭区域 D,它的侧面是以 D 的边界曲线为准线而母线平行于 z 轴的柱面,它的顶是曲面 $z=f(x,y)$,(设 $f(x,y)\geqslant 0$ 且在 D 上连续),这种立体称为曲顶柱体(图4.31).

现在我们来讨论如何计算曲顶柱体的体积 V.

我们知道,平顶柱体的高是不变的,它的体积可以用公式:

$$\text{体积} = \text{高} \times \text{底面积}$$

来定义和计算.

关于曲顶柱体,当点 (x,y) 在区域 D 上变动时,高度 $f(x,y)$ 是个变量,因此它的体积不能直接用上式来定义和计算. 但通过求曲边梯形面积问题的思想方法,就不难解决目前的问题.

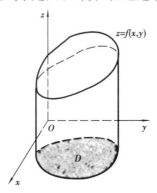

图 4.31

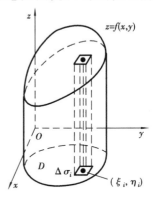

图 4.32

首先,用一组曲线网把 D 分成 n 个小闭区域 $\Delta\sigma_1,\Delta\sigma_2,\cdots,\Delta\sigma_n$ 分别以这些小闭区域的边界曲线为准线,作母线平行于 z 轴的柱面,这些柱面把原来的曲顶柱体分为 n 个小曲顶柱体,当这些小闭区域的直径很小时,由于连续,对同一个小闭区域来说,$f(x,y)$ 变化很小,这时小曲顶柱体可近似看作平顶柱体(图 4.32). 在每个 $\Delta\sigma_i$(这小闭区域的面积也记作 $\Delta\sigma_i$)中任取一点 (ξ_i,η_i),以 $f(\xi_i,\eta_i)$ 为高,底为 $\Delta\sigma_i$ 的平顶柱体的体积为

$$f(\xi_i,\eta_i)\Delta\sigma_i \quad (i=1,2,\cdots,n)$$

这 n 个小平顶柱体体积之和 $\sum\limits_{i=1}^{n}f(\xi_i,\eta_i)\Delta\sigma_i$ 是整个曲顶柱体体积 V 的近似值,即

$$V \approx \sum_{i=1}^{n}f(\xi_i,\eta_i)\Delta\sigma_i$$

其次,我们令这 n 个小闭区域的直径中的最大值(记为 λ)趋于零,取上述和的极限,则得曲顶柱体的体积 V 的精确值,即

$$V = \lim_{\lambda\to 0}\sum_{i=1}^{n}f(\xi_i,\eta_i)\Delta\sigma_i$$

(2)二重积分的定义

由上面的例子,我们抽象出二重积分的定义.

定义 设 $f(x,y)$ 是有界闭区域 D 上的有界函数,将闭区域 D 任意分成 n 个小闭区域

$$\Delta\sigma_1,\Delta\sigma_2,\cdots,\Delta\sigma_n$$

其中 $\Delta\sigma_i$ 表示第 i 个小闭区域,也表示它的面积. 在每个 $\Delta\sigma_i$ 上任取一点 (ξ_i,η_i),作乘积 $f(\xi_i,\eta_i)\Delta\sigma_i(i=1,2,\cdots n)$,并作和 $\sum\limits_{i=1}^{n}f(\xi_i,\eta_i)\Delta\sigma_i$. 如果当各个小闭区域直径中的最大值 λ 趋于零时,这和的极限存在,则称此极限为函数 $f(x,y)$ 在闭区域 D 上的二重积分. 记作 $\iint\limits_{D}f(x,y)\mathrm{d}\sigma$,即

$$\iint\limits_{D} f(x,y)\,\mathrm{d}\sigma = \lim_{\lambda \to 0} \sum_{i=1}^{n} f(\xi_i, \eta_i)\Delta\sigma_i$$

其中 $f(x,y)$ 叫作被积函数, $f(x,y)\mathrm{d}\sigma$ 叫作被积表达式, $\mathrm{d}\sigma$ 叫作面积元素, x 与 y 叫作积分变量, D 叫作积分区域, $\sum_{i=1}^{n} f(\xi_i, \eta_i)\Delta\sigma_i$ 叫作积分和.

在二重积分的定义中, 区域 D 的划分是任意的, 在直角坐标系中, 我们用平行于坐标轴的直线划分区域 D, 绝大部分的小区都是矩形(如图 4.33), 且矩形闭区域 $\Delta\sigma_i$ 的边长为 Δx_i 和 Δy_i. 则 $\Delta\sigma_i = \Delta x_i \cdot \Delta y_i$, 因此在直角坐标系中, 有时也把面积元素 $\mathrm{d}\sigma$ 记作 $\mathrm{d}x\mathrm{d}y$, 而把二重积分记作

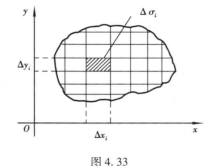

图 4.33

$$\iint\limits_{D} f(x,y)\,\mathrm{d}x\mathrm{d}y$$

其中 $\mathrm{d}x\mathrm{d}y$ 叫作直角坐标系中的面积元素.

关于二重积分在此作两点说明:

① 如果函数 $f(x,y)$ 在有界闭区域 D 上连续, 则函数 $f(x,y)$ 在 D 上的二重积分必定存在(称 $f(x,y)$ 在 D 上可积).

② 当 $f(x,y)$ 在 D 上可积时, 积分和的极限与对闭区域 D 的划分方式和点 (ξ_i, η_i) 的取法无关.

由二重积分的定义, 例 1 中的曲顶柱体的体积 V 就是曲顶 $f(x,y)$ 在底面 D 上的二重积分 $\iint\limits_{D} f(x,y)\,\mathrm{d}\sigma$. 显然, 当 $f(x,y) > 0$ 时, 二重积分 $\iint\limits_{D} f(x,y)\,\mathrm{d}\sigma$ 正是例 1 所示的曲顶柱体的体积; 当 $f(x,y) < 0$ 时, 二重积分 $\iint\limits_{D} f(x,y)\,\mathrm{d}\sigma$ 等于相应之曲顶柱体的体积的负值; 若 $f(x,y)$ 在区域 D 的若干部分区域上是正的, 而在其他部分区域上是负的. 我们可以把 xOy 平面上方的柱体体积取成正, 将 xOy 平面下方的柱体体积取成负; 则二重积分 $\iint\limits_{D} f(x,y)\,\mathrm{d}\sigma$ 等于这些部分区域上曲顶柱体体积的代数和. 这就是**二重积分的几何意义**.

4.8.2　二重积分的性质

二重积分有类似于定积分的性质, 现叙述如下:

性质 1　设 a,b 为常数, 则

$$\iint\limits_{D} [af(x,y) \pm bg(x,y)]\,\mathrm{d}\sigma = a\iint\limits_{D} f(x,y)\,\mathrm{d}\sigma \pm b\iint\limits_{D} g(x,y)\,\mathrm{d}\sigma$$

性质 2(积分可加性)　如果闭区域 $D = D_1 \cup D_2 \cup \cdots \cup D_n$, 则

$$\iint\limits_{D} f(x,y)\,\mathrm{d}\sigma = \iint\limits_{D_1} f(x,y)\,\mathrm{d}\sigma + \iint\limits_{D_2} f(x,y)\,\mathrm{d}\sigma + \cdots + \iint\limits_{D_n} f(x,y)\,\mathrm{d}\sigma$$

性质 3　如果在 D 上, $f(x,y) = 1$, σ 为 D 的面积, 则

$$\sigma = \iint\limits_{D} 1 \cdot \mathrm{d}\sigma = \iint\limits_{D} \mathrm{d}\sigma$$

性质 4 如果在 D 上，$f(x,y) \leqslant g(x,y)$，则

$$\iint\limits_{D} f(x,y)\,\mathrm{d}\sigma \leqslant \iint\limits_{D} g(x,y)\,\mathrm{d}\sigma$$

推论 $\left| \iint\limits_{D} f(x,y)\,\mathrm{d}\sigma \right| \leqslant \iint\limits_{D} |f(x,y)|\,\mathrm{d}\sigma$

性质 5 设 M,m 分别是 $f(x,y)$ 在闭区域 D 上的最大值和最小值，σ 是 D 的面积，则有

$$m\sigma \leqslant \iint\limits_{D} f(x,y)\,\mathrm{d}\sigma \leqslant M\sigma$$

即

$$\iint\limits_{D} m\,\mathrm{d}\sigma \leqslant \iint\limits_{D} f(x,y)\,\mathrm{d}\sigma \leqslant \iint\limits_{D} M\,\mathrm{d}\sigma$$

性质 6（二重积分的中值定理） 设函数 $f(x,y)$ 在闭区域 D 上连续，σ 是 D 的面积，则在 D 上至少存在一点 (ξ,η)，使得 $\iint\limits_{D} f(x,y)\,\mathrm{d}\sigma = f(\xi,\eta) \cdot \sigma$.

4.8.3　二重积分的计算法

下面介绍计算二重积分的方法，这种方法是把二重积分化为两次定积分来计算.

（1）利用直角坐标计算二重积分

① 设积分区域 D 可以用不等式

$$\varphi_1(x) \leqslant y \leqslant \varphi_2(x), a \leqslant x \leqslant b$$

来表示，其中函数 $\varphi_1(x),\varphi_2(x)$ 在区域 $[a,b]$ 上连续（图 4.34），按照二重积分的几何意义，$\iint\limits_{D} f(x,y)\,\mathrm{d}\sigma$ 的值等于以 D 为底，以曲面 $z = f(x,y)$ 为顶的曲顶柱体的体积.

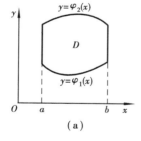 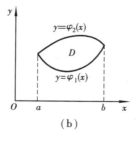 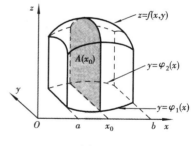

图 4.34　　　　　　　　　　　　　　　图 4.35

先计算截面面积（图 4.35）. 在区间 $[a,b]$ 上任意取定一点 x_0，作平行于 yOz 面的平面 $x = x_0$，这平面截曲顶柱体所得的截面是一个以区间 $[\varphi_1(x_0),\varphi_2(x_0)]$ 为底，曲线 $z = f(x_0,y)$ 为曲边的曲边梯形. 所以这截面的面积为：

$$A(x_0) = \int_{\varphi_1(x_0)}^{\varphi_2(x_0)} f(x_0,y)\,\mathrm{d}y$$

一般地，过区间 $[a,b]$ 上任一点 x 且平行于 yOz 面的平面截曲顶柱体所得截面的面积为

$$A(x) = \int_{\varphi_1(x)}^{\varphi_2(x)} f(x,y)\,\mathrm{d}y$$

于是求得曲顶柱体的体积为：

$$V = \int_a^b A(x)\,\mathrm{d}x = \int_a^b \Big[\int_{\varphi_1(x)}^{\varphi_2(x)} f(x,y)\,\mathrm{d}y\Big]\mathrm{d}x$$

这个体积也就是所求二重积分的值. 从而有等式

$$\iint\limits_D f(x,y)\,\mathrm{d}\sigma = \int_a^b \Big[\int_{\varphi_1(x)}^{\varphi_2(x)} f(x,y)\,\mathrm{d}y\Big]\mathrm{d}x \tag{1}$$

上式右端的积分叫作先对 y、后对 x 的二次积分. 即先把 x 看作常数,把 $f(x,y)$ 只看作 y 的函数,并对 y 计算从 $\varphi_1(x)$ 到 $\varphi_2(x)$ 的定积分;然后把算得的结果(是 x 的函数)再对 x 计算在区间 $[a,b]$ 上的定积分,这个先对 y、后对 x 的二次积分也常记作 $\int_a^b \mathrm{d}x \int_{\varphi_1(x)}^{\varphi_2(x)} f(x,y)\,\mathrm{d}y$

因此,等式(1)也可写成

$$\iint\limits_D f(x,y)\,\mathrm{d}\sigma = \int_a^b \mathrm{d}x \int_{\varphi_1(x)}^{\varphi_2(x)} f(x,y)\,\mathrm{d}y \tag{1'}$$

这就是把二重积分化为先对 y、后对 x 的二次积分的公式.

② 类似地,如果积分区域 D 可以用不等式

$$\psi_1(y) \leqslant x \leqslant \psi_2(y), c \leqslant y \leqslant \mathrm{d}$$

来表示,其中函数 $\psi_1(y)$、$\psi_2(y)$ 在区间 $[c,d]$ 上连续(图 4.36),那么就有

$$\iint\limits_D f(x,y)\,\mathrm{d}\sigma = \int_c^d \Big[\int_{\psi_1(y)}^{\psi_2(y)} f(x,y)\,\mathrm{d}x\Big]\mathrm{d}y \tag{2}$$

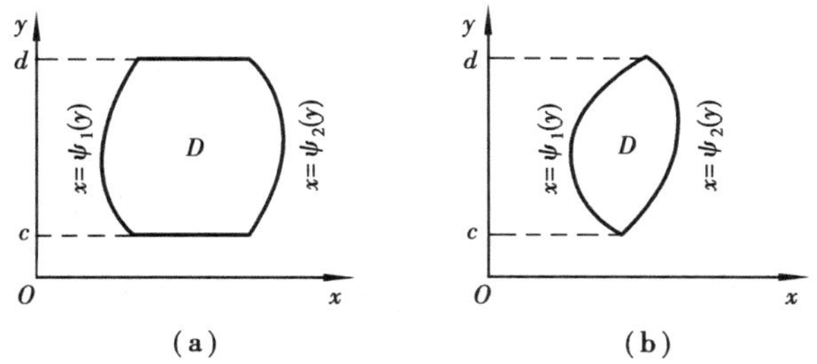

图 4.36

上式右端的积分叫作先对 x、后对 y 的二次积分,这个积分也常记作

$$\int_c^d \mathrm{d}y \int_{\psi_1(y)}^{\psi_2(y)} f(x,y)\,\mathrm{d}x$$

因此,等式(2)也写成

$$\iint\limits_D f(x,y)\,\mathrm{d}\sigma = \int_c^d \mathrm{d}y \int_{\psi_1(y)}^{\psi_2(y)} f(x,y)\,\mathrm{d}x \tag{2'}$$

③ 特别地,如果积分区域 D 是一个矩形,即 $D:a \leqslant x \leqslant b, c \leqslant y \leqslant d$,则二重积分可按下式计算:

$$\iint\limits_D f(x,y)\,\mathrm{d}\sigma = \int_c^d \mathrm{d}y \int_a^b f(x,y)\,\mathrm{d}x \tag{3}$$

或

$$\iint\limits_D f(x,y)\,\mathrm{d}\sigma = \int_a^b \mathrm{d}x \int_c^d f(x,y)\,\mathrm{d}y \tag{3'}$$

注:如果区域 D 的边界曲线与平行于坐标轴的任一直线的交点多于两点(如图 4.37),则可把 D 分成若干小区域,每个小区域都按公式(1)或(2)来计算,再利用二重积分可加性

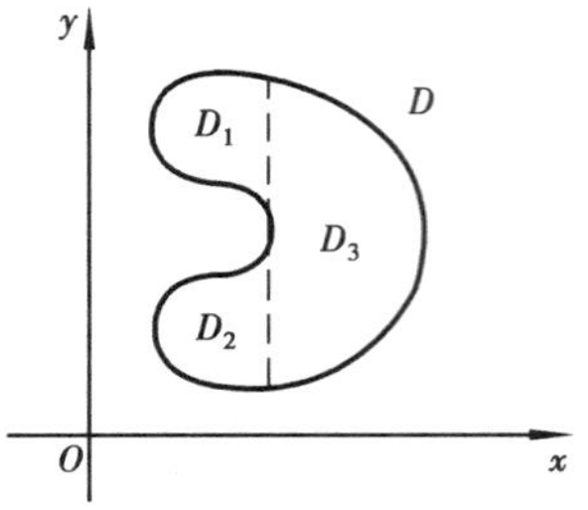

图 4.37

可得

$$\iint\limits_{D}f(x,y)\mathrm{d}\sigma = \iint\limits_{D_1}f(x,y)\mathrm{d}\sigma + \iint\limits_{D_2}f(x,y)\mathrm{d}\sigma + \cdots + \iint\limits_{D_n}f(x,y)\mathrm{d}\sigma$$

例 1   计算二重积分

$$\iint\limits_{D}(x+y+3)\mathrm{d}x\mathrm{d}y, D = \{(x,y) \mid -1 \leqslant x \leqslant 1, 0 \leqslant y \leqslant 1\}.$$

解   积分区域 D 是矩形域,由公式(3′)将二重积分化为先对 y 后对 x 的累次积分

$$\iint\limits_{D}(x+y+3)\mathrm{d}x\mathrm{d}y = \int_{-1}^{1}\mathrm{d}x\int_{0}^{1}(x+y+3)\mathrm{d}y$$

$$= \int_{-1}^{1}\left[xy + \frac{y^2}{2} + 3y\right]_{0}^{1}\mathrm{d}x$$

$$= \int_{-1}^{1}\left(x + \frac{7}{2}\right)\mathrm{d}x = 7.$$

若按公式(3)积分,则二重积分化为先对 x 后对 y 的累次积分

$$\iint\limits_{D}(x+y+3)\mathrm{d}x\mathrm{d}y = \int_{0}^{1}\mathrm{d}y\int_{-1}^{1}(x+y+3)\mathrm{d}x$$

$$= \int_{0}^{1}\left[\frac{x^2}{2} + xy + 3x\right]_{-1}^{1}\mathrm{d}y$$

$$= 2\int_{0}^{1}(y+3)\mathrm{d}y = 7.$$

积分的结果是相同的.

例 2   计算 $\iint\limits_{D}xy\mathrm{d}\sigma$,其中 D 是由直线 $y=1$,$x=2$ 及 $y=x$ 所围成的闭区域.

解法 1   先画出积分区域 D(如图 4.38),D 上的点的横坐标的变动范围是区间 $[1,2]$,在区间 $[1,2]$ 上任取一个 x 值,则 D 上以这个 x 值为横坐标的点在一段直线上. 这段直线平行于 y 轴,该线段上点的纵坐标从 $y=1$ 变到 $y=x$,于是由公式(1)得

$$\iint\limits_{D}xy\mathrm{d}\sigma = \int_{1}^{2}\left[\int_{1}^{x}xy\mathrm{d}y\right]\mathrm{d}x = \int_{1}^{2}\left[x \cdot \frac{y^2}{2}\right]_{1}^{x}\mathrm{d}x = \int_{1}^{2}\left(\frac{x^3}{2} - \frac{x}{2}\right)\mathrm{d}x = \left[\frac{x^4}{8} - \frac{x^2}{4}\right]_{1}^{2} = 1\frac{1}{8}.$$

解法 2   先画出积分区域 D,D 上的点的纵坐标的变动范围是区间 $[1,2]$,在区间 $[1,2]$ 上任取一个 y 值,则 D 上以这个 y 值为纵坐标的点在一段直线上. 这段直线平行于 x 轴,该线段上点的横坐标从 $x=y$ 变到 $x=2$,(图 4.39)于是利用公式(2)得

$$\iint\limits_{D}xy\mathrm{d}\sigma = \int_{1}^{2}\left[\int_{y}^{2}xy\mathrm{d}x\right]\mathrm{d}y = \int_{1}^{2}\left[y \cdot \frac{x^2}{2}\right]_{y}^{2}\mathrm{d}y = \int_{1}^{2}\left(2y - \frac{y^3}{2}\right)\mathrm{d}y = \left[y^2 - \frac{y^4}{8}\right]_{1}^{2} = 1\frac{1}{8}.$$

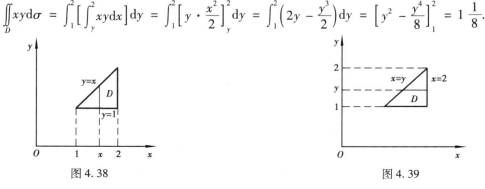

图 4.38

图 4.39

例 3　计算 $\iint\limits_{D} xy\mathrm{d}\sigma$,其中 D 是由抛物线 $y^2 = x$ 及直线 $y = x - 2$ 所围成的闭区域.

解　画出积分区域(图 4.40). 若利用公式(2) 得

$$\iint\limits_{D} xy\mathrm{d}\sigma = \int_{-1}^{2}\Big[\int_{y^2}^{y+2} xy\mathrm{d}x\Big]\mathrm{d}y = \int_{-1}^{2}\Big[\frac{x^2}{2}y\Big]_{y^2}^{y+2}\mathrm{d}y = \frac{1}{2}\int_{-1}^{2}\big[y(y+2)^2 - y^5\big]\mathrm{d}y$$

$$= \frac{1}{2}\Big[\frac{y^4}{4} + \frac{4}{3}y^3 + 2y^2 - \frac{y^6}{6}\Big]_{-1}^{2} = 5\frac{5}{8}.$$

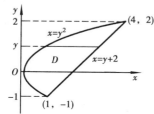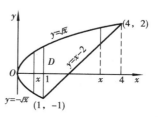

图 4.40

若利用公式(1) 来计算,则由于在区间 $[0,1]$ 及 $[1,4]$ 上表示的式子不同,所以要用经过点 $(1, -1)$ 且平行于 y 轴的直线 $x = 1$ 把区域 D 分成 D_1 和 D_2 两部分.

其中 $D_1 = \big\{(x,y)\,\big|\,-\sqrt{x} \leq y \leq \sqrt{x}, 0 \leq x \leq 1\big\}$

$\qquad D_2 = \big\{(x,y)\,\big|\,x - 2 \leq y \leq \sqrt{x}, 1 \leq x \leq 4\big\}$

因此,根据二重积分的性质 2,就有

$$\iint\limits_{D} xy\mathrm{d}\sigma = \iint\limits_{D_1} xy\mathrm{d}\sigma + \iint\limits_{D_2} xy\mathrm{d}\sigma = \int_{0}^{1}\Big[\int_{-\sqrt{x}}^{\sqrt{x}} xy\mathrm{d}y\Big]\mathrm{d}x + \int_{1}^{4}\Big[\int_{x-2}^{\sqrt{x}} xy\mathrm{d}y\Big]\mathrm{d}x = 5\frac{5}{8}.$$

由此可见,这里用公式(1) 来计算比较麻烦.

上述例子说明,在化二重积分为二次积分时,为了计算简便,需要选择恰当的二次积分的次序,这时,既要考虑积分区域 D 的形状,又要考虑被积函数 $f(x,y)$ 的特性.

(2) 利用极坐标计算二重积分

有些二重积分,积分区域 D 的边界曲线用极坐标方程表示比较方便,且被积函数用极坐标变量 r,θ 表示比较简单. 这时,我们就可以考虑利用极坐标来计算二重积分 $\iint\limits_{D} f(x,y)\mathrm{d}\sigma$.

按二重积分的定义

$$\iint\limits_{D} f(x,y)\mathrm{d}\sigma = \lim_{\lambda \to 0}\sum_{i=1}^{n} f(\xi_i,\eta_i)\Delta\sigma_i$$

来研究在极坐标系下的二重积分.

由于二重积分的存在性与对积分区域的分法无关. 因此在极坐标系中采用两组曲线 $r = $ 常数与 $\theta = $ 常数,即一组同心圆和一组由极点出发的射线将区域 D 分成 n 个小区域(图 4.41).除了包含边界点的一些小区域外,小闭区域的面积 $\Delta\sigma_i$ 近似地等于边长 $r\Delta\theta$ 及 Δr 的矩形面积. 于是

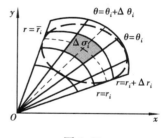

$$\Delta\sigma_i \approx r_i \cdot \Delta r_i \cdot \Delta\theta_i$$

又因为 $\xi_i = r_i\cos\theta_i, \eta_i = r_i\sin\theta_i$

图 4.41

所以 $\displaystyle\iint\limits_{D}f(x,y)\mathrm{d}\sigma = \lim_{\lambda\to 0}\sum_{i=1}^{n}f(\xi_i,\eta_i)\Delta\sigma_i = \lim_{\lambda\to 0}\sum_{i=1}^{n}f(r_i\cos\theta_i,r_i\sin\theta_i)r_i\cdot\Delta r_i\cdot\Delta\theta_i$

即 $$\iint\limits_{D}f(x,y)\mathrm{d}\sigma = \iint\limits_{D}f(r\cos\theta,r\sin\theta)r\mathrm{d}r\mathrm{d}\theta \qquad (3'')$$

这就是二重积分的变量从直角坐标变换为极坐标的变换公式,其中 $r\mathrm{d}r\mathrm{d}\theta$ 就是极坐标系中的面积元素.

公式($3''$)表明,要把二重积分中的变量从直角坐标变换为极坐标,只需要把被积函数中的 x,y 分别换成 $r\cos\theta,r\sin\theta$,并把直角坐标系中的面积元素 $\mathrm{d}x\mathrm{d}y$ 换成极坐标系中的面积元素 $r\mathrm{d}r\mathrm{d}\theta$.

极坐标系中的二重积分,同样可以化为二次积分来计算.

① 如果积分区域 D 可以用不等式

$$\varphi_1(\theta) \leqslant r \leqslant \varphi_2(\theta),\alpha \leqslant \theta \leqslant \beta$$

来表示,其中函数 $\varphi_1(\theta),\varphi_2(\theta)$ 在区间 $[\alpha,\beta]$ 上连续(图 4.42),

则 $$\iint\limits_{D}f(r\cos\theta,r\sin\theta)r\mathrm{d}r\mathrm{d}\theta = \int_{\alpha}^{\beta}\mathrm{d}\theta\int_{\varphi_1(\theta)}^{\varphi_2(\theta)}f(r\cos\theta,r\sin\theta)r\mathrm{d}r \qquad (4)$$

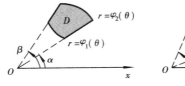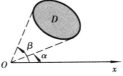

图 4.42

② 如果积分区域 D 可以用不等式

$$0 \leqslant r \leqslant \varphi(\theta),\alpha \leqslant \theta \leqslant \beta$$

来表示,则

$$\iint\limits_{D}f(r\cos\theta,r\sin\theta)r\mathrm{d}r\mathrm{d}\theta = \int_{\alpha}^{\beta}\mathrm{d}\theta\int_{0}^{\varphi(\theta)}f(r\cos\theta,r\sin\theta)r\mathrm{d}r \qquad (5)$$

③ 如果极点在积分区域 D 的内部(图 4.43),D 可以用不等式

$$0 \leqslant r \leqslant \varphi(\theta),0 \leqslant \theta \leqslant 2\pi$$

来表示,则

$$\iint\limits_{D}f(r\cos\theta,r\sin\theta)r\mathrm{d}r\mathrm{d}\theta = \int_{0}^{2\pi}\mathrm{d}\theta\int_{0}^{\varphi(\theta)}f(r\cos\theta,r\sin\theta)r\mathrm{d}r. $$

$$(6)$$

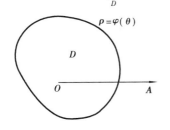

图 4.43

例 4 计算 $\displaystyle\iint\limits_{D}\mathrm{e}^{-x^2-y^2}\mathrm{d}x\mathrm{d}y$. 其中 D 是由中心在原点,半径为 a 的圆周所围成的闭区域.

解 在极坐标系中,闭区域 D 可表示为

$$0 \leqslant r \leqslant a,0 \leqslant \theta \leqslant 2\pi$$

由公式(5),有

$$\iint\limits_{D} e^{-x^2-y^2} dx dy = \iint\limits_{D} e^{-r^2} r dr d\theta = \int_0^{2\pi} \left[\int_0^a e^{-r^2} r dr \right] d\theta$$

$$= \int_0^{2\pi} \left[-\frac{1}{2} e^{-r^2} \right]_0^a d\theta = \frac{1}{2} (1 - e^{-a^2}) \int_0^{2\pi} d\theta = \pi (1 - e^{-a^2})$$

本题如果用直角坐标计算,由于积分 $\int e^{-x^2} dx$ 不能用初等函数表示,所以很难算出来.

例5　计算二重积分 $\iint\limits_{D} x^2 dx dy$, D 是由圆 $x^2 + y^2 = 1$ 及 $x^2 + y^2 = 4$ 所围成的环形区域.

解　如图 4.44 所示,环区域 D 在极坐标系中可表示为

$$D = \{(r,\theta) | 1 \leqslant r \leqslant 2, 0 \leqslant \theta \leqslant 2\pi\},$$

所以由公式(6) 有

$$\iint\limits_{D} x^2 dx dy = \iint\limits_{D} r^2 \cos^2\theta r dr d\theta$$

$$= \int_0^{2\pi} \cos^2\theta\, d\theta \int_1^2 r^3 dr = \frac{15}{4} \pi.$$

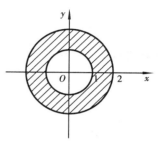

图 4.44

由上面的例子可知,被积函数的表达式为 $f(x^2 + y^2)$、$f\left(\dfrac{x}{y}\right)$、$f\left(\dfrac{y}{x}\right)$ 或者积分区域为圆、圆环等时,一般使用极坐标计算二重积分比较方便.

4.8.4　二重积分的应用举例

(1) 求平面薄板的质量

例6　设一薄板的占有区域为中心在原点,半径为 R 的圆域,面密度为 $\mu = x^2 + y^2$,求该薄板的质量.

解　应用微元法,在圆域任取一个小区域 $d\sigma$,视面密度不变,则得质量微元

$$dm = \mu(x,y) = (x^2 + y^2) d\sigma$$

将上述微元在区域 D 上积分,得

$$m = \iint\limits_{D} (x^2 + y^2) d\sigma, \quad D: x^2 + y^2 \leqslant R^2$$

用极坐标计算,有

$$m = \int_0^{2\pi} d\theta \int_0^R r^2 \cdot r dr = \frac{1}{2} \pi R^4$$

一般地,面密度为 $\mu(x,y)$ 的平面薄板 D 的质量是 $m = \iint\limits_{D} \mu(x + y) d\sigma$.

(2) 求曲面的面积

设曲面 S 的方程为 $z = f(x,y)$,它在 xOy 面上的投影区域为 D_{xy},求曲面 S 的面积 A.

若函数 $z = f(x,y)$ 在域 D_{xy} 上有一阶连续偏导数,可以证明,曲面 S 的面积为

$$A = \iint\limits_{D_{xy}} \sqrt{1 + f_x'^2(x,y) + f_y'^2(x,y)} dx dy. \tag{7}$$

例7　计算抛物面 $z = x^2 + y^2$ 在平面 $z = 1$ 下方的面积(如图 4.45).

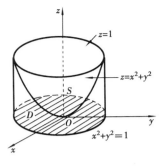

图 4.45

解 $z = 1$ 下方的抛物面在 xOy 面的投影区域

$$D_{xy} = \{(x,y) \mid x^2 + y^2 \leq 1\}.$$

又 $z'_x = 2x, z'_y = 2y, \sqrt{1 + z'^2_x + z'^2_y} = \sqrt{1 + 4x^2 + 4y^2}$，代入公式（7）并用极坐标计算，可得抛物面的面积

$$A = \iint\limits_{D_{xy}} \sqrt{1 + 4x^2 + 4y^2}\,\mathrm{d}x\mathrm{d}y = \iint\limits_{D^*_{xy}} \sqrt{1 + 4r^2}\,r\mathrm{d}r\mathrm{d}\theta$$

$$= \int_0^{2\pi} \mathrm{d}\theta \int_0^1 (1 + 4r^2)^{\frac{1}{2}}\,r\mathrm{d}r = \frac{\pi}{6}(5\sqrt{5} - 1).$$

如果曲面方程为 $x = g(y,z)$ 或 $y = h(x,z)$，则可以把曲面投影到 yOz 或 xOz 平面上，其投影区域记为 D_{yz} 或 D_{xz}，类似地有

$$A = \iint\limits_{D_{yz}} \sqrt{1 + g'^2_y(y,z) + g'^2_z(y,z)}\,\mathrm{d}y\mathrm{d}z. \tag{8}$$

或

$$A = \iint\limits_{D_{xz}} \sqrt{1 + h'^2_x(z,x) + h'^2_z(z,x)}\,\mathrm{d}x\mathrm{d}z. \tag{9}$$

习题 4.8

1　交换下列二次积分的积分次序：

① $\displaystyle\int_0^1 \mathrm{d}y \int_0^y f(x,y)\,\mathrm{d}x$ 　　　　　② $\displaystyle\int_0^2 \mathrm{d}y \int_{y^2}^{2y} f(x,y)\,\mathrm{d}x$

③ $\displaystyle\int_0^1 \mathrm{d}y \int_{-\sqrt{1-y^2}}^{\sqrt{1-y^2}} f(x,y)\,\mathrm{d}x$ 　　④ $\displaystyle\int_1^2 \mathrm{d}x \int_{2-x}^{\sqrt{2x-x^2}} f(x,y)\,\mathrm{d}y$

⑤ $\displaystyle\int_1^e \mathrm{d}x \int_0^{\ln x} f(x,y)\,\mathrm{d}y$ 　　　　⑥ $\displaystyle\int_a^\pi \mathrm{d}x \int_{-\sin\frac{x}{2}}^{\sin x} f(x,y)\,\mathrm{d}y$

2　计算下列二重积分：

① $\displaystyle\iint\limits_D x\mathrm{e}^{xy}\mathrm{d}x\mathrm{d}y$，其中 $D:0 \leq x \leq 1, -1 \leq y \leq 0$；

② $\displaystyle\iint\limits_D (x^2 + y^2)\mathrm{d}x\mathrm{d}y$，其中 $D = \{(x,y) \mid |x| \leq 1, |y| \leq 1\}$；

③ $\displaystyle\iint\limits_D (3x + 2y)\mathrm{d}x\mathrm{d}y$，其中 D 是由两坐标轴及直线 $x + y = 2$ 所围成的闭区域；

④ $\displaystyle\iint\limits_D \frac{y}{x}\mathrm{d}x\mathrm{d}y$，其中 D 是由 $y = 2x, y = x, x = 4, x = 2$ 所围成的闭区域；

⑤ $\displaystyle\iint\limits_D x\sqrt{y}\mathrm{d}x\mathrm{d}y$，其中 D 是由 $y = \sqrt{x}, y = x^2$ 所围成的闭区域；

⑥ $\displaystyle\iint\limits_D \cos(x + y)\mathrm{d}x\mathrm{d}y$，其中 D 是由 $x = 0, y = x, y = \pi$ 所围成的闭区域；

⑦ $\displaystyle\iint\limits_D \left(\frac{x}{y}\right)^2\mathrm{d}x\mathrm{d}y$，其中 D 是由 $x = 2, y = x, xy = 1$ 所围成的闭区域；

⑧$\iint\limits_{D} \dfrac{\sin y}{y}\mathrm{d}\sigma$,其中 D 是由 $y = x, x = 0, y = \dfrac{\pi}{2}, y = \pi$ 所围成的闭区域.

3 利用极坐标计算下列各题:

①$\iint\limits_{D} \mathrm{e}^{x^2+y^2}\mathrm{d}x\mathrm{d}y$,其中 D 是由圆周 $x^2 + y^2 = 4$ 所围成的闭区域;

②$\iint\limits_{D} \ln(1 + x^2 + y^2)\mathrm{d}x\mathrm{d}y$,其中 D 是由圆周 $x^2 + y^2 = 1$ 及坐标轴所围成的在第一象限内的闭区域;

③$\iint\limits_{D} \sqrt{x^2 + y^2}\mathrm{d}\sigma$,其中 D 是圆环区域 $a^2 \leqslant x^2 + y^2 \leqslant b^2$;

④$\iint\limits_{D} \dfrac{1}{1 + x + y}\mathrm{d}\sigma$,其中 D 是圆域 $x^2 + y^2 \leqslant 1$.

⑤$\iint\limits_{D} \sin \sqrt{x^2 + y^2}\mathrm{d}\sigma$,其中 D 是区域 $\sqrt{x^2 + y^2} \leqslant 1$;

⑥$\iint\limits_{D} \arctan \dfrac{y}{x}\mathrm{d}\sigma$,其中 D 是圆环区域 $1 \leqslant x^2 + y^2 \leqslant 2^2, y \geqslant 0, y \leqslant x$.

4 用二重积分求平面区域的面积,其中 D 是由曲线 $y = x^2, y = 4x - x^2$ 所围成的闭区域.

5 求曲面 $z = 1 - x^2 - y^2, z \geqslant 0$ 上部分的面积.

4.9 曲线积分与格林公式

4.9.1 对弧长曲线积分的概念与性质

(1) 引例 求非均匀曲线弧的质量.

设具有质量的一段曲线弧 L 位于 xOy 面,端点为 A, B,它的线密度为 $\rho(x, y)$,求曲线弧的质量 M.

解 ①分割 如图 4.46,将 L 分割成 n 小段,记每个小段弧的长度为 $\Delta s_i (i = 1, 2, \cdots, n)$

①取近似 当 Δs_i 很短时,可在 Δs_i 上任取一点$(\xi_i, \eta_i) \in \Delta s_i$,用该点的线密度 $\rho(x_i, y_i)$ 近似代替 Δs_i 上各点处的线密度,从得到这小段弧质量的近似值为
$$\Delta M_i \approx \rho(x_i, y_i) \cdot \Delta s_i$$

③作和 把各个小段弧的质量的近似值加起来,便得整个曲线弧 L 的质量的近似值

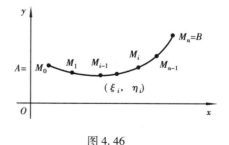

图 4.46

$$M \approx \sum_{i=1}^{n} \rho(x_i, y_i)\Delta s_i$$

④取极限 设 $\lambda = \max\{\Delta s_1, \Delta s_2, \cdots, \Delta s_n\}$,当 $\lambda \to 0$ 时,对上式右端的和式取极限,从而得到

$$M = \lim_{\lambda \to 0} \sum_{i=1}^{n} \rho(x_i, y_i) \Delta s_i$$

由此得到对弧长曲线积分的概念.

（2）定义

设 L 为 xOy 面内的一条光滑曲线弧, $f(x,y)$ 在 L 上有界,用 M_i 将 L 分成 n 小段 ΔS_i,任取一点 $(\xi_i, \eta_i) \in \Delta S_i (i = 1,2,3,\cdots,n)$,作和 $\sum_{i=1}^{n} f(\xi_i, \eta_i) \Delta S_i$,令 $\lambda = \max\{\Delta s_1, \Delta s_2, \cdots, \Delta s_n\}$,当 $\lambda \to 0$ 时, $\lim_{\lambda \to 0} \sum_{i=1}^{n} f(\xi_i, \eta_i) \Delta S_i$ 存在,称此极限值为 $f(x,y)$ 在 L 上对弧长的曲线积分(第一类曲线积分),记为 $\int_L f(x,y) \mathrm{d}s$

即
$$\int_L f(x,y) \mathrm{d}s = \lim_{\lambda \to 0} \sum_{i=1}^{n} f(\xi_i, \eta_i) \Delta S_i$$

其中有 $f(x,y)$ 称为被积函数, L 称为积分弧段(或积分路径).

注意:① 若曲线 L 封闭,则积分记为 $\oint_L f(x,y) \mathrm{d}s$;

②若 $f(x,y)$ 连续,则 $\int_L f(x,y) \mathrm{d}s$ 存在,其结果为一常数;

③几何意义: $f(x,y) = 1$,则 $\int_L f(x,y) \mathrm{d}s = L$ (L 为曲线段的弧长);

④此定义可推广到空间曲线 Γ,即 $\int_\Gamma f(x,y,z) \mathrm{d}s = \lim_{\lambda \to 0} \sum_{i=1}^{n} f(\xi_i, \eta_i, \zeta_i) \Delta S_i$;

⑤若规定 L 的正向是由 A 指向 B,则由 B 指向 A 为 L 的负向,记为 $-L$,但 $\int_L f(x,y) \mathrm{d}s$ 与 L 的方向无关.

（3）弧长曲线积分的性质

由对弧长曲线积分的定义,可以导出对弧长曲线积分有如下一些性质:

① 设 $L = L_1 + L_2$,则 $\int_L f(x,y) \mathrm{d}s = \int_{L_1} f(x,y) \mathrm{d}s + \int_{L_2} f(x,y) \mathrm{d}s$

② $\int_L [f(x,y) \pm g(x,y) \mathrm{d}s] = \int_L f(x,y) \mathrm{d}s \pm \int_L g(x,y) \mathrm{d}s$

③ $\int_L kf(x,y) \mathrm{d}s = k \int_L f(x,y) \mathrm{d}s.$

④ $\int_L f(x,y) \mathrm{d}s = \int_{-L} f(x,y) \mathrm{d}s$

（4）对弧长曲线积分的计算法

定理 设 $f(x,y)$ 在弧 L 上有定义且连续, L 的参数方程为 $\begin{cases} x = \varphi(t) \\ y = \psi(t) \end{cases} (\alpha \le t \le \beta)$, $\varphi(t)$, $\psi(t)$ 在 $[\alpha, \beta]$ 上具有一阶连续导数,且 $\varphi'^2(t) + \psi'^2(t) \ne 0$,则曲线积分 $\int_L f(x,y) \mathrm{d}s$ 存在,且

$$\int_L f(x,y) \mathrm{d}s = \int_\alpha^\beta f[\varphi(t), \psi(t)] \sqrt{\varphi'^2(t) + \psi'^2(t)} \mathrm{d}t.$$

从定理可以看出:

① 计算时将参数式代入 $f(x,y)$, $\mathrm{d}s = \sqrt{\varphi'^2(t) + \psi'^2(t)}\,\mathrm{d}t$,在 $[\alpha,\beta]$ 上计算定积分.

② 注意:下限 α 一定要小于上限 β,即 $\alpha < \beta$(因为 ΔS_i 恒大于零,所以 $\Delta t_i > 0$).

③ 当 $L:y = \varphi(x)$,$a \leqslant x \leqslant b$ 时,$\displaystyle\int_L f(x,y)\mathrm{d}s = \int_a^b f[x,\varphi(x)]\sqrt{1 + [\varphi'(x)]^2}\,\mathrm{d}x$.

同理当 $L:x = \varphi(y)$,$c \leqslant y \leqslant d$ 时,$\displaystyle\int_L f(x,y)\mathrm{d}s = \int_c^d f[\varphi(y),y]\sqrt{1 + [\varphi'(y)]^2}\,\mathrm{d}y$.

④ 若空间曲线 Γ 的参数方程为:$\begin{cases} x = \varphi(t) \\ y = \psi(t) \quad (\alpha \leqslant t \leqslant \beta) \\ z = \omega(t) \end{cases}$,则有计算公式

$$\int_\Gamma f(x,y,z)\mathrm{d}s = \int_\alpha^\beta f[\varphi(t),\psi(t),\omega(t)]\sqrt{\varphi'^2(t) + \psi'^2(t) + \omega'^2(t)}\,\mathrm{d}t$$

例1　计算 $\displaystyle\oint_L x\mathrm{d}s$,其中 L:由 $y = x$,$y = x^2$ 围成区域的整个边界.

解　如图 4.47 知　$L = OA + \widehat{OA}$　解方程组 $\begin{cases} y = x \\ y = x^2 \end{cases}$

得交点为:$O(0,0)$,$A(1,1)$
由公式有

$$\oint_L x\mathrm{d}s = \int_{OA} x\mathrm{d}s + \int_{\widehat{OA}} x\mathrm{d}s$$
$$= \int_0^1 x\sqrt{2}\,\mathrm{d}x + \int_0^1 x\sqrt{1 + 4x^2}\,\mathrm{d}x$$
$$= \frac{\sqrt{2}}{2}x^2\Big|_0^1 + \frac{1}{8}\cdot\frac{2}{3}\left(\sqrt{1 + 4x^2}\right)^3\Big|_0^1$$
$$= \frac{\sqrt{2}}{2} + \frac{1}{12}(5\sqrt{5} - 1)$$

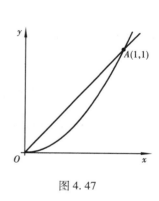

图 4.47

4.9.2　对坐标的曲线积分

(1)引例　求变力沿曲线所做的功

例2　设一个质点在 xOy 面内从点 A 沿光滑曲线弧 L 移到点 B,在移动过程中,这质点受到力 $\boldsymbol{F}(x,y) = P(x,y)\mathbf{i} + Q(x,y)\mathbf{j}$ 的作用. 其中函数 $P(x,y)$,$Q(x,y)$ 在 L 上连续,要计算在上述移动过程中变力 $\boldsymbol{F}(x,y)$ 所做的功.

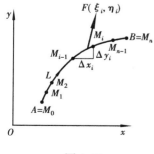

图 4.48

解　1)分割　如图 4.48,把有向弧 $\widehat{AB}$ 任意分成 n 小段有向弧段,$\widehat{M_0M_1}$,$\widehat{M_1M_2}$,$\cdots$,$\widehat{M_{n-1}M_n}$.

2)取近似　取其中一个有向小弧段 $\widehat{M_{i-1}M_i}$,$(i = 1,2,\cdots n)$,用有向线段 $\boldsymbol{M_{i-1}M_i}$ 来代替弧 $\widehat{M_{i-1}M_i}$,则有
$\boldsymbol{M_{i-1}M_i} = (\Delta x_i)\mathbf{i} + (\Delta y_i)\mathbf{j}$

又由于函数 $P(x,y)$,$Q(x,y)$ 在 L 上连续,可以用弧 $\widehat{M_{i-1}M_i}$ 上任意取定的一点 (ξ_i,η_i) 处的力 $\boldsymbol{F}(\xi_i,\eta_i) = P(\xi_i,\eta_i)\mathbf{i} + Q(\xi_i,\eta_i)\mathbf{j}$

来近似代替这小弧段上各点处的力. 这样,变力 $\boldsymbol{F}(x,y)$ 沿有向小弧段 $\widehat{M_{i-1}M_i}$ 所做的功,可以认为近似地等于常力 $\boldsymbol{F}(\xi_i,\eta_i)$ 沿 $\boldsymbol{M}_{i-1}\boldsymbol{M}_i$ 所做的功 ΔW,即

$$\Delta W_i \approx \boldsymbol{F}(\xi_i,\eta_i) \cdot \boldsymbol{M}_{i-1}\boldsymbol{M}_i$$

由数量积的坐标表示式,得

$$\Delta W_i \approx P(\xi_i,\eta_i) \cdot \Delta x_i + Q(\xi_i,\eta_i) \cdot \Delta y_i$$

3)作和 把上述 n 个有向小弧段上变力 $\boldsymbol{F}(x,y)$ 做功的近似值加起来,即得 W 的近似值

$$W = \sum_{i=1}^{n} \Delta W_i \approx \sum_{i=1}^{n} \left[P(\xi_i,\eta_i) \cdot \Delta x_i + Q(\xi_i,\eta_i) \cdot \Delta y_i \right]$$

4)取极限 令 $\lambda \to 0$(λ 为所有小弧段长度的最大值),取上式右端和式的极限,得

$$W = \lim_{\lambda \to 0} \sum_{i=1}^{n} \Delta W_i = \lim_{\lambda \to 0} \sum_{i=1}^{n} \left[P(\xi_i,\eta_i) \cdot \Delta x_i + Q(\xi_i,\eta_i) \cdot \Delta y_i \right]$$

由此得对坐标的曲线积分的概念.

（2）定义

设 L 为 xOy 面内从点 A 到点 B 的一条有向光滑曲线弧,函数 $P(x,y)$,$Q(x,y)$ 在 L 上有界,在 L 上沿 L 的方向任意插入一点列 $M_1(x_1,y_1)$,$M_2(x_2,y_2)$,$\cdots$,$M_{n-1}(x_{n-1},y_{n-1})$,把 L 分成 n 个有向小弧段,$\widehat{M_{i-1}M_i}(i = 1,2,\cdots,n)$;$M_0 = A$,$M_n = B$.

设 $\Delta x_i = x_i - x_{i-1}$,$\Delta y_i = y_i - y_{i-1}$,在 $\widehat{M_{i-1}M_i}$ 上任意取一点 (ξ_i,η_i),如果当各小弧段长度的最大值 $\lambda \to 0$ 时,$\sum\limits_{i=1}^{n} P(\xi_i,\eta_i)\Delta x_i$ 的极限总存在,则称此极限为函数 $P(x,y)$ 在有向曲线弧 L 上对坐标 x 的曲线积分,记作 $\int_L P(x,y)\mathrm{d}x$.

类似地有 $\int_L Q(x,y)\mathrm{d}y$,即

$$\int_L P(x,y)\mathrm{d}x = \lim_{\lambda \to 0} \sum_{i=1}^{n} P(\xi_i,\eta_i)\Delta x_i; \quad \int_L Q(x,y)\mathrm{d}y = \lim_{\lambda \to 0} \sum_{i=1}^{n} Q(\xi_i,\eta_i)\Delta y_i$$

其中 $P(x,y)$,$Q(x,y)$ 叫作被积函数,L 叫作积分弧段（或积分路径）. 对坐标的曲线积分也称为第二类曲线积分. 在应用上常把上述两个积分结合在一起,即

$$\int_L P(x,y)\mathrm{d}x + \int_L Q(x,y)\mathrm{d}y \text{ 简记为} \int_L P(x,y)\mathrm{d}x + Q(x,y)\mathrm{d}y$$

由定义知,引例中的功可表示为 $W = \int_L P(x,y)\mathrm{d}x + Q(x,y)\mathrm{d}y$.

（3）对坐标的曲线积分的几个结论

由定义,可得到对坐标的曲线积分有如下结论：

①当 $P(x,y)Q(x,y)$ 在 L 上连续时,则 $\int_L P(x,y)\mathrm{d}x$,$\int_L Q(x,y)\mathrm{d}y$ 存在；

② 对坐标的曲线积分的定义可推广到空间有向曲线 Γ 上；

③L 为有向曲线弧,记 $-L$ 为与 L 方向相反的曲线,则

$$\int_L P(x,y)\mathrm{d}x = -\int_{-L} P(x,y)\mathrm{d}x,$$

$$\int_L Q(x,y)\mathrm{d}y = -\int_{-L} Q(x,y)\mathrm{d}y$$

即对坐标的曲线积分,必须注意积分弧段的方向.

④ 设 $L = L_1 + L_2$,则

$$\int_L P(x,y)\mathrm{d}x + Q(x,y)\mathrm{d}y = \int_{L_1} P(x,y)\mathrm{d}x + Q(x,y)\mathrm{d}y + \int_{L_2} P(x,y)\mathrm{d}x + Q(x,y)\mathrm{d}y$$

（4）对坐标的曲线积分的计算法

定理 设 $P(x,y),Q(x,y)$ 在有向曲线弧 L 上有定义且连续,L 的参数方程为 $\begin{cases} x = \varphi(t) \\ y = \psi(t) \end{cases}$

当参数 t 单调地由 α 变到 β 时,点 $M(x,y)$ 从 L 的起点 A 运动到终点 B,$\varphi(t),\psi(t)$ 在以 α,β 为端点的闭区间上具有一阶连续导数,且 $\varphi'^2(t) + \psi'^2(t) \neq 0$,则曲线积分 $\int_L P(x,y)\mathrm{d}x + Q(x,y)\mathrm{d}y$ 存在,且

$$\int_L P(x,y)\mathrm{d}x + Q(x,y)\mathrm{d}y = \int_\alpha^\beta \{P[\varphi(t),\psi(t)]\varphi'(t) + Q[\varphi(t),\psi(t)]\psi'(t)\}\mathrm{d}t \quad (1)$$

注意:① 下限 α 对应于 L 的起点,上限 β 对应于 L 的终点,α 不一定小于 β.

② 如果 L 由方程 $y = \psi(x)$ 或 $x = \varphi(y)$ 给出,可以看作参数方程的特殊情形. 例如,当 L 由 $y = \psi(x)$ 给出时,公式（1）成为

$$\int_L P(x,y)\mathrm{d}x + Q(x,y)\mathrm{d}y = \int_a^b \{P[x,\psi(x)] + Q[x,\psi(x)]\psi'(x)\}\mathrm{d}x \quad (1')$$

这里下限 a 对应 L 的起点,上限 b 对应 L 的终点且为横坐标.

当 L 由 $x = \varphi(y)$ 给出时,公式（1）成为

$$\int_L P(x,y)\mathrm{d}x + Q(x,y)\mathrm{d}y = \int_c^d \{P[\varphi(y),y]\varphi'(y) + Q[\varphi(y),y]\}\mathrm{d}y \quad (1'')$$

这里下限 c 对应 L 的起点,上限 d 对应 L 的终点且为纵坐标.

③ 此公式可推广到空间曲线 $\Gamma: x = \varphi(t), y = \psi(t), z = \omega(t)$

$$\int_\Gamma P\mathrm{d}x + Q\mathrm{d}y + R\mathrm{d}z = \int_\alpha^\beta \{P[\varphi(t),\psi(t),\omega(t)]\varphi'(t) + Q[\varphi(t),\psi(t),\omega(t)]\psi'(t) + R[\varphi(t),\psi(t),\omega(t)]\omega'(t)\}\mathrm{d}t$$

$\alpha:\Gamma$ 起点对应参数,$\beta:\Gamma$ 终点对应参数.

例 3 计算 $\int_L xy\mathrm{d}x$. 其中 L 为抛物线 $y^2 = x$ 上从点 $A(1,-1)$ 到点 $B(1,1)$ 的一段弧.

解法 1 将所给积分化为对 x 的定积分来计算.

由于 $y = \pm\sqrt{x}$ 不是单值函数,所以要把 L 分为 AO 和 OB 两部分,在 AO 上,$y = -\sqrt{x}$,x 从 1 变到 0;在 OB 上,$y = \sqrt{x}$,x 从 0 变到 1. （如图 4.49）因此,由（$1'$）有

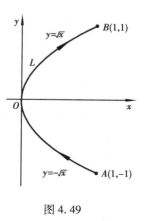

图 4.49

$$\int_L xy\mathrm{d}x = \int_{AO} xy\mathrm{d}x + \int_{OB} xy\mathrm{d}x = \int_1^0 x(-\sqrt{x})\mathrm{d}x + \int_0^1 x\sqrt{x}\mathrm{d}x$$

$$= 2\int_0^1 x^{\frac{3}{2}}\mathrm{d}x = \frac{4}{5}$$

解法 2 将所给积分化为对 y 的定积分来计算. 现在 $x = y^2$,y 从 -1 变到 1,因此由（$1''$）有

$$\int_L xy \mathrm{d}x = \int_{-1}^{1} y^2 y (y^2)' \mathrm{d}y = 2\int_{-1}^{1} y^4 \mathrm{d}y = 2\left[\frac{y^5}{5}\right]_{-1}^{1} = \frac{4}{5}$$

例4 计算 $\int_L (2a-y)\mathrm{d}x - (a-y)\mathrm{d}y$ L 为:摆线 $x = a(t-\sin t), y = a(1-\cos t)$ 从点 $O(0,0)$ 到点 $B(2\pi a,0)$ 的一段弧.

解 起点 O 对应于 $t = 0$,终点 B 对应于 $t = 2\pi$,化为定积分有

$$\text{原式} = \int_{0}^{2\pi}\left[2a - a(1-\cos t)\right]a(1-\cos t) - \left[a - a(1-\cos t)a\sin t\right]\mathrm{d}t$$

$$= \int_{0}^{2\pi}\left[-a(1+\cos t)a(1-\cos t) - a^2\cos t\sin t\right]\mathrm{d}t$$

$$= a^2\int_{0}^{2\pi}(\sin^2 t - \cos t\sin t)\mathrm{d}t$$

$$= a^2\left(\frac{1}{2}t - \frac{1}{4}\sin 2t - \frac{1}{2}\sin^2 t\right)\Big|_{0}^{2\pi} = \pi a^2$$

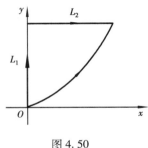

图 4.50

例5 计算 $\int_L xy^2\mathrm{d}x + (x+y)\mathrm{d}y$.

L 为:① 沿曲线 $y = x^2$,起点为 $(0,0)$,终点为 $(1,1)$;

② 沿折线 $L_1 + L_2$,起点为 $(0,0)$,终点为 $(1,1)$(如图4.50).

解 ① 化为对 x 的定积分,$L:y = x^2$,x 从 0 到 1,所以由 $(1')$ 有

$$\int_L xy^2\mathrm{d}x + (x+y)\mathrm{d}y = \int_{0}^{1}\left[x\cdot x^4 + (x+x^2)2x\right]\mathrm{d}x = \frac{4}{3}$$

② 在 L_1 上,$x = 0$,y 从 0 到 1,所以由 $(1'')$ 有

$$\int_{L_1} xy^2\mathrm{d}x + (x+y)\mathrm{d}y = \int_{0}^{1} y\mathrm{d}y = \frac{1}{2}$$

在 L_2 上,$y = 1$,x 从 0 到 1,所以由 $(1'')$ 有

$$\int_{L_2} xy^2\mathrm{d}x + (x+y)\mathrm{d}y = \int_{0}^{1} x\mathrm{d}x = \frac{1}{2}$$

从而 原式 $= \int_{L_1} xy^2\mathrm{d}x + (x+y)\mathrm{d}y + \int_{L_2} xy^2\mathrm{d}x + (x+y)\mathrm{d}y = 1$

一般来说,曲线积分当起点、终点固定时,与路径有关.

4.9.3 格林公式 平面上曲线积分与路径无关的条件

(1) 单连通区域的概念

先给出单连通区域的概念. 设 D 为平面区域,如果 D 内任一闭曲线所围成的部分都属于 D,则称 D 为平面单连通区域,否则称为复连通区域.

通俗地讲,平面单连通区域就是不含有"洞"的区域,复连通区域是含有"洞"的区域. 例如,平面上的圆形区域 $\{(x,y)\,|\,x^2 + y^2 < 1\}$、上半平面 $\{(x,y)\,|\,y > 0\}$ 都是单连通区域,圆环形区域 $\{(x,y)\,|\,1 < x^2 + y^2 < 4\}$,$\{(x,y)\,|\,0 < x^2 + y^2 < 2\}$ 都是复连通区域.

对平面区域 D 的边界曲线 L,我们首先规定 L 的正向:当观察者沿 L 的某个方向行走时,区域 D 总在行走方向的左侧,则该方向即为 L 的正向.

定理（格林定理） 设闭区域 D 由分段光滑的曲线 L 围成，函数 $P(x,y)$ 及 $Q(x,y)$ 在 D 上具有一阶连续偏导数，则有

$$\iint_D \left(\frac{\partial Q}{\partial x} - \frac{\partial P}{\partial y} \right) \mathrm{d}x\mathrm{d}y = \oint_L P\mathrm{d}x + Q\mathrm{d}y \tag{2}$$

其中 L 是取 D 的正向的边界曲线.

公式（2）称为格林公式（Green 公式）.

在公式（2）中取 $P = -y, Q = x$ 则

$$2\iint_D \mathrm{d}x\mathrm{d}y = \oint_L x\mathrm{d}y - y\mathrm{d}x$$

上式左端是闭区域 D 的面积 A 的两倍，因此有

$$A = \frac{1}{2} \oint_L x\mathrm{d}y - y\mathrm{d}x \tag{3}$$

例6 求椭圆 $x = a\cos\theta, y = b\sin\theta$ 所围成图形的面积 A.

解 根据公式（3）有

$$A = \frac{1}{2}\oint_L x\mathrm{d}y - y\mathrm{d}x = \frac{1}{2}\int_0^{2\pi}(ab\cos^2\theta + ab\sin^2\theta)\mathrm{d}\theta = \frac{1}{2}ab\int_0^{2\pi}\mathrm{d}\theta = \pi ab$$

例7 设 L 是任意一条分段光滑的闭曲线，证明：$\oint_L 2xy\mathrm{d}x + x^2\mathrm{d}y = 0$

证明 因为 $P = 2xy, Q = x^2$，则 $\dfrac{\partial Q}{\partial x} - \dfrac{\partial P}{\partial y} = 2x - 2x = 0$

因此，由公式（2）有 $\oint_L 2xy\mathrm{d}x + x^2\mathrm{d}y = \iint_D 0\mathrm{d}x\mathrm{d}y = 0$.

例8 利用格林公式计算曲线积分

$$\oint_L (x^3 + xy)\mathrm{d}x + (x^2 + y^2)\mathrm{d}y$$

其中 L 为区域 $D: 0 \leqslant x \leqslant 1, 0 \leqslant y \leqslant 1$ 的正向边界线.

解 因为 $P = x^3 + xy, Q = x^2 + y^2$

所以 $\dfrac{\partial P}{\partial y} = x, \dfrac{\partial Q}{\partial x} = 2x$，故有

$$\frac{\partial Q}{\partial x} - \frac{\partial P}{\partial y} = 2x - x = x$$

所以 $\displaystyle\oint_L (x^3 + xy)\mathrm{d}x + (x^2 + y^2)\mathrm{d}y = \iint_D x\mathrm{d}\sigma = \int_0^1 x\mathrm{d}x\int_0^1 \mathrm{d}y = \frac{1}{2}$.

（2）平面上曲线积分与路径无关的条件

设 G 是一个开区域，$P(x,y)$ 及 $Q(x,y)$ 在区域 G 内具有一阶连续偏导数，如果对于 G 内任意指定的两个点 A,B 及 G 内从点 A 到点 B 的任意两条曲线 L_1, L_2（图 4.51），等式

$$\int_{L_1} P\mathrm{d}x + Q\mathrm{d}y = \int_{L_2} P\mathrm{d}x + Q\mathrm{d}y$$

恒成立，就称曲线积分 $\displaystyle\int_L P\mathrm{d}x + Q\mathrm{d}y$ 在 G 内与路径无关，否则与路径

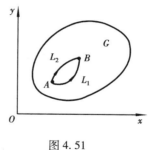

图 4.51

有关. 如果曲线积分与路径无关,则

$$\int_{L_1} P\mathrm{d}x + Q\mathrm{d}y = \int_{L_2} P\mathrm{d}x + Q\mathrm{d}y$$

由于 $\int_{L_1} P\mathrm{d}x + Q\mathrm{d}y = \int_{L_2} P\mathrm{d}x + Q\mathrm{d}y$ 所以 $\int_{L_1} P\mathrm{d}x + Q\mathrm{d}y - \int_{L_2} P\mathrm{d}x + Q\mathrm{d}y = 0$

故有 $\qquad \int_{L_1} P\mathrm{d}x + Q\mathrm{d}y + \int_{-L_2} P\mathrm{d}x + Q\mathrm{d}y = 0$

即 $\qquad \oint_{L_1+(-L_2)} P\mathrm{d}x + Q\mathrm{d}y = 0$

这里 $L_1 + (-L_2)$ 是一条有向闭曲线. 因此,在区域 G 内曲线积分与路径无关可推得在 G 内沿闭曲线的曲线积分为零. 反过来,如果在区域 G 内沿任意闭曲线的曲线积分为零,也可推得在 G 内曲线积分与路径无关. 由此得出结论:

曲线积分 $\int_L P\mathrm{d}x + Q\mathrm{d}y$ 在区域 G 内与路径无关的充要条件是:对 G 内任意一条闭曲线 C,有 $\oint_C P\mathrm{d}x + Q\mathrm{d}y = 0$.

下面的定理给出了曲线积分与路径无关的充要条件.

定理 设区域 G 是一个单连通域,函数 $P(x,y),Q(x,y)$ 在 G 内具有一阶连续偏导数,则曲线积分 $\int_L P\mathrm{d}x + Q\mathrm{d}y$ 在 G 内与路径无关(或沿 G 内任意闭曲线的曲线积分为零)的充分必要条件是

$$\frac{\partial P}{\partial y} = \frac{\partial Q}{\partial x} \tag{4}$$

在 G 内恒成立.

如果曲线积分与路径无关,计算时常取与积分路径有相同起点和终点的简单路径来计算.

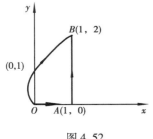

图 4.52

例 9 计算曲线积分 $I = \int_L (\mathrm{e}^y + x)\mathrm{d}x + (x\mathrm{e}^y - 2y)\mathrm{d}y$,其中 L 为过 $(0,0),(0,1)$ 和 $(1,2)$ 点的圆弧.

解 令 $P = \mathrm{e}^y + x, Q = x\mathrm{e}^y - 2y$,则 $\frac{\partial Q}{\partial x} = \mathrm{e}^y$,

$\frac{\partial P}{\partial y} = \mathrm{e}^y \qquad$ 所以 I 与路径无关.

为计算简单,可取如图 4.52 所示的折线 OAB 为积分路径,于是

$$I = \int_{OA} P\mathrm{d}x + Q\mathrm{d}y + \int_{AB} P\mathrm{d}x + Q\mathrm{d}y$$

$$= \int_0^1 (1 + x)\mathrm{d}x + \int_0^2 (\mathrm{e}^y - 2y)\mathrm{d}y = \mathrm{e}^2 - \frac{5}{2}$$

习题 4.9

1　计算 $\int_L xy\mathrm{d}s$,其中 L 是椭圆 $\begin{cases} x = a\cos t \\ y = b\sin t \end{cases}$ $(a > b)$ 在第一象限内的一段弧.

2　计算 $\int_L y\mathrm{d}s$,其中 L 是抛物线 $y^2 = 4x$ 上介于 $O(0,0)$ 与点 $B(1,2)$ 之间的一段弧.

3　计算 $\int_L (x + y)\mathrm{d}s$,其中 L 是以 $O(0,0)$, $A(1,0)$, $B(0,1)$ 为顶点的三角形周界.

4　计算 $\int_L y^2\mathrm{d}x.$ 其中 L 为

① 半径为 a,圆心为原点,按逆时针方向绕行的上半圆周;

② 从点 $A(0,0)$ 沿 x 轴到点 $B(-a,0)$ 的直线段.

5　计算 $\int_L 2xy\mathrm{d}x + x^2\mathrm{d}y.$ 其中 L 为

① 抛物线 $y = x^2$ 上从 $O(0,0)$ 到 $B(1,1)$ 的一段弧;

② 抛物线 $x = y^2$ 上从 $O(0,0)$ 到 $B(1,1)$ 的一段弧;

③ 有向折线 OAB,这里 O,A,B 依次是点 $(0,0)$, $(1,0)$, $(1,1)$.

6　计算 $I = \int_\Gamma x^3\mathrm{d}x + 3y^2z\mathrm{d}y - x^2y\mathrm{d}z$,其中 Γ 是从点 $A(1,1,1)$ 到点 $B(3,2,1)$ 的直线段.

7　利用格林公式计算下列积分:

① $\oint_L -x^2y\mathrm{d}x + xy^2\mathrm{d}y.$ 其中 L 是圆周 $x^2 + y^2 = a^2$ 的正向;

② $\oint_L (x - y)\mathrm{d}x + x\mathrm{d}y.$ 其中 L 是由两坐标轴与直线 $x + y = 1$ 所围成的三角形的正向周界.

③ $\oint_L x^2y\mathrm{d}x + y^2\mathrm{d}y.$ 其中 L 是由曲线 $y = x^{\frac{2}{3}}$ 和直线 $y = x$ 所围成区域的正向周界.

8　验证: $\int_L (x + y)\mathrm{d}x + (x - y)\mathrm{d}y$ 在整个 xOy 平面内与路径无关,并计算 $\int_{(1,1)}^{(2,3)} (x + y)\mathrm{d}x + (x - y)\mathrm{d}y$ 的值.

9　利用曲线积分与路径无关的条件,计算下列积分:

① $\int_L (1 + xe^{2y})\mathrm{d}x + (x^2e^{2y} - y^2)\mathrm{d}y.$ 其中 L 是从点 $O(0,0)$ 经圆周 $(x - 2)^2 + y^2 = 4$ 的上半部分到点 $A(4,0)$ 的一段弧.

② $\int_L e^x(\cos y\mathrm{d}x - \sin y\mathrm{d}y).$ 其中 L 是从点 $O(0,0)$ 到点 $A\left(2, \dfrac{3\pi}{2}\right)$ 的任意曲线弧.

复习题 4

1　选择题

① $\int\left(\sin\dfrac{\pi}{4}+1\right)\mathrm{d}x=$（　　　）.

    （A）$-\cos\dfrac{\pi}{4}+x+C$ （B）$-\dfrac{4}{\pi}\cos\dfrac{\pi}{4}+x+C$

    （C）$x\sin\dfrac{\pi}{4}+x+C$ （D）$x\sin\dfrac{\pi}{4}+1+C$

② 若 $\int f(x)\mathrm{d}x=\dfrac{1}{3}\mathrm{e}^{3x}+C$，则 $f(x)=$（　　　）.

    （A）$3\mathrm{e}^{3x}$ （B）e^{3x} （C）$9\mathrm{e}^{3x}$ （D）$\dfrac{1}{3}\mathrm{e}^{3x}$

③ 若 $\int f(x)\mathrm{d}x=F(x)+C$，则 $\int\dfrac{1}{x^2}f\left(\dfrac{1}{x}\right)\mathrm{d}x=$（　　　）.

    （A）$F\left(\dfrac{1}{x^2}\right)+C$ （B）$F\left(\dfrac{1}{x}\right)+C$ （C）$-F\left(\dfrac{1}{x^2}\right)+C$ （D）$-F\left(\dfrac{1}{x}\right)+C$

④ $\left[\int f(x)\mathrm{d}x\right]'=$（　　　）.

    （A）$f'(x)+C$ （B）$f'(x)$ （C）$f(x)+C$ （D）$f(x)$

⑤ 设 $f(x)=\mathrm{e}^{-x}$，则 $\int\dfrac{f'(\ln x)}{x}\mathrm{d}x=$（　　　）.

    （A）$-\dfrac{1}{x}+C$ （B）$-\ln x+C$ （C）$\dfrac{1}{x}+C$ （D）$\ln x+C$

⑥ 下列各式中正确的是（　　　）.

    （A）$\dfrac{\mathrm{d}}{\mathrm{d}x}\int_x^a f(t)\mathrm{d}t=f(x)$ （B）$\dfrac{\mathrm{d}}{\mathrm{d}x}\int f(x)\mathrm{d}x=f(x)$

    （C）$\dfrac{\mathrm{d}}{\mathrm{d}x}\int_a^b f(x)\mathrm{d}x=f(x)$ （D）$\dfrac{\mathrm{d}}{\mathrm{d}x}\int_a^{x^2} f(t)\mathrm{d}t=f(x^2)$

⑦ 若 $\int_0^1(2x+K)\mathrm{d}x=2$，则 $K=$（　　　）.

    （A）0   （B）-1 （C）1   （D）2

⑧ $\int_a^x f(t)\mathrm{d}t$ 是（　　　）.

    （A）一个常数   （B）$f(t)$ 的一个原函数

    （C）$f(x)$ 的一个原函数   （D）$f(x)$ 的所有原函数

⑨ 设 $y=\int_0^x(t-1)\mathrm{d}t$ 为函数，则 y 有（　　　）.

    （A）极小值 $\dfrac{1}{2}$ （B）极小值 $-\dfrac{1}{2}$ （C）极大值 $\dfrac{1}{2}$ （D）极大值 $-\dfrac{1}{2}$

⑩ 设方程 $\int_0^y e^t dt + \int_0^x \sin t dt = 0$ 确定函数 y，则 $\dfrac{dy}{dx}$ = (   ).

(A) $-\dfrac{\sin x}{e^y}$ (B) $-\dfrac{\cos x}{e^y}$ (C) 0 (D) 不存在

⑪ 下列积分正确的有(   ).

(A) $\int_{-1}^1 \dfrac{1}{x^3} dx = \dfrac{1}{-2x^2}\Big|_{-1}^1 = -1$ (B) $\int_{-\frac{\pi}{2}}^{\frac{\pi}{2}} \sin x dx = 2\int_0^{\frac{\pi}{2}} \sin x dx = 2$

(C) $\int_{-\frac{\pi}{2}}^{\frac{\pi}{2}} \sin x dx = 0$ (D) $\int_{-1}^1 \sqrt{1-x^2} dx = 2\int_0^1 \sqrt{1-x^2} dx = \dfrac{\pi}{2}$

⑫ 下列广义积分中收敛的是(   ).

(A) $\int_{-\infty}^{+\infty} \sin x dx$ (B) $\int_{-1}^1 \dfrac{1}{x} dx$ (C) $\int_{-1}^0 \dfrac{dx}{\sqrt{1-x^2}}$ (D) $\int_{-\infty}^0 e^x dx$

⑬ $\int_0^1 dx \int_0^{1-x} f(x,y) dy$ = (   ).

(A) $\int_0^{1-x} dy \int_0^1 f(x,y) dx$ (B) $\int_0^1 dy \int_0^{1-x} f(x,y) dx$

(C) $\int_0^1 dy \int_0^1 f(x,y) dx$ (D) $\int_0^1 dy \int_0^{1-y} f(x,y) dx$

⑭ 设 D 是圆环域: $1 \leqslant x^2 + y^2 \leqslant 4$，则 $\iint\limits_D dx dy$ = (   ).

(A) π (B) 2π (C) 3π (D) 4π

⑮ 设 D 是圆域: $x^2 + y^2 \leqslant 1$，则 $\iint\limits_D f(x,y) dx dy$ = (   ).

(A) $4\int_0^{\frac{\pi}{2}} d\theta \int_0^1 f(r\cos\theta, r\sin\theta) r dr$ (B) $\int_0^{2\pi} d\theta \int_0^1 f(r\cos\theta, r\sin\theta) r dr$

(C) $2\int_0^\pi d\theta \int_0^1 f(r\cos\theta, r\sin\theta) r dr$ (D) $2\int_{-\frac{\pi}{2}}^{\frac{\pi}{2}} d\theta \int_0^1 f(r\cos\theta, r\sin\theta) r dr$

2 计算下列不定积分

① $\int \dfrac{2x^2+3}{x^2+1} dx$ ② $\int x\sqrt{x^2+3} dx$ ③ $\int \dfrac{e^x}{2-3e^x} dx$

④ $\int \dfrac{x}{\sqrt{x+2}} dx$ ⑤ $\int \dfrac{1}{x^2\sqrt{x^2+4}} dx$ ⑥ $\int x e^{3x} dx$

⑦ $\int e^{-x} \sin 2x dx$ ⑧ $\int \dfrac{x}{1+\sqrt{x}} dx$ ⑨ $\int \dfrac{4x^2-1}{1+x^2} dx$

⑩ $\int \cos\sqrt{x} dx$ ⑪ $\int x^2 \arctan x dx$

3 计算下列定积分

① $\int_0^1 \dfrac{x dx}{\sqrt{1+x^2}}$ ② $\int_0^1 \dfrac{e^x}{e^x+1} dx$ ③ $\int_0^\pi |\sin x + \cos x| dx$

④ $\int_0^3 \dfrac{x}{1+\sqrt{1+x}} dx$ ⑤ $\int_0^1 \dfrac{dx}{x^2+x+1}$ ⑥ $\int_0^{\frac{\pi}{2}} e^{2x} \cos x dx$

⑦$\int_{-1}^{1}(2x^4+x)\arcsin x\mathrm{d}x$ ⑧$\int_{1}^{+\infty}\dfrac{\ln x}{x}\mathrm{d}x$ ⑨$\int_{1}^{2}\dfrac{\mathrm{d}x}{x\ln x}$

4　设平面图形 D 由抛物线 $y=1-x^2$ 和 x 轴围成. 试求：

①D 的面积；

②D 绕 x 轴旋转所得旋转体的体积；

③D 绕 y 轴旋转所得旋转体的体积；

④* 抛物线 $y=1-x^2$ 在 x 轴上方的曲线段的弧长.

5　求两个半径为 R 的直交圆柱面所围成的立体的体积（如图 4.53）.

6　计算下列二重积分：

①$\iint\limits_{D}\left(\dfrac{x}{y}\right)^3\mathrm{d}x\mathrm{d}y$，$D$ 是由 $y=x,x=2,y=4$ 所围成的闭区域.

②$\iint\limits_{D}(2y-x)\mathrm{d}x\mathrm{d}y$，$D$ 是由 $y=x+2,y=x^2$ 所围成的闭区域.

③$\iint\limits_{D}\sqrt{x^2+y^2}\mathrm{d}\sigma$，$D$ 是由 $x^2+y^2=a^2$ 所围成的闭区域.

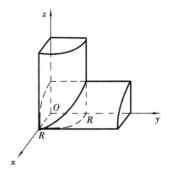

图 4.53

第**5**章

微分方程

在科学研究和实际生活中,我们经常需要建立变量之间的函数关系. 在多数的情况下,直接找到某些函数关系是不容易的,但有时可以建立函数的导数或微分的关系式,通过这种关系式可以求到所需要的函数关系,这实际上就是解微分方程的问题. 本章主要介绍微分方程的基本概念和几种简单微分方程的解法.

5.1 微分方程的基本概念

为介绍微分方程的基本概念,先看两个引例.

引例 1 已知曲线通过点 $(1,2)$,且在该曲线上任一点 $M(x,y)$ 处的切线的斜率为 $3x^2$,求这条曲线的方程.

解 设曲线方程为 $y=y(x)$. 由导数的几何意义可知函数 $y=y(x)$ 满足

$$\frac{\mathrm{d}y}{\mathrm{d}x} = 3x^2 \tag{1}$$

同时还满足以下条件: $x=1$ 时, $y=2$ \hfill (2)

把(1)式两端积分 $\qquad y = \int 3x^2 \mathrm{d}x$

得 $\qquad y = x^3 + C$ \hfill (3)

其中 C 是任意常数.

把条件(2)式代入(3)式,得 $\qquad C=1$

因此所求曲线的方程为: $\qquad y = x^3 + 1$ \hfill (4)

引例 2 列车在平直线路上以 20 米/秒的速度行驶;当制动时列车获得加速度为 $-0.4\ \mathrm{m/s^2}$. 问开始制动后多少时间列车才能停下来,以及列车在这段时间里行驶了多少路程?

解 设列车开始制动后 t 秒时行驶了 s 米. 根据题意知 $s=s(t)$ 满足:

$$\frac{\mathrm{d}^2 s}{\mathrm{d}t^2} = -0.4 \tag{5}$$

此外,还满足条件: $t=0$ 时, $s=0$, $v=\dfrac{\mathrm{d}s}{\mathrm{d}t}=20$ \hfill (6)

(5)式两端积分一次得: $\qquad v = \dfrac{\mathrm{d}s}{\mathrm{d}t} = -0.4t + C_1$ \hfill (7)

再积分一次得: $\qquad s = -0.2t^2 + C_1 t + C_2$ \hfill (8)

其中 C_1, C_2 都是任意常数.

把条件"$t=0$ 时 $v=20$"和"$t=0$ 时 $s=0$"分别代入(7)式和(8)式,得 $C_1 = 20, C_2 = 0$

把 C_1, C_2 的值代入(7)式及(8)式得: $v = -0.4t + 20$, \hfill (9)

$\qquad\qquad\qquad\qquad\qquad s = -0.2t^2 + 20t$ \hfill (10)

在(9)式中令 $v=0$,得到列车从开始制动到完全停止所需的时间:

$$t = \frac{20}{0.4} = 50(\mathrm{s})$$

再把 $t=50$ 代入(10)式,得到列车在制动阶段行驶的路程

$$s = -0.2 \times 50^2 + 20 \times 50 = 500 \text{ 米}.$$

上述两个例子中的关系式(1)和(5)都含有未知函数的导数的方程,称它们为微分方程. 下面给出微分方程的基本概念.

一般地,凡含有未知函数、未知函数的导数或微分的方程叫作微分方程. 未知函数是一元函数的方程叫做常微分方程;未知函数是多元函数的方程,叫作偏微分方程. 本章只讨论常微分方程.

微分方程中所出现的未知函数的最高阶导数(或微分)的阶数,叫做微分方程的阶. 例如,方程(1)是一阶微分方程;方程(5)是二阶微分方程. 又如,方程

$$y^{(4)} - 4y''' + 10y'' - 12y' + 5y = \sin 2x$$

是四阶微分方程.

一般地,n 阶微分方程的形式是

$$F(x, y, y', \cdots, y^{(n)}) = 0,$$ \hfill (11)

其中 F 是 $n+2$ 个变量的函数.

由前面的例子我们看到,在研究某些实际问题时,首先要建立微分方程,然后找出满足微分方程的函数,就是说,找出这样的函数,把这函数代入微分方程能使该方程成为恒等式. 则称这个函数为该微分方程的解. 确切地说,设函数 $y = \varphi(x)$ 在区间 I 上有 n 阶连续导数,如果在区间 I 上,

$$F[x, \varphi(x), \varphi'(x), \cdots, \varphi^{(n)}(x)] \equiv 0,$$

那么函数 $y = \varphi(x)$ 就叫做微分方程(11)在区间 I 上的解.

例如,函数(3)和(4)都是微分方程(1)的解;函数(8)和(10)都是微分方程(5)的解.

如果微分方程的解中含有独立的任意常数,且任意常数的个数与微分方程的阶数相等,这样的解叫做微分方程的**通解**. 例如,函数(3)是方程(1)的解,它含有一个任意常数,而方程(1)是一阶的,所以函数(3)是方程(1)的通解. 又如,函数(8)是方程的解,它含有两个独立的任意常数,而方程(5)是二阶的,所以函数(8)是方程(5)的通解.

用以确定通解中任意常数的条件叫微分方程的定解条件. 例如,例1中的条件(2),例2中的条件(6),便是这样的条件.

设微分方程中的未知函数为 $y = y(x)$,如果微分方程是一阶的,通常用来确定任意常数的条件是:$x = x_0$ 时,$y = y_0$,或写成 $y\big|_{x=x_0} = y_0$,其中 x_0, y_0 都是给定的值.

如果微分方程是二阶的,通常用来确定任意常数的条件是:$x = x_0$ 时,$y = y_0$,$y' = y_0'$,或写成 $y\big|_{x=x_0} = y_0$,$y'\big|_{x=x_0} = y_0'$,其中 x_0,y_0 和 y_0' 都是给定的值. 上述条件叫做**初始条件**. 确定了通解中的任意常数以后,就得到了微分方程的**特解**. 例如(4)式是方程(1)满足条件(2)的特解;(10)式是方程(5)满足条件(6)的特解.

求微分方程 $y' = f(x, y)$ 满足初始条件 $y\big|_{x=x_0} = y_0$ 的特解这样一个问题,叫做**一阶微分方程的初值问题**,记作

$$\begin{cases} y' = f(x, y) \\ y\big|_{x=x_0} = y_0 \end{cases} \tag{12}$$

类似地,二阶微分方程的初值问题记作

$$\begin{cases} y'' = f(x, y, y'), \\ y\big|_{x=x_0} = y_0, y'\big|_{x=x_0} = y_0' \end{cases}$$

微分方程的特解的图形是一条曲线,叫作微分方程的**积分曲线**. 初值问题(12)的几何意义就是微分方程的通过点 (x_0, y_0) 的那条积分曲线.

例 3　验证:函数 $x = C_1 \cos kt + C_2 \sin kt$ $\tag{13}$

是微分方程

$$\frac{\mathrm{d}^2 x}{\mathrm{d}t^2} + k^2 x = 0 \tag{14}$$

的解.

解　求出所给函数(13)的导数

$$\frac{\mathrm{d}x}{\mathrm{d}t} = -kC_1 \sin kt + kC_2 \cos kt, \tag{15}$$

$$\frac{\mathrm{d}^2 x}{\mathrm{d}t^2} = -k^2 C_1 \cos kt - k^2 C_2 \sin kt = -k^2 (C_1 \cos kt + C_2 \sin kt)$$

把 $\dfrac{\mathrm{d}^2 x}{\mathrm{d}t^2}$ 及 x 的表达式代入方程(14)得

$$-k^2 (C_1 \cos kt + C_2 \sin kt) + k^2 (C_1 \cos kt + C_2 \sin kt) \equiv 0$$

因此函数(13)是微分方程(14)的解.

例 4　已知函数(13)当 $k \neq 0$ 时是微分方程(14)的通解,求满足初始条件 $x\big|_{t=0} = A$,$\dfrac{\mathrm{d}x}{\mathrm{d}t}\bigg|_{t=0} = 0$ 的特解.

解　将条件"$t = 0$ 时,$x = A$"代入(13)式得　　$C_1 = A$

将条件"$t = 0$ 时,$\dfrac{\mathrm{d}x}{\mathrm{d}t} = 0$"代入(15)式,得　　$C_2 = 0$

把 C_1,C_2 的值代入(13)式,就得所求的特解为　　$x = A \cos kt$

习 题 5.1

1　下面两种说法对吗?

①包含任意常数的解叫微分方程的通解;

②不含任意常数的解叫微分方程的特解.

2　设微分方程为 $\dfrac{d^2x}{dt^2} + 4\dfrac{dx}{dt} + 4x = 0$，指出下列函数中哪些是方程的解？哪些是通解？哪些是特解？

①$x = e^{-2t}$；②$x = e^{2t}$；③$x = (C_1 + C_2 t) e^{-2t}$

3　指出下列微分方程的阶数：

①$x^3(y'')^2 - 2y' = 0$；②$(7x - 6y)dy + (x + y)dx = 0$；③$y^{(4)} = y^2$

4　已知曲线通过点 $(1,2)$，且曲线上任一点 $M(x,y)$ 处切线的斜率为该点横坐标的倒数，求这条曲线的方程.

5.2　一阶微分方程

一阶微分方程的一般形式为 $F(x,y,y') = 0$，下面介绍几种常用的一阶微分方程.

5.2.1　可分离变量的微分方程

如果一个一阶微分方程能写成

$$g(y)dy = f(x)dx \tag{1}$$

的形式，那么原方程就称为可分离变量的微分方程.

分离变量的微分方程的解法如下：

①分离变量　　　　　　　　　$g(y)dy = f(x)dx$

②两端积分　　　　　　　　$\int g(y)dy = \int f(x)dx$

③求出积分得通解　　　　　$G(y) = F(x) + C$

其中 $G(y)$ 及 $F(x)$ 依次为 $g(y)$ 和 $f(x)$ 的原函数.

例 1　求微分方程 $\dfrac{dy}{dx} = 2xy$ 的通解.

解　方程是可分离变量的，分离变量后得　　　　$\dfrac{dy}{y} = 2xdx$

两端积分　　　　　　　　　　　　$\int \dfrac{dy}{y} = \int 2xdx$

得　　　　　　　　　　　　　　　$\ln|y| = x^2 + C_1$

从而　　　　　　　　　　　　$y = \pm e^{x^2 + C_1} = \pm e^{C_1} e^{x^2}$

又因为 $\pm e^{C_1}$ 仍是任意常数，把它记作 C 便得到方程的通解为　　　　$y = Ce^{x^2}$

例 2　求微分方程 $\dfrac{dy}{dx} = 1 + x + y^2 + xy^2$ 的通解.

解　方程可化为　　　$\dfrac{dy}{dx} = (1 + x)(1 + y^2)$

分离变量得　　　$\dfrac{dy}{1 + y^2} = (1 + x)dx$

两端积分　　　$\int \dfrac{dy}{1 + y^2} = \int (1 + x)dx$ 得 $\arctan y = \dfrac{1}{2}x^2 + x + C$

于是原方程的通解为　　　　$y = \tan\left(\dfrac{1}{2}x^2 + x + C\right)$

例 3　放射性元素铀由于不断地有原子放射出微粒子而变成其他元素,铀的含量就不断减少,这种现象叫做衰变. 由原子物理学知道,铀的衰变速度与当时未衰变的原子的含量 M 成正比. 已知 $t = 0$ 时铀的含量为 M_0,求在衰变过程中含量 $M(t)$ 随时间变化的规律.

解　铀的衰变速度就是 $M(t)$ 对时间 t 的导数 $\dfrac{\mathrm{d}M}{\mathrm{d}t}$. 由于铀的衰变速度与其含量成正比,得到微分方程如下

$$\frac{\mathrm{d}M}{\mathrm{d}t} = -\lambda M$$

其中 $\lambda\,(\lambda > 0)$ 是常数,叫做衰变系数. λ 前的负号是指由于当 t 增加时 M 单调减少,即 $\dfrac{\mathrm{d}M}{\mathrm{d}t} < 0$ 的缘故.

由题易知,初始条件为　　　　　$M\big|_{t=0} = M_0$

方程是可以分离变量的方程,分离变量后得　　$\dfrac{\mathrm{d}M}{M} = -\lambda\,\mathrm{d}t$

两端积分　　　　　　　　　　　$\displaystyle\int \frac{\mathrm{d}M}{M} = \int (-\lambda)\,\mathrm{d}t$

以 $\ln C$ 表示任意常数,因为 $M > 0$,得　　$\ln M = -\lambda t + \ln C$

即方程的通解为　　　　　　　　$M = Ce^{-\lambda t}$

以初始条件代入上式,解得　　　　$M_0 = Ce^o = C$

故得　　　　　　　　　　　　　$M = M_0 e^{-\lambda t}$

由此可见,铀的含量随时间的增加而按指数规律衰减(如图 5.1).

图 5.1　　　　　　　　　　　　　　　　　　　图 5.2

例 4　一容器内盛有 100 升盐水,其中含盐 10 千克,今用每分钟 2 升的速度流注水入容器,并用同样的速度使盐水流出(如图 5.2),在容器内有一搅拌器不停地搅拌着,因此可以认为溶液的浓度在每一时刻都是均匀的,试求在容器内盐量随时间变化的规律.

解　设时刻 t 时溶液的含盐量为 $Q = Q(t)$. 当时间从 t 变到 $t + \Delta t$ 时,容器内含盐量由 Q 变到 $Q + \Delta Q$,因而容器含盐量的增量为 ΔQ,这时从容器中流走的溶液量为 $2L\Delta t$,由于 Δt 很小,因此在 t 到 $t + \Delta t$ 这段时间内盐水的浓度可以看成不变的,近似于 t 时刻的盐水浓度 $\dfrac{Q}{100}$,所以流出的盐量为 $\dfrac{Q}{100} \cdot 2\Delta t$,于是有

$$\Delta Q \approx -\frac{Q}{100} \cdot 2\Delta t$$

即 $$\mathrm{d}Q = -\frac{Q}{50}\mathrm{d}t$$ ①

依题意有初始条件 $$Q\mid_{t=0} = 10$$

将方程①分离变量并积分求得其通解为 $Q = Ce^{-\frac{t}{50}}$

把初始条件 $Q\mid_{t=0} = 10$ 代入通解得 $C = 10$

所以容器内含盐量随时间的变化规律为 $Q = 10e^{-\frac{t}{50}}$

5.2.2 齐次方程

形如 $$y' = \varphi\left(\frac{y}{x}\right)$$ (2)

的一阶微分方程称为齐次方程.

齐次方程的解法如下:作代换 $u = \dfrac{y}{x}$,则 $y = ux$,于是 $\dfrac{\mathrm{d}y}{\mathrm{d}x} = x\dfrac{\mathrm{d}u}{\mathrm{d}x} + u$.

从而 $$x\frac{\mathrm{d}u}{\mathrm{d}x} + u = \varphi(u)$$

$$\frac{\mathrm{d}u}{\mathrm{d}x} = \frac{\varphi(u) - u}{x}$$

分离变量得 $$\frac{\mathrm{d}u}{\varphi(u) - u} = \frac{\mathrm{d}x}{x}$$

两端积分 $$\int\frac{\mathrm{d}u}{\varphi(u) - u} = \int\frac{\mathrm{d}x}{x}$$

求出积分后,再用 $\dfrac{y}{x}$ 代替 u,便得所给齐次方程的通解.

例5 求微分方程 $\dfrac{\mathrm{d}y}{\mathrm{d}x} = \dfrac{y}{x} + \cot\dfrac{y}{x}$ 的通解.

解 令 $u = \dfrac{y}{x}$,则 $\dfrac{\mathrm{d}y}{\mathrm{d}x} = x\dfrac{\mathrm{d}u}{\mathrm{d}x} + u$,

于是 $$x\frac{\mathrm{d}u}{\mathrm{d}x} + u = u + \cot u$$

即 $$x\frac{\mathrm{d}u}{\mathrm{d}x} = \cot u$$

分离变量得 $$\frac{\mathrm{d}u}{\cot u} = \frac{\mathrm{d}x}{x}$$

两端积分并化简得 $$\frac{1}{\cos u} = Cx$$

将 $u = \dfrac{y}{x}$ 回代并化简得原方程的通解为 $y = x\arccos\dfrac{1}{Cx}$

例6 求微分方程 $xy' = y(1 + \ln y - \ln x)$ 的通解.

解 原式可化为 $$\frac{\mathrm{d}y}{\mathrm{d}x} = \frac{y}{x}\left(1 + \ln\frac{y}{x}\right),$$

令 $u = \dfrac{y}{x}$,则 $\dfrac{\mathrm{d}y}{\mathrm{d}x} = x\dfrac{\mathrm{d}u}{\mathrm{d}x} + u$,

于是
$$x \frac{\mathrm{d}u}{\mathrm{d}x} + u = u(1 + \ln u)$$

分离变量
$$\frac{\mathrm{d}u}{u \ln u} = \frac{\mathrm{d}x}{x}$$

两端积分得
$$\ln\ln|u| = \ln|x| + \ln C$$
$$\ln|u| = Cx$$

即
$$u = \mathrm{e}^{Cx}$$

将 $u = \dfrac{y}{x}$ 回代并化简得原方程通解为
$$y = x\mathrm{e}^{Cx}$$

5.2.3　一阶线性微分方程

形如
$$\frac{\mathrm{d}y}{\mathrm{d}x} + P(x)y = Q(x) \tag{3}$$

的方程称为一阶线性微分方程.

若 $Q(x) \equiv 0$,方程变为
$$\frac{\mathrm{d}y}{\mathrm{d}x} + P(x)y = 0 \tag{4}$$

则方程(4)称为一阶线性齐次方程;

若 $Q(x) \neq 0$,称(3)为一阶线性非齐次方程.

下面讨论一阶线性微分方程的解法.

首先求其对应齐次方程 $\dfrac{\mathrm{d}y}{\mathrm{d}x} + P(x)y = 0$ 的通解. 分离变量并积分求得到对应于方程(3)的齐次微分方程(4)的通解为
$$y = C\mathrm{e}^{-\int P(x)\mathrm{d}x}$$

其次,利用常数变易法求(3)的通解. 用函数 $C(x)$ 代替常数 C,即设 $y = C(x)\mathrm{e}^{-\int P(x)\mathrm{d}x}$ 是方程(3)的解,于是
$$\frac{\mathrm{d}y}{\mathrm{d}x} = C'(x)\mathrm{e}^{-\int P(x)\mathrm{d}x} + C(x)\mathrm{e}^{-\int P(x)\mathrm{d}x}[-P(x)]$$

把 y',y 代入(3),化简并积分得
$$C(x) = \int Q(x)\mathrm{e}^{\int P(x)\mathrm{d}x}\mathrm{d}x + C$$

故得到方程 $\dfrac{\mathrm{d}y}{\mathrm{d}x} + P(x)y = Q(x)$ 的通解为:
$$y = \mathrm{e}^{-\int P(x)\mathrm{d}x}\left(\int Q(x)\mathrm{e}^{\int P(x)\mathrm{d}x}\mathrm{d}x + C\right) \tag{5}$$

上述方法称常数变易法.

例 7　求方程 $y' - \dfrac{2y}{x+1} = (x+1)^{\frac{5}{2}}$ 的通解.

解　这是一个非齐次线性方程. 先求对应的齐次方程
$$\frac{\mathrm{d}y}{\mathrm{d}x} - \frac{2y}{x+1} = 0$$

的通解. 分离变量得
$$\frac{\mathrm{d}y}{y} = \frac{2\mathrm{d}x}{x+1},$$

两边积分得 $$\ln y = 2\ln(x+1) + \ln C,$$

即 $$y = C(x+1)^2$$

用常数变易法. 把一式中的 C 换成 $C(x)$, 即令 $y = C(x)(x+1)^2$ 为原方程的解,

则有 $$\frac{\mathrm{d}y}{\mathrm{d}x} = C'(x)(x+1)^2 + 2C(x)(x+1),$$

代入原方程得 $$C'(x) = (x+1)^{\frac{1}{2}},$$

两端积分, 得 $$C(x) = \frac{2}{3}(x+1)^{\frac{3}{2}} + C$$

所以原方程的通解为 $$y = (x+1)^2\left[\frac{2}{3}(x+1)^{\frac{3}{2}} + C\right]$$

另解 我们可以直接应用(5)式

$$y = \mathrm{e}^{-\int P(x)\mathrm{d}x}\left(\int Q(x)\mathrm{e}^{\int P(x)\mathrm{d}x}\mathrm{d}x + C\right)$$

得到方程的通解, 其中,

$$P(x) = -\frac{2}{x+1}, Q(x) = (x+1)^{\frac{5}{2}}$$

代入积分同样可得方程通解 $$y = (x+1)^2\left[\frac{2}{3}(x+1)^{\frac{3}{2}} + C\right]$$

此法较为简便, 因此, 以后的解方程中, 可以直接应用(5)式求解.

例8 求方程 $x(1+x^2)\mathrm{d}y - (1+x^2)^2\mathrm{d}x = 2x^2 y\mathrm{d}x$ 满足初始条件 $y\big|_{x=1} = 2$ 的特解.

解 原方程可变为 $$\frac{\mathrm{d}y}{\mathrm{d}x} - \frac{2x}{1+x^2}y = \frac{1+x^2}{x} \qquad ②$$

这是一个一阶线性非齐次方程. 对应的齐次方程 $\frac{\mathrm{d}y}{\mathrm{d}x} - \frac{2x}{1+x^2}y = 0$ 的通解为

$$y = C(1+x^2)$$

用常数变易法. 把上式中的 C 换成 $C(x)$, 即令 $y = C(x)(1+x^2)$ 为原方程的解,

代入方程②并化简, 得 $$C'(x) = \frac{1}{x}$$

两边积分, 得 $$C(x) = \ln x + C$$

所以原方程的通解为 $$y = (C + \ln x)(1+x^2)$$

将初始条件 $y\big|_{x=1} = 2$ 代入上式, 得 $C = 1$.

所以原方程的特解为 $$y = (1 + \ln x)(1+x^2)$$

例9 求方程 $y' - \frac{1}{x}y = xy^2$ 的通解.

解 方程两边同除以 y^2, 得 $$y^{-2}y' - \frac{1}{x}y^{-1} = x \qquad ③$$

令 $y^{-1} = z$, 则有 $z' = -\frac{1}{y^2}y'$, 代入③式并化简, 得 $$z' + \frac{1}{x}z = -x \qquad ④$$

这是一个一阶线性非齐次方程.

对应的齐次方程 $z' + \frac{1}{x}z = 0$ 的通解为 $$z = \frac{C}{x}$$

用常数变易法. 把上式中的 C 换成 $C(x)$, 即令 $z = \dfrac{C(x)}{x}$ 为方程④的解,

代入方程④并化简, 得 $\qquad\qquad C'(x) = -x^2$

两边积分, 得 $\qquad\qquad C(x) = -\dfrac{1}{3}x^3 + C$

所以方程④的通解为 $\qquad\qquad z = \dfrac{1}{x}\left(-\dfrac{1}{3}x^3 + C\right)$

将 $z = y^{-1}$ 回代得原方程的通解为 $\qquad\qquad y = \dfrac{x}{-\dfrac{1}{3}x^3 + C}$

上例的解法具有普遍性. 我们称方程 $\dfrac{\mathrm{d}y}{\mathrm{d}x} + P(x)y = Q(x)y^n \ (n \neq 0,1)$ 为贝努力(Bernoulli) 方程. 显然, 当 $n = 0,1$ 时为一阶线性微分方程. 此类方程的解法是方程两边先同除以 y^n, 然后令 $z = y^{1-n}$, 则原方程可化为 $\dfrac{1}{1-n}\dfrac{\mathrm{d}z}{\mathrm{d}x} + P(x)z = Q(x)$, 这是一个关于 z 的一阶线性微分方程, 用常数变易法可以求解.

习题 5.2

1　求下列各微分方程的通解:

① $5y' - 3x^2 - 5x = 0$ 　　　　② $y' = \dfrac{\cos x}{3y^2 + e^y}$ 　　　　③ $xy' = y \ln y$

④ $x^2 y' = (x-1)y$ 　　　　⑤ $(y+3)\mathrm{d}x + \cot x\,\mathrm{d}y = 0$ 　　　　⑥ $y' = 10^{x+y}$

⑦ $(1+x)y' = 2e^{-y} - 1$ 　　⑧ $(e^{x+y} - e^x)\mathrm{d}x + (e^{x+y} + e^y)\mathrm{d}y = 0$ 　　⑨ $(x^2 + xy)\mathrm{d}y = y^2\mathrm{d}x$

⑩ $y' = \dfrac{x^2 + 2xy - y^2}{x^2 - 2xy - y^2}$ 　　　　⑪ $y' + 2y = e^{2x}$ 　　　　⑫ $y' - 3xy = 2x$

⑬ $2x\mathrm{d}y - y^2\mathrm{d}y - y\mathrm{d}x = 0$ 　　⑭ $xy' - 2y = x^3 \sin 3x$

2　求下列各微分方程满足初始条件的特解:

① $\sin y \cos x\,\mathrm{d}y = \cos y \sin x\,\mathrm{d}x, \ y\big|_{x=0} = \dfrac{\pi}{4}$ 　　② $y'\sin x = y \ln y, \ y\big|_{x=\frac{\pi}{2}} = e$

③ $y' = e^{2x-y}, \ y\big|_{x=0} = 0$ 　　　　④ $\dfrac{x}{1+y}\mathrm{d}x - \dfrac{y}{1+x}\mathrm{d}y = 0, \ y\big|_{x=0} = 1$

⑤ $y' - y\tan x = \sec x, \ y\big|_{x=0} = 0$ 　　⑥ $x^2 y' + (1-2x)y = x^2, \ y\big|_{x=1} = 0$

3　一曲线上的动点坐标 (x,y) 满足方程 $\dfrac{\mathrm{d}y}{\mathrm{d}x} + \dfrac{2xy}{h} = 0$, 其中 h 为常量, 设当 $x = 0$ 时, $y = a$, 求此曲线方程.

4　在温度为 20 ℃的空气内, 一物体的温度为 100 ℃, 10 分钟后物体降到 60 ℃, 如果温度要降到 25 ℃, 问需要多长的时间?

5　一跳伞队员质量为 m, 降落时空气和阻力与伞下降的速度成正比, 设跳伞队员离开飞机时的速度为零, 求降落伞下落速度与时间的函数关系.

5.3　二阶常系数线性微分方程

形如

$$y'' + py' + qy = f(x) \tag{1}$$

的方程称二阶常系数线性微分方程,其中 p,q 是常数, $f(x)$ 是连续函数.

如果方程中 $f(x) = 0$,则方程(1)变为

$$y'' + py' + qy = 0 \tag{2}$$

称(2)为二阶常系数齐次线性微分方程.如果 $f(x) \neq 0$,则称方程(1)为二阶常系数非齐次线性微分方程.

下面对方程(1)、(2)的解法分别进行讨论.

5.3.1　二阶常系数齐次线性微分方程

对于二阶常系数齐次线性微分方程的解有如下性质:

定理1　若 $y_1(x), y_2(x)$ 是方程(2)的解,则 $y = C_1 y_1(x) + C_2 y_2(x)$ 也是(2)的解,其中 C_1, C_2 为任意常数.

定理1称为解的叠加原理.但此解未必是(2)的通解.那么 $y = C_1 y_1(x) + C_2 y_2(x)$ 何时成为(2)通解? 先引进两个函数线性相关和线性无关的概念.

定义　设 $y_1(x), y_2(x)$ 是两个函数,如果 $\dfrac{y_1(x)}{y_2(x)} = k$ (k 为常数),则称函数 $y_1(x)$ 与 $y_2(x)$ 线性相关,否则称为线性无关.

定理2　若 $y_1(x), y_2(x)$ 是(2)的两个线性无关的特解,那么 $y = C_1 y_1(x) + C_2 y_2(x)$ (C_1 , C_2 为任意常数)是方程(2)的通解.

此性质称为二阶齐次线性微分方程(2)的通解结构.例如,容易验证, $y_1 = \cos x$ 与 $y_2 = \sin x$ 是方程 $y'' + y = 0$ 的两个解,且 $\dfrac{y_2}{y_1} = \dfrac{\sin x}{\cos x} = \tan x \neq$ 常数,即它们是线性无关的.因此方程 $y'' + y = 0$ 的通解为 $y = C_1 \cos x + C_2 \sin x$.

由定理2知,求方程 $y'' + py' + qy = 0$ 的通解,就归结为找出它的两个线性无关的解.下面讨论其求解方法.

在方程(2)中, p 和 q 都是常数,因此对于某一函数 $y = f(x)$,若它与其一阶导数 y' 、二阶导数 y'' 之间仅相差一个常数因子,则它有可能是该方程的解,什么样的函数具有这样的特点呢? 由求导数的经验,我们自然会想到指数函数 $\mathrm{e}^{\lambda x}$.

令 $y = \mathrm{e}^{\lambda x}$,则 $y' = \lambda \mathrm{e}^{\lambda x}, y'' = \lambda^2 \mathrm{e}^{\lambda x}$

将它们代入方程(2),便得到　　　$\mathrm{e}^{\lambda x}(\lambda^2 + p\lambda + q) = 0$

由于 $\mathrm{e}^{\lambda x} \neq 0$,故　　　　　　　　　$\lambda^2 + p\lambda + q = 0 \tag{3}$

这是关于 λ 的二次代数方程.显然,如果 λ 满足方程(3),则 $y = \mathrm{e}^{\lambda x}$ 就是齐次方程(2)的解;反之,若 $y = \mathrm{e}^{\lambda x}$ 是方程(2)的解,则 λ 一定是(4)的根.我们把方程(3)叫微分方程(2)的特征方程,它的根称为特征根.于是,方程(2)的求解问题,就转化为求代数方程(3)的根的问题.

由二次方程求根公式,有

$$\lambda_{1,2} = \frac{-p \pm \sqrt{p^2 - 4q}}{2}$$

下面根据特征方程根的三种不同情况分别讨论方程(1)的通解.

1)当 $p^2 - 4q > 0$ 时,特征方程有两个不相等的实根 λ_1, λ_2. 这时, $y_1 = e^{\lambda_1 x}$, $y_2 = e^{\lambda_2 x}$ 是微分方程(2)的两个特解,且 $\frac{y_2}{y_1} = e^{(\lambda_2 - \lambda_1)x} \neq$ 常数.

所以微分方程(2)的通解是

$$y = C_1 e^{\lambda_1 x} + C_2 e^{\lambda_2 x}$$

2)当 $p^2 - 4q = 0$ 时,特征方程有两个相等的实根 $\lambda_1 = \lambda_2$. 这时, $y_1 = e^{\lambda_1 x}$ 是微分方程(2)的一个特解. 为了得到通解,还必须找出一个与 y_1 线性无关的特解 y_2. 可以证明, $y_2 = xe^{\lambda_1 x}$ 也是微分方程(2)的一个解,且与 $y_1 = e^{\lambda_1 x}$ 线性无关,因此微分方程(2)的通解为:

$$y = C_1 e^{\lambda_1 x} + C_2 x e^{\lambda_1 x} = (C_1 + C_2 x) e^{\lambda_1 x}$$

3)当 $p^2 - 4q < 0$ 时, $\lambda_1 = \alpha + i\beta$, $\lambda_2 = \alpha - i\beta$ 是一对共轭复数根. $y_1 = e^{(\alpha + i\beta)x}$, $y_2 = e^{(\alpha - i\beta)x}$ 是方程(2)的两个线性无关解,为得出实数解,利用欧拉(Euler)公式(在下一章证明) $e^{i\theta} = \cos\theta + i\sin\theta$ 可知:

$$y_1 = e^{(\alpha + i\beta)x} = e^{\alpha x} \cdot e^{i\beta x} = e^{\alpha x}(\cos\beta x + i\sin\beta x)$$

$$y_2 = e^{(\alpha - i\beta)x} = e^{\alpha x} \cdot e^{-i\beta x} = e^{\alpha x}(\cos\beta x - i\sin\beta x)$$

由定理 1 知, y_1, y_2 是(2)的解,它们分别乘上常数后相加所得的和仍是(2)的解,所以

$$\overline{y_1} = \frac{1}{2}(y_1 + y_2) = e^{\alpha x}\cos\beta x$$

$$\overline{y_2} = \frac{1}{2i}(y_1 - y_2) = e^{\alpha x}\sin\beta x$$

也是方程(2)的解,且 $\frac{\overline{y_2}}{\overline{y_1}} = \tan\beta x \neq$ 常数,因此,方程(2)的通解为:

$$y = e^{\alpha x}(C_1\cos\beta x + C_2\sin\beta x)$$

综合上面的讨论知,求二阶常系数齐次线性微分方程

$$y'' + py' + qy = 0 \tag{2}$$

的通解的步骤如下:

1)写出微分方程(2)的特征方程　　$\lambda^2 + p\lambda + q = 0$ 　　　　　　　　　　(3)

2)求出特征方程(3)的两个根 λ_1, λ_2

3)根据特征方程(3)的两个根的不同情形,按照下列表格写出微分方程(2)的通解:

特征方程 $\lambda^2 + p\lambda + q = 0$ 的两个根 λ_1, λ_2	微分方程 $y'' + py' + qy = 0$ 的通解
两个不相等的实根 λ_1, λ_2	$y = C_1 e^{\lambda_1 x} + C_2 e^{\lambda_2 x}$
两个相等的实根 λ_1	$y = (C_1 + C_2 x) e^{\lambda_1 x}$
一对共轭复根 $\lambda_{1,2} = \alpha \pm i\beta$	$y = e^{\alpha x}(C_1\cos\beta x + C_2\sin\beta x)$

例 1 求微分方程 $y'' + 2y' - 8y = 0$ 的通解.

解 所给微分方程的特征方程为 $\lambda^2 + 2\lambda - 8 = 0$

即 $(\lambda + 4)(\lambda - 2) = 0$

其特征根为 $\lambda_1 = -4, \lambda_2 = 2$

因此所求微分方程的通解为

$$y = C_1 e^{-4x} + C_2 e^{2x}$$

例 2 求微分方程 $y'' - 6y' + 9y = 0$ 的通解.

解 所给微分方程的特征方程为 $\lambda^2 - 6\lambda + 9 = 0$，它有相同的实根 $\lambda_1 = \lambda_2 = 3$，因此所求微分方程的通解为

$$y = (C_1 + C_2 x) e^{3x}$$

例 3 求方程 $y'' - 6y' + 13y = 0$ 的通解.

解 所给微分方程的特征方程为 $\lambda^2 - 6\lambda + 13 = 0$

它有一对共轭复根 $\lambda_1 = 3 + 2i, \lambda_2 = 3 - 2i$

因此所求微分方程的通解为

$$y = e^{3x}(C_1 \cos 2x + C_2 \sin 2x)$$

例 4 求方程 $\dfrac{d^2 s}{dt^2} + 2\dfrac{ds}{dt} + s = 0$ 满足初始条件 $s|_{t=0} = 4, s'|_{t=0} = -2$ 的特解.

解 特征方程为 $\lambda^2 + 2\lambda + 1 = 0$

特征根为 $\lambda_1 = \lambda_2 = -1$，于是方程的通解为

$$s = (C_1 + C_2 t) e^{-t}$$

因 $s' = (C_2 - C_2 t - C_1) e^{-t}$

故将初始条件代入以上两式，得 $4 = C_1, \quad -2 = C_2 - C_1$

从而 $C_1 = 4, C_2 = 2$. 于是原方程的特解为 $s = (4 + 2t) e^{-t}$

5.3.2 二阶常系数非齐次线性微分方程

现在讨论二阶常系数非齐次线性微分方程 $y'' + py' + qy = f(x)$ 的通解.

定理 3 （非齐次线性微分方程通解的结构定理）设 y^* 是非齐次线性方程

$$y'' + py' + qy = f(x) \tag{1}$$

的一个特解，而 Y 是对应齐次方程

$$y'' + py' + qy = 0 \tag{2}$$

的通解，则 $y = Y + y^*$ 是非齐次方程(1)的通解.

求常系数二阶非齐次方程的特解，有时要用到下面的定理.

定理 4 设 y_1^* 与 y_2^* 分别是方程

$$y'' + py' + qy = f_1(x)$$

与方程

$$y'' + py' + qy = f_2(x)$$

的特解，则 $y^* = y_1^* + y_2^*$ 是方程

$$y'' + py' + qy = f_1(x) + f_2(x)$$

的特解.

由定理 3 可知,求二阶非齐次方程的通解问题就转化为求非齐次方程(1)的一个特解和对应齐次方程(2)的通解问题. 由于求齐次方程的通解问题已解决,故求非齐次方程(1)的通解的关键是求其一个特解. 一般说来,求方程(1)的特解是很困难的,但若 $f(x)$ 是以下两种特殊类型的函数时,可采用待定系数法来求解.

类型 I　$f(x) = p_m(x)e^{\alpha x}$

定理 5　若方程(1)中 $f(x) = p_m(x)e^{\alpha x}$,其中 $p_m(x)$ 是 x 的 m 次多项式,则方程(1)的一特解 y^* 具有如下形式

$$y^* = x^k Q_m(x)e^{\alpha x}$$

其中 $Q_m(x)$ 是系数待定的 x 的 m 次多项式,k 由下列情形决定:

①当 α 是方程(1)对应齐次方程的特征方程的单根时,取 $k=1$;

②当 α 是方程(1)对应齐次方程的特征方程的重根时,取 $k=2$;

③当 α 不是方程(1)对应齐次方程的特征根时,取 $k=0$.

例 5　求方程 $y'' + 4y' + 3y = x - 2$ 的通解.

解　对应的齐次方程的特征方程为 $\lambda^2 + 4\lambda + 3 = 0$

特征根为 $\lambda_1 = -3, \lambda_2 = -1$. 则对应齐次方程的通解为 $y = C_1 e^{-3x} + C_2 e^{-x}$. 方程右端可看成 $(x-2)e^{0x}$,即 $\alpha = 0$. 由于 0 不是特征根,故设特解为　　$y^* = ax + b$

将 y^* 代入原方程,得　　　　　　$4a + 3(ax + b) = x - 2$

比较两边系数得　　　　　　$3a = 1,\ 4a + 3b = -2$

即　　　　　　$a = \dfrac{1}{3}, b = -\dfrac{10}{9}$

故　　　　　　$y^* = \dfrac{1}{3}x - \dfrac{10}{9}$

于是方程通解为　　　　　$y = C_1 e^{-3x} + C_2 e^{-x} + \dfrac{1}{3}x - \dfrac{10}{9}$

例 6　求方程 $y'' - 5y' + 6y = xe^{2x}$ 的通解.

解　对应的齐次方程的特征方程为 $\lambda^2 - 5\lambda + 6 = 0$,特征根为 $\lambda_1 = 2, \lambda_2 = 3$. 从而对应的齐次方程的通解为

$$y = C_1 e^{2x} + C_2 e^{3x}$$

因为 $\alpha = 2$ 是特征方程的单根,故设其特解为 $y^* = x(ax + b)e^{2x}$

于是　　　　$(y^*)' = [2ax^2 + 2(a+b)x + b]e^{2x}$

$(y^*)'' = [4ax^2 + 4(2a+b)x + 2(a+2b)]e^{2x}$

代入方程,得　　　　　$-2ax + 2a - b = x$

比较系数,得　　　　　$-2a = 1, 2a - b = 0$

故　　　　　$a = -\dfrac{1}{2}, b = -1$

因此　　　　$y^* = x\left(-\dfrac{1}{2}x - 1\right)e^{2x}$

于是原方程的通解为　　　$y = C_1 e^{2x} + C_2 e^{3x} + x\left(-\dfrac{x}{2} - 1\right)e^{2x}$

例 7　求方程 $y'' - 2y' + y = (x+1)e^x$ 的通解.

171

解 对应的齐次方程的特征方程为 $\lambda^2 - 2\lambda + 1 = 0$,特征根为 $\lambda_1 = \lambda_2 = 1$. 于是,对应的齐次方程的通解为

$$y = (C_1 + C_2 x)\mathrm{e}^x$$

因 $\alpha = 1$ 是二重特征根,故令原方程特解为 $y^* = x^2(ax + b)\mathrm{e}^x$

代入方程化简后得 $\qquad 6ax + 2b = x + 1$

比较系数得 $\qquad a = \dfrac{1}{6}, b = \dfrac{1}{2}$

所以 $\qquad y^* = \dfrac{1}{6}x^2(x + 3)\mathrm{e}^x$

于是方程通解为 $\qquad y = (C_1 + C_2 x)\mathrm{e}^x + \dfrac{1}{6}x^2(x + 3)\mathrm{e}^x$

类型 II $f(x) = \mathrm{e}^{\alpha x}p_m(x)\cos \beta x$ 或 $f(x) = \mathrm{e}^{\alpha x}p_m(x)\sin \beta x$

定理 6 若方程(1)中的 $f(x) = \mathrm{e}^{\alpha x}p_m(x)\cos \beta x$ 或 $f(x) = \mathrm{e}^{\alpha x}p_m(x)\sin \beta x$($p_m(x)$ 是 x 的 m 次多项式),则方程(1)的一个特解 y^* 具有如下形式

$$y^* = x^k(A_m(x)\cos \beta x + B_m(x)\sin \beta x)\mathrm{e}^{\alpha x}$$

其中 $A_m(x)$、$B_m(x)$ 为系数待定的 x 的 m 次多项式,k 由下列情形决定:

①当 $\alpha \pm i\beta$ 是对应齐次方程特征根时,取 $k = 1$;

②当 $\alpha \pm i\beta$ 不是对应齐次方程特征根时,取 $k = 0$.

例 8 求方程 $y'' - y' = \mathrm{e}^x \sin x$ 的一个特解.

解 对应的齐次方程的特征方程为 $\lambda^2 - \lambda = 0$,特征根为 $\lambda_1 = 0, \lambda_2 = 1$. 由于 $f(x) = \mathrm{e}^x \sin x$,而 $1 \pm i$ 不是特征根. 于是,可设原方程的特解为

$$y^* = \mathrm{e}^x(A\cos x + B\sin x)$$

由于 $\qquad (y^*)' = \mathrm{e}^x(A\cos x + B\sin x) + \mathrm{e}^x(-A\sin x + B\cos x)$

$$(y^*)'' = \mathrm{e}^x(A\cos x + B\sin x) - 2\mathrm{e}^x(A\sin x - B\cos x) - \mathrm{e}^x(A\cos x + B\sin x)$$

代入原方程,得 $\qquad \mathrm{e}^x[(B - A)\cos x - (A + B)\sin x] = \mathrm{e}^x \sin x$

约去 e^x,并比较两端系数,得 $\qquad \begin{cases} A + B = -1 \\ B - A = 0 \end{cases}$

由此解得 $\qquad A = -\dfrac{1}{2}, B = -\dfrac{1}{2}$

因此方程一特解为 $\qquad y^* = \mathrm{e}^x\left(-\dfrac{1}{2}\cos x - \dfrac{1}{2}\sin x\right)$

例 9 求微分方程 $y'' - 4y' + 5y = \mathrm{e}^{2x}(\sin x + 2\cos x)$ 的通解.

解 对应的齐次方程的特征方程为 $\lambda^2 - 4\lambda + 5 = 0$,特征根为 $\lambda_1 = 2 + i, \lambda_2 = 2 - i$. 于是,对应的齐次方程的通解为

$$y = \mathrm{e}^{2x}(C_1\cos x + C_2\sin x)$$

由于 $f(x) = \mathrm{e}^{2x}(\sin x + 2\cos x)$,而 $2 \pm i$ 是特征方程的根,所以,可设特解形式为

$$y^* = x\mathrm{e}^{2x}(A\cos x + B\sin x)$$

求出 $(y^*)'$ 和 $(y^*)''$,代入原方程,然后比较系数得

$$A = -\dfrac{1}{2}, B = 1$$

所以特解为
$$y^* = x\mathrm{e}^{2x}\left(-\frac{1}{2}\cos x + \sin x\right)$$

故原方程的通解为
$$y = \mathrm{e}^{2x}(C_1\cos x + C_2\sin x) + x\mathrm{e}^{2x}\left(-\frac{1}{2}\cos x + \sin x\right)$$

例 10　求方程 $y'' - y = 4\cos x$ 的通解.

解　由于原方程对应的特征方程为 $\lambda^2 - 1 = 0$,特征根为 $\lambda = \pm 1$,于是,对应的齐次方程的通解为　　$y = C_1\mathrm{e}^x + C_2\mathrm{e}^{-x}$

注意到方程中不含有 y' 项,利用余弦函数的二阶导数仍是余弦函数的性质,可设特解 $y^* = A\cos x$

代入原方程,得
$$(-A - A)\cos x = 4\cos x$$

因此
$$A = -2$$

于是
$$y^* = -2\cos x$$

故原方程的通解为　$y = C_1\mathrm{e}^x + C_2\mathrm{e}^{-x} - 2\cos x$

例 11　求方程 $y'' - y = x + 4\cos x$ 的通解.

解　由上例知,对应的齐次方程的通解为　　$y = C_1\mathrm{e}^x + C_2\mathrm{e}^{-x}$

又由定理 4 知,原方程的特解为方程 $y'' - y = 4\cos x$ 与 $y'' - y = x$ 特解之和,由上例知 $y'' - y = 4\cos x$ 的一个特解为 $y_1^* = -2\cos x$. 另外容易看出方程 $y'' - y = x$ 的特解为
$$y_2^* = -x$$

所以原方程的通解为
$$y = C_1\mathrm{e}^x + C_2\mathrm{e}^{-x} - 2\cos x - x$$

习题 5. 3

1　求下列微分方程的通解:

① $y'' - 9y = 0$　② $y'' - 4y' + 3y = 0$　③ $y'' - 2y' + y = 0$　④ $y'' + 2y = 0$

⑤ $y'' - y' + 2y = 0$　⑥ $\frac{1}{2}y'' + 3y' + 5y = 0$　⑦ $3y'' + 5y' + 2y = 0$　⑧ $y'' + 6y' + 9y = 0$

2　求下列微分方程满足条件的特解:

① $3y'' - 2y' = 0, y\big|_{x=0} = 0, y'\big|_{x=0} = \frac{4}{3}$　　　　② $y'' + 4y' + 3y = 0, y\big|_{x=0} = 2, y'\big|_{x=0} = 6$

③ $y'' + 25y = 0, y\big|_{x=0} = 2, y'\big|_{x=0} = 5$　　　④ $4y'' + 4y' + y = 0, y\big|_{x=0} = 2, y'\big|_{x=0} = 0$

⑤ $3y'' + 2y' + \frac{1}{3}y = 0, y\big|_{x=0} = 3, y'\big|_{x=0} = 0$　⑥ $y'' - 2y' + y = 0, y\big|_{x=0} = 1, y'\big|_{x=0} = 0$

⑦ $y'' + 3y' + 2y = 0, y\big|_{x=0} = 1, y'\big|_{x=0} = 0$

3　求下列微分方程的通解:

① $2y'' + y' - y = 2\mathrm{e}^x$　　② $y'' + 2y' - 3y = 2x^2$　　　③ $y'' + 2y' + y = \mathrm{e}^x + 2x$

④ $y'' + y = x^2 + \sin x$　　⑤ $y'' + 3y' + 2y = 3x\mathrm{e}^{2x}$　　⑥ $\frac{1}{4}y'' = \sin 2x$

⑦ $4y'' - 4y' + y = 2\mathrm{e}^{\frac{x}{2}}$　　⑧ $y'' + 4y = \sin 2x$　　　⑨ $y'' - y = \sin^2 x$

⑩$y'' - 2y' + 5y = e^x \sin x$ ⑪$2y'' + 5y' + 3y = 5x^2 - 2x + 1$

4 求下列微分方程满足条件的特解:

①$y'' + y' - 2y = 2x, y \big|_{x=0} = 0, y' \big|_{x=0} = 3$ ②$y'' - 3y' + 2y = 5, y \big|_{x=0} = 1, y' \big|_{x=0} = 2$

③$y'' + y + \sin 2x = 0, y \big|_{x=\pi} = 1, y' \big|_{x=\pi} = 1$ ④$y'' + y = x^2 + \cos x, y \big|_{x=0} = 0, y' \big|_{x=0} = 1$

⑤$2y'' + y' + y = 2, y \big|_{x=0} = 1, y' \big|_{x=0} = 0$

*5.4 几类特殊可降阶的高阶微分方程

我们把二阶及二阶以上的微分方程称为高阶微分方程. 下面介绍三类特殊高阶微分方程的解法.

5.4.1 形如 $y^{(n)} = f(x)$ 型的微分方程

解法:令 $y^{(n-1)} = z$,则原方程可化为 $\dfrac{\mathrm{d}z}{\mathrm{d}x} = f(x)$

于是
$$z = y^{(n-1)} = \int f(x)\,\mathrm{d}x + C_1$$

同理
$$y^{(n-2)} = \int \left[\int f(x)\,\mathrm{d}x + C_1 \right] \mathrm{d}x + C$$

n 次积分后可求其通解.

此类方程的特点为:只含有 $y^{(n)}$ 和 x,不含 y 及 y 的 $1 \sim (n-1)$ 阶导数.

例1 求微分方程 $y'' = e^{2x} - \cos x$ 的通解.

解 对所给方程接连积分三次,得

$$y'' = \frac{1}{2}e^{2x} - \sin x + C$$

$$y' = \frac{1}{4}e^{2x} + \cos x + Cx + C_2$$

$$y = \frac{1}{8}e^{2x} + \sin x + C_1 x^2 + C_2 x + C_3 \left(C_1 = \frac{C}{2} \right)$$

这就是所求方程的通解.

5.4.2 形如 $y'' = f(x, y')$ 型的微分方程

解法 令 $y' = p$ 则方程化为 $p' = f(x, p)$,于是可将其化成一阶微分方程求解.

此类方程的特点为:含有 y'',y',x,不含 y.

例2 求微分方程 $(1 + x^2)y'' = 2xy'$ 满足初始条件 $y \big|_{x=0} = 1, y' \big|_{x=0} = 3$ 的特解.

解 设 $y' = p$,代入原方程得 $(1 + x^2)\dfrac{\mathrm{d}p}{\mathrm{d}x} = 2px$

这是可分离变量的方程,可求得其通解为 $p = y' = C_1(1 + x^2)$

两边再次积分,得 $y = C_1 \left(x + \dfrac{1}{3}x^3 \right) + C_2$

代入初始条件　　　　　　　$y\mid_{x=0}=1,y'\mid_{x=0}=3$，得 $C_1=3,C_2=1$

所以原方程的特解为　　　　　　　$y=x^3+3x+1$

5.4.3　形如 $y''=f(y,y')$ 型的微分方程

解法　令 $y'=p$，则 $y''=\dfrac{\mathrm{d}p}{\mathrm{d}x}=\dfrac{\mathrm{d}p}{\mathrm{d}y}\dfrac{\mathrm{d}y}{\mathrm{d}x}=p\dfrac{\mathrm{d}p}{\mathrm{d}y}$，原方程可化为 $p\dfrac{\mathrm{d}p}{\mathrm{d}y}=f(y,p)$，于是可将其化为

一阶微分方程求解.

此类方程的特点为:不显含 x.

例 3　求微分方程 $yy''-(y')^2=0$ 的通解.

解　设 $y'=p$，则 $y''=\dfrac{\mathrm{d}p}{\mathrm{d}x}=\dfrac{\mathrm{d}p}{\mathrm{d}y}\dfrac{\mathrm{d}y}{\mathrm{d}x}=p\dfrac{\mathrm{d}p}{\mathrm{d}y}$

代入原方程,得　　　　　　　$yp\dfrac{\mathrm{d}p}{\mathrm{d}y}-p^2=0$

当 $p\neq0$ 时,用分离变量法可求得　　　　$p=y'=C_1y$

上式再分离变量法可求得　　　　　$y=C_2\mathrm{e}^{C_1x}$　　　　　　　　　　　　　　(1)

当 $p=0$ 时,$y=C$,这个解包含在解(1)中,所以(1)为原方程的通解.

习题 5.4

1　求下列微分方程的通解:

① $y''=x+\sin x$　　　　② $y''(1+\mathrm{e}^x)+y'=0$　　　　③ $yy''-(y')^2=0$

2　求下列微分方程满足所给条件的特解:

① $(1-x^2)y''=xy',y\mid_{x=0}=1,y'\mid_{x=0}=2$　　　　② $y^3y''+1=0,y\mid_{x=1}=1,y'\mid_{x=1}=0$

复习题 5

1　单项选择题

①方程(　　)是可分离变量的微分方程.

(A) $y'=x^3-y^3$　　　　　　　　　　(B) $x\mathrm{d}x+(x+y)\mathrm{d}y=0$

(C) $\dfrac{\mathrm{d}y}{\mathrm{d}x}=\ln(x^2+y^2)$　　　　　　　(D) $y'=\mathrm{e}^{x+y}$

②方程(　　)是二阶微分方程.

(A) $\dfrac{\mathrm{d}y}{\mathrm{d}x}-y^2=\mathrm{e}^2$　　　　　　　　(B) $x^3y''+y^3=0$

(C) $(y')^2=3x^2$　　　　　　　　　(D) $(y^2)'+y^2=x^2$

③微分方程 $\dfrac{\mathrm{d}y}{\mathrm{d}x}=2xy$ 的通解是(　　　).

(A) $y=\mathrm{e}^{x^2}+C$　　　　　　　　　(B) $y=C\ln x$

（C）$y = Ce^{x^2}$ 　　　　　　　　　　（D）$y = \ln x + C$

④微分方程 $xy\mathrm{d}x + (x^2 + 1)\mathrm{d}y = 0$ 的通解是（　　）.

（A）$y + \sqrt{x^2 + 1} = C$ 　　　　　　（B）$y\sqrt{x^2 + 1} = C$

（C）$y^2\sqrt{x^2 + 1} = C$ 　　　　　　（D）$y(x^2 + 1)^2 = C$

⑤微分方程 $y'' = e^x$ 在 $y\big|_{x=0} = 0$、$y'\big|_{x=0} = 1$ 的特解是（　　）.

（A）$y = e^x - 1$ 　　　　　　　　　　（B）$y = e^x + 1$

（C）$y = e^x - \dfrac{1}{2}$ 　　　　　　　（D）$y = e^x + \dfrac{1}{2}$

⑥微分方程 $y'' - 4y' + 3y = 0$ 的通解是（　　）.

（A）$y = C_1 e^x + C_2 e^{3x}$ 　　　　　（B）$y = C_1 e^{-x} + C_2 e^{3x}$

（C）$y = C_1 e^x + C_2 e^{-3x}$ 　　　　（D）$y = C_1 e^{-x} + C_2 e^{-3x}$

2　填空题

①微分方程 $y' - \cos x = 0$ 的通解是＿＿＿＿＿＿＿＿＿＿；

②微分方程 $y'' = x$ 的通解是＿＿＿＿＿＿＿＿；

③$\dfrac{\mathrm{d}y}{\mathrm{d}x} - \dfrac{y}{x} = 0$ 在 $y\big|_{x=1} = 1$ 时的特解是＿＿＿＿＿＿＿＿＿＿；

④微分方程 $y'' + 2y' + y = 0$ 的通解是＿＿＿＿＿＿＿＿＿；

⑤$\dfrac{\mathrm{d}y}{\mathrm{d}x} - \dfrac{2}{x+1}y = (x+1)^3$ 的通解是＿＿＿＿＿＿＿＿＿.

3　求下列微分方程的通解或特解.

①$x(1 + 2y)\mathrm{d}x + (1 + x^2)\mathrm{d}y = 0$

②$\dfrac{\mathrm{d}y}{\mathrm{d}x} - \dfrac{2}{x}y = 2x^3$

③$(1 + x^2)y'' = 2xy'$ 　　　　$y\big|_{x=0} = 1, y'\big|_{x=0} = 3$

④$y' = \dfrac{1}{x^2}\ln x$

⑤$\dfrac{\mathrm{d}y}{\mathrm{d}x} = \dfrac{\cos x}{1 + y^2}$ 　　　　$y\big|_{x=0} = 1$

⑥$y'' - 2y' - 3y = 3x + 1$

4　设一曲线通过原点，且在任一点 (x, y) 的切线斜率为该点横坐标的两倍与纵坐标的和，求该曲线的方程.

第 **6** 章
无穷级数与拉普拉斯(Laplace)变换

无穷级数与拉普拉斯变换在数学理论研究和科学技术的应用中都是很重要的工具. 本章首先讨论级数问题,然后介绍拉普拉斯变换.

6.1 数项级数的概念和性质

6.1.1 数项级数的概念

在中学里遇到的加法都是有限项的和式,但是在一些实际问题中会出现无穷多项相加的问题,这就是无穷级数.下面给出它的定义.

定义1 设给出一个数列 $\{u_n\}$: $u_1, u_2, u_3, \cdots, u_n, \cdots$,则表达式 $u_1 + u_2 + u_3 + \cdots + u_n + \cdots$ 或记为 $\sum_{n=1}^{\infty} u_n$ 称为无穷级数,简称级数,其中 u_n 叫做级数的通项或一般项. 各项都是常数的级数叫做数项级数,如 $\sum_{n=1}^{\infty} \frac{1}{n!}$, $\sum_{n=1}^{\infty} \frac{1}{n(n+1)}$ 等.

上述级数定义仅仅只是一个形式化的定义,它未明确无限多个数量相加的意义.无限多个数量的相加并不能简单地认为是一项一项地累加起来,因为,这一累加过程是无法完成的. 为给出级数中无限多个数量相加的数学定义,我们引入级数部分和概念.

作数项级数的前 n 项的和 $S_n = u_1 + u_2 + u_3 + \cdots + u_n$,称 S_n 为级数的部分和. 从而得到一个新的数列: $S_1 = u_1, S_2 = u_1 + u_2, S_3 = u_1 + u_2 + u_3, \cdots, S_n = u_1 + u_2 + u_3 + \cdots + u_n, \cdots$. 根据部分和数列是否有极限,我们给出级数收敛与发散的概念.

定义2 如果级数 $\sum_{n=1}^{\infty} u_n$ 的部分和数列 $\{S_n\}$ 有极限 S,即 $\lim_{n \to \infty} S_n = S$,则称级数 $\sum_{n=1}^{\infty} u_n$ 收敛,这时极限 S 叫做这级数的和,记为 $\sum_{n=1}^{\infty} u_n = S$. 如果 $\{S_n\}$ 没有极限,则称级数 $\sum_{n=1}^{\infty} u_n$ 发散.

显然,当级数收敛时,其部分和 S_n 就是级数的 S 的近似值,此时称它们之差 $r_n = S - S_n = u_{n+1} + u_{n+2} + \cdots$ 称为级数第 n 项以后的余项.

例 1 证明等比级数(几何级数) $a + aq + aq^2 + \cdots + aq^{n-1} + \cdots (a \neq 0)$ 当 $|q| < 1$ 时收敛,当 $|q| \geq 1$ 时发散.

证明 当 $q \neq 1$ 时其前 n 项和 $S_n = a + aq + aq^2 + \cdots + aq^{n-1} = a \cdot \dfrac{1-q^n}{1-q}$

若 $|q| < 1$,则 $\lim\limits_{n \to \infty} q^n = 0$,于是 $\lim\limits_{n \to \infty} S_n = \lim\limits_{n \to \infty} a \dfrac{1-q^n}{1-q} = \dfrac{a}{1-q}$,即当 $|q| < 1$ 时等比级数收敛,且其和为 $\dfrac{a}{1-q}$. 当 $|q| > 1$,则 $\lim\limits_{n \to \infty} |q|^n = \infty$. 即当 $n \to \infty$ 时,S_n 是无穷大量,级数发散.

若 $q = 1$,则级数成为 $a + a + a + \cdots$,于是 $S_n = na$,$\lim\limits_{n \to \infty} S_n = \infty$,级数发散.

若 $q = -1$,则级数成为 $a - a + a - a + \cdots$,当 n 为奇数时,$S_n = a$,而当 n 为偶数时,$S_n = 0$. 当 $n \to \infty$ 时,S_n 无极限,所以级数也发散.

例 2 判断级数 $\sum\limits_{n=1}^{\infty} \dfrac{1}{n(n+1)}$ 的敛散性.

解 因为

$$S_n = \frac{1}{1 \cdot 2} + \frac{1}{2 \cdot 3} + \cdots + \frac{1}{n(n+1)} = \left(1 - \frac{1}{2}\right) + \left(\frac{1}{2} - \frac{1}{3}\right) + \cdots + \left(\frac{1}{n} - \frac{1}{n+1}\right) = 1 - \frac{1}{n+1}$$

由于 $\lim\limits_{n \to \infty} S_n = 1$,所以级数 $\sum\limits_{n=1}^{\infty} \dfrac{1}{n(n+1)}$ 收敛.

例 3 讨论调和级数 $\sum\limits_{n=1}^{\infty} \dfrac{1}{n} = 1 + \dfrac{1}{2} + \dfrac{1}{3} + \cdots + \dfrac{1}{n} + \cdots$ 的敛散性.

解 由不等式 $x > \ln(1+x), (x > 0)$ 有调和级数的前 n 项和为

$$S_n = 1 + \frac{1}{2} + \frac{1}{3} + \cdots + \frac{1}{n} > \ln(1+1) + \ln\left(1 + \frac{1}{2}\right) + \ln\left(1 + \frac{1}{3}\right) + \cdots + \ln\left(1 + \frac{1}{n}\right)$$

$$= \ln 2 + \ln \frac{3}{2} + \ln \frac{4}{3} + \cdots + \ln \frac{n+1}{n} = \ln\left(2 \times \frac{3}{2} \times \frac{4}{3} \times \cdots \times \frac{n+1}{n}\right) = \ln(n+1)$$

即 $S_n > \ln(n+1)$,而 $\lim\limits_{n \to \infty} \ln(n+1) = \infty$,所以 $\lim\limits_{n \to \infty} S_n = \infty$.

所以调和级数 $\sum\limits_{n=1}^{\infty} \dfrac{1}{n}$ 发散.

6.1.2 级数的基本性质

由级数收敛性定义,可得下面性质:

性质 1 若级数 $\sum\limits_{n=1}^{\infty} u_n$ 收敛,其和为 S,又 k 为常数,则 $\sum\limits_{n=1}^{\infty} ku_n$ 也收敛,且其和为 kS. 即 $\sum\limits_{n=1}^{\infty} ku_n = k \sum\limits_{n=1}^{\infty} u_n$.

性质 2 若两个级数 $\sum\limits_{n=1}^{\infty} u_n$ 和 $\sum\limits_{n=1}^{\infty} v_n$ 都收敛且 $\sum\limits_{n=1}^{\infty} u_n = s$,$\sum\limits_{n=1}^{\infty} v_n = \sigma$,则级数 $\sum\limits_{n=1}^{\infty} (u_n \pm v_n)$ 也收敛,且 $\sum\limits_{n=1}^{\infty} (u_n \pm v_n) = s \pm \sigma$.

性质 3 在级数的前面去掉或加上有限项,不会影响级数的敛散性,不过在收敛时,一般来说级数的和是要改变的.

性质4　收敛级数中的各项(按其原来的次序)任意合并(即加上括号)以后所成的新级数仍然收敛,而且其和不变.

推论　一个级数如果添加括号后所成的新级数发散,那么原级数一定发散.

显然,这是性质 4 的逆否命题. 收敛的级数去括号之后所成级数不一定收敛. 例如 $\sum_{n=1}^{\infty}(1-1)$ 是收敛的,但级数 $1-1+1-1+1-1+\cdots$ 发散 .

6.1.3　级数收敛的必要条件

定理　若级数 $\sum_{n=1}^{\infty} u_n$ 收敛,则必有 $\lim\limits_{n\to\infty} u_n = 0$.

证明　设 $\sum_{n=1}^{\infty} u_n = S$,即 $\lim\limits_{n\to\infty} S_n = S$,又因为 $u_n = S_n - S_{n-1}$,$\lim\limits_{n\to\infty} S_{n-1} = S$,

所以 $\lim\limits_{n\to\infty} u_n = \lim\limits_{n\to\infty}(S_n - S_{n-1}) = \lim\limits_{n\to\infty} S_n - \lim\limits_{n\to\infty} S_{n-1} = S - S = 0$.

推论　若级数 $\sum_{n=1}^{\infty} u_n$ 的通项 u_n 当 $n\to\infty$ 时不趋于零,则此级数必发散.

注意:级数的一般项趋于零并不是级数收敛的充分条件,比如调和级数

$$1 + \frac{1}{2} + \frac{1}{3} + \cdots + \frac{1}{n} + \cdots$$

它的一般项 $u_n = \dfrac{1}{n} \to 0(n\to\infty)$,但是它是发散的. 但若 $\lim\limits_{n\to\infty} u_n \neq 0$,则级数 $\sum_{n=1}^{\infty} u_n$ 必发散.

习题 6.1

1　写出下列级数的前五项:

① $\sum_{n=1}^{\infty} \dfrac{n+1}{n^2+1}$

② $\sum_{n=1}^{\infty} \dfrac{1}{2^n(2n-1)}$

③ $\sum_{n=1}^{\infty} (-1)^{n-1} \dfrac{1}{n(n+1)}$

④ $\sum_{n=1}^{\infty} \dfrac{1\cdot3\cdot5\cdots\cdot(2n-1)}{2\cdot4\cdot6\cdots\cdot(2n)}$

⑤ $\sum_{n=1}^{\infty} \dfrac{n^n}{n!}$

⑥ $\sum_{n=1}^{\infty} \dfrac{(-1)^n n!}{\sqrt{n(n+1)}}$

2　写出下列级数的通项:

① $\dfrac{1}{2} + \dfrac{1}{4} + \dfrac{1}{6} + \cdots$

② $\dfrac{1}{2} - \dfrac{2}{3} + \dfrac{3}{4} - \dfrac{4}{5} + \cdots$

③ $\dfrac{1}{3} + \dfrac{2!}{5} + \dfrac{3!}{7} + \dfrac{4!}{9} + \cdots$

④ $1 + \dfrac{1\cdot3}{1\cdot4} + \dfrac{1\cdot3\cdot5}{1\cdot4\cdot7} + \dfrac{1\cdot3\cdot5\cdot7}{1\cdot4\cdot7\cdot10} + \cdots$

3　判别下列级数的敛散性,如收敛,求其和.

① $-\dfrac{3}{4} + \dfrac{3^2}{4^2} - \dfrac{3^3}{4^3} + \dfrac{3^4}{4^4} + \cdots$

② $1 + 2 + 3 + 4 + \cdots$

③ $\left(\dfrac{1}{2} + \dfrac{1}{3}\right) + \left(\dfrac{1}{2^2} + \dfrac{1}{3^2}\right) + \cdots + \left(\dfrac{1}{2^n} + \dfrac{1}{3^n}\right) + \cdots$

④ $\ln\dfrac{2}{1} + \ln\dfrac{3}{2} + \ln\dfrac{4}{3} + \cdots + \ln\dfrac{n+1}{n} + \cdots$

⑤ $\dfrac{1}{1 \cdot 4} + \dfrac{1}{4 \cdot 7} + \dfrac{1}{7 \cdot 10} + \cdots + \dfrac{1}{(3n-2)(3n+1)} + \cdots$

⑥ $\displaystyle\sum_{n=1}^{\infty} (\sqrt{n+2} - 2\sqrt{n+1} + \sqrt{n})$

4 判别下列级数的敛散性：

① $\dfrac{1}{2} + \dfrac{3}{4} + \dfrac{5}{6} + \cdots + \dfrac{2n-1}{2n} + \cdots$　　② $1 + \ln 0.6 + \ln 0.6^2 + \ln 0.6^3 + \cdots$

③ $\dfrac{1}{3} + \dfrac{1}{6} + \dfrac{1}{9} + \dfrac{1}{12} + \cdots$

④ $\dfrac{1}{1 + \frac{1}{1}} + \dfrac{1}{\left(1 + \frac{1}{2}\right)^2} + \dfrac{1}{\left(1 + \frac{1}{3}\right)^3} + \cdots + \dfrac{1}{\left(1 + \frac{1}{n}\right)^n} + \cdots$

⑤ $1 - \ln 2 + \ln^2 2 - \ln^3 2 + \cdots$

6.2　常数项级数的审敛法

6.2.1　正项级数及其审敛法

定义　若数项级数的各项 u_n 均非负,则称级数 $\displaystyle\sum_{n=1}^{\infty} u_n$ 为正项级数.

设级数 $u_1 + u_2 + u_3 + \cdots + u_n + \cdots$ 是一个正项级数($u_n \geqslant 0$),它的部分和数列 $\{S_n\}$ 显然是一个单调增加数列:$S_1 \leqslant S_2 \leqslant S_3 \leqslant \cdots \leqslant S_n \leqslant \cdots$,从而由极限存在准则 Ⅱ 有如下定理:

定理 1　正项级数 $\displaystyle\sum_{n=1}^{\infty} u_n$ 收敛的充分必要条件是它的部分和数列 $\{S_n\}$ 有界.

由定理 1 可以得到判定正项级数敛散性的两个方法.

(1)比较审敛法

定理 2　(比较审敛法)设 $\displaystyle\sum_{n=1}^{\infty} u_n$ 和 $\displaystyle\sum_{n=1}^{\infty} v_n$ 都是正项级数,且 $u_n \leqslant v_n(n = 1, 2, \cdots)$ 则

1)若级数 $\displaystyle\sum_{n=1}^{\infty} v_n$ 收敛,则级数 $\displaystyle\sum_{n=1}^{\infty} u_n$ 也收敛;

2)若级数 $\displaystyle\sum_{n=1}^{\infty} u_n$ 发散,则级数 $\displaystyle\sum_{n=1}^{\infty} v_n$ 也发散.

例 1　讨论 p 级数 $1 + \dfrac{1}{2^p} + \dfrac{1}{3^p} + \cdots + \dfrac{1}{n^p} + \cdots$ 的收敛性,其中常数 $p > 0$.

解　当 $p \leqslant 1$ 时,有 $\dfrac{1}{n^p} \geqslant \dfrac{1}{n}$. 由于调和级数发散,所以由定理 2 知,当 $p \leqslant 1$ 时,p 级数 $\displaystyle\sum_{n=1}^{\infty} \dfrac{1}{n^p}$ 也是发散的.

当 $p > 1$ 时,

$$\sum_{n=1}^{\infty} \frac{1}{n^p} = 1 + \left(\frac{1}{2^p} + \frac{1}{3^p}\right) + \left(\frac{1}{4^p} + \frac{1}{5^p} + \frac{1}{6^p} + \frac{1}{7^p}\right) + \left(\frac{1}{8^p} + \cdots + \frac{1}{15^p}\right) + \cdots \leqslant$$

$$1 + \left(\frac{1}{2^p} + \frac{1}{2^p}\right) + \left(\frac{1}{4^p} + \frac{1}{4^p} + \frac{1}{4^p} + \frac{1}{4^p}\right) + \left(\frac{1}{8^p} + \cdots + \frac{1}{8^p}\right) + \cdots$$

$$= 1 + \frac{1}{2^{p-1}} + \left(\frac{1}{2^{p-1}}\right)^2 + \left(\frac{1}{2^{p-1}}\right)^3 + \cdots$$

$$= \sum_{n=0}^{\infty} \left(\frac{1}{2^{p-1}}\right)^n$$

又级数 $\sum\limits_{n=0}^{\infty} \left(\frac{1}{2^{p-1}}\right)^n$ 是等比级数,且其公比 $q = \frac{1}{2^{p-1}} < 1$,故级数 $\sum\limits_{n=1}^{\infty} \frac{1}{n^p}$ 收敛,于是当 $p > 1$ 时,

根据定理 2 可知,级数 $\sum\limits_{n=1}^{\infty} \frac{1}{n^p}$ 也收敛.

综上所述,当 $p > 1$ 时,P 级数收敛;当 $p \leqslant 1$ 时,P 级数发散.

例 2　判别级数 $\sum\limits_{n=1}^{\infty} \frac{1}{n(n+1)}$ 的敛散性.

解　因为 $0 < \frac{1}{n(n+1)} < \frac{1}{n^2}$,又 $p = 2$ 时的 P 级数是收敛的,所以,原级数收敛.

例 3　判定级数 $\sum\limits_{n=1}^{\infty} \frac{1}{n^n} = 1 + \frac{1}{2^2} + \frac{1}{3^3} + \cdots + \frac{1}{n^n} + \cdots$ 的敛散性.

解　因 $\frac{1}{n^n} \leqslant \frac{1}{2^{n-1}}$,而级数 $\sum\limits_{n=1}^{\infty} \frac{1}{2^{n-1}}$ 收敛,所以级数 $\sum\limits_{n=1}^{\infty} \frac{1}{n^n}$ 收敛.

例 4　判别级数 $\sum\limits_{n=1}^{\infty} \frac{1}{\sqrt{n(n+1)}}$ 的收敛性.

解　由于 $\frac{1}{\sqrt{n(n+1)}} > \frac{1}{\sqrt{(n+1)(n+1)}} = \frac{1}{n+1}$,而级数 $\sum\limits_{n=1}^{\infty} \frac{1}{n+1}$ 是去掉首项的调和级

数,它是发散的,由定理 2 知原级数发散.

为使用方便,下面给出比较审敛法的极限形式:

定理 3　(比较审敛法的极限形式)设 $\sum\limits_{n=1}^{\infty} u_n$ 和 $\sum\limits_{n=1}^{\infty} v_n$ 都是正项级数,如果

1)$\lim\limits_{n \to \infty} \frac{u_n}{v_n} = l, (0 \leqslant l < +\infty)$,且级数 $\sum\limits_{n=1}^{\infty} v_n$ 收敛,则级数 $\sum\limits_{n=1}^{\infty} u_n$ 收敛;

2)$\lim\limits_{n \to \infty} \frac{u_n}{v_n} = l > 0$ 或 $\lim\limits_{n \to \infty} \frac{u_n}{v_n} = +\infty$,且级数 $\sum\limits_{n=1}^{\infty} v_n$ 发散,则级数 $\sum\limits_{n=1}^{\infty} u_n$ 发散.

例 5　判别级数 $\sum\limits_{n=1}^{\infty} \sin \frac{2}{n}$ 的收敛性.

解　因为 $\lim\limits_{n \to \infty} \frac{\sin \dfrac{2}{n}}{\dfrac{1}{n}} = 2$,所以由定理 3 知此级数发散.

(2)比值审敛法

定理 4　(比值审敛法)设 $\sum\limits_{n=1}^{\infty} u_n$ 是正项级数,若 $\lim\limits_{n \to \infty} \frac{u_{n+1}}{u_n} = l$,则

1)当 $l < 1$ 时,级数收敛;

2)当 $l > 1$ 时 $\left(\text{或} \lim\limits_{n \to \infty} \frac{u_{n+1}}{u_n} = \infty\right)$ 时,级数发散;

3）当 $l=1$ 时，级数可能收敛也可能发散．

例 6 判别级数 $\displaystyle\sum_{n=1}^{\infty}\frac{2^n\cdot n!}{n^n}$ 的收敛性．

解 因为 $\dfrac{u_{n+1}}{u_n}=\dfrac{2^{n+1}\cdot(n+1)!}{(n+1)^{n+1}}\cdot\dfrac{n^n}{2^n\cdot n!}=2\cdot\left(\dfrac{n}{n+1}\right)^n=2\cdot\dfrac{1}{\left(1+\dfrac{1}{n}\right)^n}$

所以 $\displaystyle\lim_{n\to\infty}\frac{u_{n+1}}{u_n}=\lim_{n\to\infty}\frac{2}{\left(1+\dfrac{1}{n}\right)^n}=\frac{2}{\mathrm{e}}<1$

故由定理 4 知级数收敛．

例 7 判断级数 $\displaystyle\sum_{n=1}^{\infty}\frac{1}{(2n+1)!}$ 的敛散性．

解 因为 $\displaystyle\lim_{n\to\infty}\frac{u_{n+1}}{u_n}=\lim_{n\to\infty}\frac{\dfrac{1}{(2n+3)!}}{\dfrac{1}{(2n+1)!}}=\lim_{n\to\infty}\frac{1}{(2n+3)(2n+2)}=0<1$

所以由定理 4 知该级数收敛．

例 8 判断正项级数 $\displaystyle\sum_{n=1}^{\infty}n\sin\frac{1}{3^n}$ 的敛散性．

解 因为 $\displaystyle\lim_{n\to\infty}\frac{u_{n+1}}{u_n}=\lim_{n\to\infty}\frac{(n+1)\sin\dfrac{1}{3^{n+1}}}{n\sin\dfrac{1}{3^n}}=\lim_{n\to\infty}\left(\frac{n+1}{n}\cdot\frac{\dfrac{1}{3^{n+1}}}{\dfrac{1}{3^n}}\right)$

$$=\frac{1}{3}\lim_{n\to\infty}\frac{n+1}{n}=\frac{1}{3}<1$$

所以由定理 4 知该级数收敛．

例 9 判别级数 $\displaystyle\sum_{n=1}^{\infty}\frac{n!}{10^n}$ 的敛散性．

解 因为 $\displaystyle\lim_{n\to\infty}\frac{u_{n+1}}{u_n}=\lim_{n\to\infty}\frac{\dfrac{(n+1)!}{10^{n+1}}}{\dfrac{n!}{10^n}}=\lim_{n\to\infty}\frac{n+1}{10}=\infty$

所以由定理 4 知该级数发散．

6.2.2　交错级数及其审敛法

1）**定义** 级数 $u_1-u_2+u_3-u_4+\cdots=\displaystyle\sum_{n=1}^{\infty}(-1)^{n-1}u_n$ 称为交错级数，其中 $u_n>0(n=1,2,\cdots)$．

2）交错级数的审敛法［莱布尼兹（Leibniz）判别法］

定理 5（莱布尼兹判别法）若交错级数 $\displaystyle\sum_{n=1}^{\infty}(-1)^{n-1}u_n$ 满足：

① $u_n\geqslant u_{n+1}(n=1,2,\cdots)$；

②$\lim\limits_{n \to \infty} u_n = 0$.

则交错级数收敛,且其和 $s \leqslant u_1$,其余项的绝对值 $|r_n| \leqslant u_{n+1}$.

交错级数是一类特殊的级数,定理 5 表明,若交错级数收敛,其和 $s \leqslant u_1$,即不超过首项;若用部分和 s_n 作为 s 的近似值,所产生的误差 $|r_n| \leqslant u_{n+1}$,即不超过第 $n+1$ 项.

例 10　证明交错级数 $1 - \dfrac{1}{2} + \dfrac{1}{3} - \dfrac{1}{4} + \cdots + (-1)^{n-1}\dfrac{1}{n} + \cdots$ 收敛.

证明　因为 $u_n = \dfrac{1}{n} > 0$,$u_n = \dfrac{1}{n} > \dfrac{1}{n+1} = u_{n+1}$ $(n = 1,2,\cdots)$ 及 $\lim\limits_{n \to \infty} u_n = \lim\limits_{n \to \infty} \dfrac{1}{n} = 0$

$\sum\limits_{n=1}^{\infty} (-1)^{n-1}\dfrac{1}{n}$ 收敛.

例 11　判断级数 $1 - \dfrac{1}{2!} + \dfrac{1}{3!} - \cdots + (-1)^{n-1}\dfrac{1}{n!} + \cdots$ 的敛散性.

解　因为 $u_n = \dfrac{1}{n!} > \dfrac{1}{(n+1)!} = u_{n+1}$ $(n = 1,2,\cdots)$ 且 $\lim\limits_{n \to \infty} u_n = \lim\limits_{n \to \infty} \dfrac{1}{n!} = 0$.

所以由定理 5 知原级数是收敛的.

6.2.3　绝对收敛与条件收敛

对于一般项级数 $u_1 + u_2 + \cdots + u_n + \cdots$,其各项为任意实数,若级数 $\sum\limits_{n=1}^{\infty} u_n$ 各项的绝对值所构成的正项级数 $\sum\limits_{n=1}^{\infty} |u_n|$ 收敛,则称级数 $\sum\limits_{n=1}^{\infty} u_n$ 绝对收敛;若级数 $\sum\limits_{n=1}^{\infty} u_n$ 收敛,而级数 $\sum\limits_{n=1}^{\infty} |u_n|$ 发散,则称级数 $\sum\limits_{n=1}^{\infty} u_n$ 条件收敛. 易知 $\sum\limits_{n=1}^{\infty} (-1)^{n-1}\dfrac{1}{n^2}$ 是绝对收敛级数,而 $\sum\limits_{n=1}^{\infty} (-1)^{n-1}\dfrac{1}{n}$ 是条件收敛级数. 对任意项级数有下面的定理:

定理 6　若 $\sum\limits_{n=1}^{\infty} |u_n|$ 收敛,则 $\sum\limits_{n=1}^{\infty} u_n$ 必收敛.

显然上面的定理是把任意项级数的敛散性判定转化成正项级数的收敛性判定.

例 12　判断级数 $\sum\limits_{n=1}^{\infty} \dfrac{\sin nx}{n^4}$ 的敛散性.

解　因为 $\left| \dfrac{\sin nx}{n^4} \right| \leqslant \dfrac{1}{n^4}$. 而级数 $\sum\limits_{n=1}^{\infty} \dfrac{1}{n^4}$ 收敛. 由比较审敛法知,级数 $\sum\limits_{n=1}^{\infty} \left| \dfrac{\sin nx}{n^4} \right|$ 收敛,所以级数 $\sum\limits_{n=1}^{\infty} \dfrac{\sin nx}{n^4}$ 绝对收敛.

例 13　证明级数

$$\sum_{n=1}^{\infty} (-1)^{n-1}\frac{2n-1}{2^{n-1}} = 1 - \frac{3}{2} + \frac{5}{4} - \frac{7}{8} + \cdots + (-1)^{n-1}\frac{2n-1}{2^{n-1}} + \cdots$$

绝对收敛.

证　因为 $\lim\limits_{n \to \infty} \left| \dfrac{u_{n+1}}{u_n} \right| = \lim\limits_{n \to \infty} \dfrac{\dfrac{2n+1}{2^n}}{\dfrac{2n-1}{2^{n-1}}} = \dfrac{1}{2} < 1$,根据比值审敛法,级数 $\sum\limits_{n=1}^{\infty} |u_n| = \sum\limits_{n=1}^{\infty} \dfrac{2n-1}{2^{n-1}}$

收敛,从而,此交错级数绝对收敛.

习题 6.2

1 用比较审敛法判别下列级数的敛散性:

① $\sum_{n=1}^{\infty} \frac{1}{n^2 + 3}$ ② $\sum_{n=1}^{\infty} \frac{1}{2n + 1}$ ③ $\sum_{n=1}^{\infty} \frac{1}{(n+1)(n+3)}$ ④ $\sum_{n=1}^{\infty} \frac{1}{(2n-1)^2}$

⑤ $\sum_{n=1}^{\infty} \frac{1}{\sqrt{n(n^2+1)}}$ ⑥ $\sum_{n=1}^{\infty} \frac{1}{4^n} \sin^2 n$ ⑦ $\sum_{n=1}^{\infty} \sin \frac{\pi}{3^n}$ ⑧ $\sum_{n=1}^{\infty} \frac{1}{\ln(n+2)}$

⑨ $\sum_{n=1}^{\infty} \frac{n+1}{n^2+1}$ ⑩ $\sum_{n=1}^{\infty} \left(\frac{n^2+1}{n^3+1} \right)^2$

2 用比值审敛法判别下列级数的敛散性:

① $\sum_{n=1}^{\infty} \frac{1}{(2n+1)!}$ ② $\sum_{n=1}^{\infty} \frac{n+1}{2^n}$ ③ $\sum_{n=1}^{\infty} \frac{n^2}{3^n}$ ④ $\sum_{n=1}^{\infty} \frac{n+1}{n^n}$ ⑤ $\sum_{n=1}^{\infty} 3^n \sin \frac{\pi}{2^n}$

⑥ $\sum_{n=1}^{\infty} \frac{(n!)^2}{(2n)!}$ ⑦ $\sum_{n=1}^{\infty} \frac{n^2+1}{n!}$ ⑧ $\sum_{n=1}^{\infty} \frac{100^n}{n!}$ ⑨ $\sum_{n=1}^{\infty} \frac{1 \cdot 3 \cdot 5 \cdots (2n-1)}{2 \cdot 5 \cdot 8 \cdots (3n-1)}$

3 用莱布尼兹审敛法判别下列级数的敛散性:

① $\sum_{n=1}^{\infty} (-1)^{n+1} \frac{1}{\sqrt{n}}$ ② $\sum_{n=1}^{\infty} (-1)^{n+1} \frac{\sin \frac{\pi}{n}}{\pi^n}$

③ $\sum_{n=1}^{\infty} (-1)^{n+1} \frac{1}{(2n-1)^2}$ ④ $\sum_{n=1}^{\infty} (-1)^{n+1} \frac{n+2}{(n+1)\sqrt{n}}$

4 判别下列级数的敛散性,若收敛,指出是条件收敛还是绝对收敛?

① $\sum_{n=1}^{\infty} (-1)^n \frac{1}{\ln(1+n)}$ ② $\sum_{n=1}^{\infty} (-1)^{n-1} \sin \frac{1}{n^2}$ ③ $\sum_{n=1}^{\infty} (-1)^{n+1} \frac{1}{n!}$ ④ $\sum_{n=1}^{\infty} (-1)^{n+1} \frac{1}{3^{n-1}}$

6.3 幂级数

前面讨论数项级数,本节讨论函数项级数.而幂级数是函数项级数中最简单且应用又最广泛的一类级数.

6.3.1 函数项级数的概念

定义 如果级数 $\sum_{n=1}^{\infty} u_n(x) = u_1(x) + u_2(x) + u_3(x) + \cdots + u_n(x) + \cdots$ （1）

的各项都是定义在某区间 I 中的函数,则称这个级数为函数项级数.当自变量 x 取特定值,如 $x = x_0 \in I$ 时,级数变成一个数项级数 $\sum_{n=1}^{\infty} u_n(x_0)$. 如果这个数项级数收敛,则称 x_0 为函数项级

数 $\sum\limits_{n=1}^{\infty} u_n(x)$ 的收敛点,如果级数 $\sum\limits_{n=1}^{\infty} u_n(x_0)$ 发散,则称 x_0 为发散点. 一个函数项级数的收敛点的全体称为它的收敛域,发散点的全体称为它的发散域.

对于函数项级数收敛域内任意一点 x,级数(1)收敛,其收敛和自然应依赖于 x 的取值,故其收敛和应为 x 的函数,即为 $s(x)$. 通常称 $s(x)$ 为函数项级数的和函数. 它的定义域就是级数的收敛域,并记

$$s(x) = u_1(x) + u_2(x) + \cdots + u_u(x) + \cdots$$

若将函数项级数(1)的前 n 项之和(即部分和)记作 $s_n(x)$,则在收敛域上有 $\lim\limits_{n \to \infty} s_n(x) = s(x)$;若把 $r_n(x) = s(x) - s_n(x)$ 叫做函数项级数的余项(这里 x 在收敛域上),则 $\lim\limits_{n \to \infty} r_n(x) = 0$.

例如几何级数 $1 + x + x^2 + \cdots + x^n + \cdots$,当 $|r| < 1$ 是收敛的,且和函数为 $\dfrac{1}{1-x}$. 当 $|r| \geq 1$ 是发散的,所以它的收敛域为 $(-1, 1)$,发散域为 $(-\infty, -1] \cup [1, +\infty)$.

6.3.2　幂级数及其收敛域

(1)幂级数的定义

定义　形如 $a_0 + a_1 x + a_2 x^2 + \cdots a_n x^n + \cdots = \sum\limits_{n=0}^{\infty} a_n x^n$ 的函数项级数,称为关于 x 的幂级数,其中 $a_0, a_1, a_2, \cdots, a_n, \cdots$ 都是常数,称为幂级数的系数.

一般地,形如 $a_0 + a_1(x - x_0) + a_2(x - x_0)^2 + \cdots a_n(x - x_0)^n + \cdots$ 的函数项级数,称为关于 $x - x_0$ 的幂级数. 将 $x - x_0$ 换成 x,这个级数就变为 $\sum\limits_{n=0}^{\infty} a_n x^n$. 所以我们主要研究形如 $\sum\limits_{n=0}^{\infty} a_n x^n$ 的幂级数.

(2)幂级数的收敛域

幂级数 $\sum\limits_{n=0}^{\infty} a_n x^n$ 当 x 取某个数值 x_0 后,就变成一个相应的常数项级数,可利用常数项级数敛散性的判别法来判断其是否收敛. 若 $\sum\limits_{n=0}^{\infty} a_n x^n$ 在点 x_0 处收敛,称 x_0 为它的一个收敛点;若 $\sum\limits_{n=0}^{\infty} a_n x^n$ 在点 x_0 处发散,称 x_0 为它的一个发散点;$\sum\limits_{n=0}^{\infty} a_n x^n$ 的全体收敛点的集合,称为它的收敛域;全体发散点的集合称为它的发散域.

下面讨论幂级数 $\sum\limits_{n=0}^{\infty} a_n x^n$ 的收敛域. 将幂级数 $\sum\limits_{n=0}^{\infty} a_n x^n$ 的各项取绝对值,得正项级数 $\sum\limits_{n=0}^{\infty} |a_n x^n|$,设 $\lim\limits_{n \to \infty} \left| \dfrac{a_{n+1}}{a_n} \right| = \rho (\rho \neq 0)$,又 $R = \dfrac{1}{\rho}$,应用比值审敛法有

$$\lim_{n \to \infty} \left| \frac{u_{n+1}}{u_n} \right| = \lim_{n \to \infty} \left| \frac{a_{n+1} x^{n+1}}{a_n x^n} \right| = \lim_{n \to \infty} \left| \frac{a_{n+1}}{a_n} \right| |x| = \rho |x|$$

由前面的定理知:

1)若 $\rho \neq 0$ 时, 当 $\rho |x| < 1$,即 $|x| < \dfrac{1}{\rho} = R$ 时,级数 $\sum\limits_{n=0}^{\infty} a_n x^n$ 绝对收敛;

当 $\rho|x| > 1$，即 $|x| > \dfrac{1}{\rho} = R$ 时，级数 $\displaystyle\sum_{n=0}^{\infty} a_n x^n$ 发散；

当 $\rho|x| = 1$，即 $|x| = \dfrac{1}{\rho} = R$ 时，需另行判定级数 $\displaystyle\sum_{n=0}^{\infty} a_n x^n$ 的敛散性.

2）若 $\rho = 0$ 时，因为 $\rho|x| = 0 < 1$，这时级数对任意 x 值均收敛.

3）若 $\rho = +\infty$ 时，对任意非零实数 x，均有 $\rho|x| > 1$，级数发散，仅当 $x = 0$ 时级数收敛.

由上面分析知：当 $|x| < R$ 时，幂级数 $\displaystyle\sum_{n=0}^{\infty} a_n x^n$ 绝对收敛；当 $|x| > R$ 时，幂级数 $\displaystyle\sum_{n=0}^{\infty} a_n x^n$ 发散；当 $x = R$ 与 $x = -R$ 时，幂级数可能收敛也可能发散，所以幂级数的收敛域可能是 $(-R, R)$，$[-R, R]$，$[-R, R)$，$(-R, R]$ 中的某一个. 正数 R 通常称为幂级数 $\displaystyle\sum_{n=0}^{\infty} a_n x^n$ 的收敛半径.

关于收敛半径的求法有如下定理：

定理　如果幂级数 $\displaystyle\sum_{n=0}^{\infty} a_n x^n$ 当 n 充分大以后都有 $a_n \neq 0$，且 $\displaystyle\lim_{n \to \infty} \left| \dfrac{a_{n+1}}{a_n} \right| = \rho\,(0 \leqslant \rho \leqslant +\infty)$，则

①当 $0 < \rho < +\infty$ 时，$R = \dfrac{1}{\rho}$；

②当 $\rho = 0$ 时，$R = +\infty$；

③当 $\rho = +\infty$ 时，$R = 0$.

例 1　求下列各幂级数的收敛域：

① $\displaystyle\sum_{n=1}^{\infty} \dfrac{x^n}{n}$ 　　　　② $\displaystyle\sum_{n=1}^{\infty} \dfrac{x^n}{n!}$ 　　　　③ $\displaystyle\sum_{n=1}^{\infty} (nx)^{n-1}$

④ $\displaystyle\sum_{n=1}^{\infty} \dfrac{2n-1}{2^n} x^{2n-2}$ 　　　⑤ $\displaystyle\sum_{n=1}^{\infty} \dfrac{(x-2)^n}{n}$

解　①因为 $\displaystyle\lim_{n \to \infty} \left| \dfrac{a_{n+1}}{a_n} \right| = \lim_{n \to \infty} \dfrac{\frac{1}{n+1}}{\frac{1}{n}} = 1$，所以 $R = 1$

当 $x = 1$ 时，级数成为调和级数 $\displaystyle\sum_{n=1}^{\infty} \dfrac{1}{n}$，它是发散的；

当 $x = -1$ 时，级数成为交错级数 $\displaystyle\sum_{n=1}^{\infty} \dfrac{(-1)^n}{n}$，它是收敛的.

所以收敛域为 $[-1, 1)$.

②因为 $\displaystyle\lim_{n \to \infty} \left| \dfrac{a_{n+1}}{a_n} \right| = \lim_{n \to \infty} \dfrac{\frac{1}{(n+1)!}}{\frac{1}{n!}} = 0$，所以 $R = +\infty$

所以收敛域为 $(-\infty, +\infty)$.

③因为 $\displaystyle\lim_{n \to \infty} \left| \dfrac{a_{n+1}}{a_n} \right| = \lim_{n \to \infty} \dfrac{(n+1)^n}{n^{n-1}} = \lim_{n \to \infty} n\left(1 + \dfrac{1}{n}\right)^n = +\infty$，所以 $R = 0$

所以幂级数只在 $x = 0$ 收敛.

④因为级数中只出现 x 的偶次幂,所以不能直接用定理来求 R

可设 $u_n = \dfrac{2n-1}{2^n}x^{2n-2}$,由比值法 $\lim\limits_{n\to\infty}\left|\dfrac{u_{n+1}(x)}{u_n(x)}\right| = \lim\limits_{n\to\infty}\left|\dfrac{\dfrac{2n+1}{2^{n+1}}x^{2n}}{\dfrac{2n-1}{2^n}x^{2n-2}}\right| = \dfrac{x^2}{2}$

可知:当 $\dfrac{x^2}{2} < 1$,即 $|x| < \sqrt{2}$,幂级数绝对收敛,故 $R = \sqrt{2}$;

当 $\dfrac{x^2}{2} > 1$,即 $|x| > \sqrt{2}$,幂级数发散;

当 $x = \pm\sqrt{2}$ 时,级数成为 $\sum\limits_{n=1}^{\infty}\dfrac{2n-1}{2}$,它是发散的,因此该幂级数的收敛域是 $(-\sqrt{2},\sqrt{2})$.

⑤令 $t = x-2$,级数化为 $\sum\limits_{n=1}^{\infty}\dfrac{t^n}{n}$

由(1)知,$t \in [-1,1)$ 时级数 $\sum\limits_{n=1}^{\infty}\dfrac{t^n}{n}$ 收敛,即 $-1 \leqslant x-2 < 1$ 时原级数收敛,所以原级数的收敛域为 $[1,3)$.

可见,幂级数一般形式 $\sum\limits_{n=0}^{\infty}a_n(x-x_0)^n$ 的讨论,可用变换 $x-x_0 = y$,使之成为 $\sum\limits_{n=0}^{\infty}a_n y^n$ 进行即可.

6.3.3　幂级数的运算

设有两个幂级数

$$\sum_{n=0}^{\infty}a_n x^n = a_0 + a_1 x + a_2 x^2 + \cdots + a_n x^n + \cdots$$

与

$$\sum_{n=0}^{\infty}b_n x^n = b_0 + b_1 x + b_2 x^2 + \cdots + b_n x^n + \cdots$$

分别在区间 $(-R_1,R_1)$ 及 $(-R_2,R_2)$ 内收敛,且其和函数为 $s_1(x)$ 与 $s_2(x)$,设 $R = \min\{R_1, R_2\}$,则在 $(-R,R)$ 内有如下运算法则:

1)加法

$$\sum_{n=0}^{\infty}a_n x^n \pm \sum_{n=0}^{\infty}b_n x^n = \sum_{n=0}^{\infty}(a_n \pm b_n)x^n = s_1(x) \pm s_2(x)$$

2)数乘幂级数

设 $\sum\limits_{n=0}^{\infty}a_n x^n$ 在区间 $(-R,R)$ 内收敛于 s,则对非零常数 k,有

$$k\sum_{n=0}^{\infty}a_n x^n = \sum_{n=0}^{\infty}(ka_n)x^n = ks(x)$$

3)乘法运算

$$\sum_{n=0}^{\infty}a_n x^n \cdot \sum_{n=0}^{\infty}b_n x^n = (a_0 + a_1 x + \cdots + a_n x^n + \cdots) \cdot (b_0 + b_1 x + \cdots + b_n x^n + \cdots)$$

$$= a_0 b_0 + (a_0 b_1 + a_1 b_0)x + (a_0 b_2 + a_1 b_1 + a_2 b_0)x^2 + \cdots + \left(\sum_{k=0}^{\infty} a_k b_{n-k} \right)x^n + \cdots$$

$$= s_1(x) \cdot s_2(x)$$

即在 $(-R, R)$ 内收敛,且和函数为 $s_1(x) \cdot s_2(x)$.

4)逐项微分

设 $\sum\limits_{n=0}^{\infty} a_n x^n = s(x)$,收敛半径为 R,则对一切 $x \in (-R, R)$,都有

$$s'(x) = \left(\sum_{n=0}^{\infty} a_n x^n \right)' = \sum_{n=0}^{\infty} n a_n x^{n-1}$$

5)逐项积分

设 $\sum\limits_{n=0}^{\infty} a_n x^n = s(x)$,收敛半径为 R,则对一切 $x \in (-R, R)$,都有

$$\int_0^x s(x) = \int_0^x \left(\sum_{n=0}^{\infty} a_n x^n \right) \mathrm{d}x = \sum_{n=0}^{\infty} \int_0^x a_n x^n \mathrm{d}x = \sum_{n=0}^{\infty} \frac{a_n}{n+1} x^{n+1}$$

性质 4、5 表明:收敛的幂级数逐项求导或逐项积分得到的新幂级数,其收敛半径不变.

例 2 求幂级数 $\sum\limits_{n=0}^{\infty} \dfrac{x^n}{n+1}$ 的和函数.

解 先求收敛域. 由 $\lim\limits_{n \to \infty} \left| \dfrac{a_{n+1}}{a_n} \right| = \lim\limits_{n \to \infty} \dfrac{n+1}{n+2} = 1$ 得收敛半径 $R = 1$.

在端点 $x = -1$ 处,幂级数成为 $\sum\limits_{n=0}^{\infty} \dfrac{(-1)^n}{n+1}$,是收敛的交错级数;

在端点 $x = 1$ 处,幂级数成为 $\sum\limits_{n=0}^{\infty} \dfrac{1}{n+1}$,是发散的. 因此收敛域为 $[-1, 1)$.

设和函数为 $s(x)$,即 $s(x) = \sum\limits_{n=0}^{\infty} \dfrac{x^n}{n+1}$, $x \in [-1, 1)$. 于是 $xs(x) = \sum\limits_{n=0}^{\infty} \dfrac{x^{n+1}}{n+1}$.

逐项求导并由 $\dfrac{1}{1-x} = 1 + x + x^2 + \cdots + x^n + \cdots$, $(-1 < x < 1)$

得 $[xs(x)]' = \sum\limits_{n=0}^{\infty} \left(\dfrac{x^{n+1}}{n+1} \right)' = \sum\limits_{n=0}^{\infty} x^n = \dfrac{1}{1-x}$, $(|x| < 1)$

对上式从 0 到 x 积分,得 $xs(x) = \int_0^x \dfrac{1}{1-t} \mathrm{d}t = -\ln(1-x)$, $(-1 < x < 1)$.

于是,当 $x \neq 0$ 时,有 $s(x) = -\dfrac{1}{x} \ln(1-x)$.

而 $s(0)$ 可由 $s(0) = a_0 = 1$,故 $s(x) = \begin{cases} -\dfrac{1}{x} \ln(1-x), & x \in [-1, 0) \cup (0, 1) \\ 1, & x = 0 \end{cases}$

例 3 求幂级数 $\sum\limits_{n=0}^{\infty} \dfrac{x^{2n+1}}{2n+1}$ 在收敛区间 $(-1, 1)$ 内的和函数,并求 $\sum\limits_{n=0}^{\infty} \dfrac{1}{2n+1} \left(\dfrac{1}{2} \right)^{2n+1}$.

解 设和函数为 $f(x)$,即 $f(x) = \sum\limits_{n=0}^{\infty} \dfrac{x^{2n+1}}{2n+1}$,逐项求导,得

$$f'(x) = 1 + x^2 + x^4 + \cdots + = \dfrac{1}{1-x^2}$$

对上式从 0 到 x 积分,得 $\qquad \int_0^x f'(t)\,\mathrm{d}t = \int_0^x \dfrac{1}{1-t^2}\mathrm{d}t$

即 $\qquad f(x) = f(0) + \dfrac{1}{2}\ln\dfrac{1+x}{1-x} \qquad$ 而 $f(0) = 0$

所以 $\qquad f(x) = \dfrac{1}{2}\ln\dfrac{1+x}{1-x}, x \in (-1,1)$

取 $x = \dfrac{1}{2}$ 得 $\qquad \displaystyle\sum_{n=0}^{\infty} \dfrac{1}{2n+1}\left(\dfrac{1}{2}\right)^{2n+1} = \dfrac{1}{2}\ln\dfrac{1+\dfrac{1}{2}}{1-\dfrac{1}{2}} = \dfrac{1}{2}\ln 3$

习题 6.3

1　求下列幂级数的收敛区间:

① $\displaystyle\sum_{n=1}^{\infty} \dfrac{nx^n}{3^n}$ 　　　　② $\displaystyle\sum_{n=1}^{\infty}\left(-\dfrac{x^n}{n}\right)$ 　　　　③ $\displaystyle\sum_{n=1}^{\infty} \dfrac{n!x^n}{n^n}$

④ $\displaystyle\sum_{n=1}^{\infty} \dfrac{(-1)^{n+1}x^n}{\ln(n+1)}$ 　　⑤ $\displaystyle\sum_{n=1}^{\infty} \dfrac{(-1)^{n-1}x^n}{n}$ 　　⑥ $\displaystyle\sum_{n=1}^{\infty} \dfrac{(n!)^2 x^n}{(2n)!}$

2　利用逐项求导或求积分的方法,求下列级数在收敛区间上的和函数:

① $\displaystyle\sum_{n=1}^{\infty} \dfrac{x^{2n-1}}{2n-1}$ ② $\displaystyle\sum_{n=1}^{\infty} (-1)^{n+1}\dfrac{x^{n+1}}{n(n+1)}$ ③ $\displaystyle\sum_{n=1}^{\infty} n(n+1)x^{n-1}$ ④ $\displaystyle\sum_{n=1}^{\infty} nx^{n-1}$ ⑤ $\displaystyle\sum_{n=1}^{\infty} \dfrac{x^{4n+1}}{4n+1}$

6.4　函数展开成幂级数

上节讨论了幂级数在其收敛域内收敛于一个和函数,但实际应用中,我们常遇到许多相反的问题. 对已知函数 $f(x)$,是否能确定一个幂级数,在其收敛域内以 $f(x)$ 为和函数.

我们知道,幂级数被其系数唯一确定,现在问题是 $f(x)$ 在什么范围内,满足什么条件,其展开式的系数能唯一确定,并收敛于 $f(x)$. 为此我们先介绍泰勒(Taylor)级数.

6.4.1　泰勒级数的定义

定义　设 $f(x)$ 在 x_0 的某邻域内具有任意阶导数,以 $a_n = \dfrac{1}{n!}f^{(n)}(x_0)$ 为系数的幂级数

$$\sum_{n=0}^{\infty} \dfrac{1}{n!}f^{(n)}(x_0)(x-x_0)^n = f(x_0) + f'(x_0)(x-x_0) + \dfrac{1}{2!}f''(x_0)(x-x_0)^2 + \cdots +$$

$$\dfrac{1}{n!}f^{(n)}(x_0)(x-x_0)^n + \cdots \tag{1}$$

称为 $f(x)$ 在点 x_0 处的泰勒级数.

当 $x_0 = 0$ 时,幂级数

$$\sum_{n=0}^{\infty} \dfrac{1}{n!}f^{(n)}(0)x^n = f(0) + f'(0)x + \dfrac{1}{2!}f''(0)x^2 + \cdots + \dfrac{1}{n!}f^{(n)}(0)x^n + \cdots \tag{2}$$

称为 $f(x)$ 在点 $x_0 = 0$ 处的麦克劳林(Maclaurin)级数.

定理 1 设 $f(x)$ 在含有点 x_0 的区间 (a,b) 内,有一阶直到 $n+1$ 阶的连续导数,则当 x 取区间 (a,b) 内的任何值时,可以按 $x - x_0$ 的方幂展开为

$$f(x) = f(x_0) + f'(x_0)(x - x_0) + \frac{1}{2!}f''(x_0)(x - x_0)^2 + \cdots +$$

$$\frac{1}{n!}f^{(n)}(x_0)(x - x_0)^n + R_n(x) \tag{3}$$

其中 $\qquad R_n(x) = \frac{f^{(n+1)}(\xi)}{(n+1)!}(x - x_0)^{n+1} \qquad (\xi \text{ 在 } x_0 \text{ 与 } x \text{ 之间}).$

上述公式称为函数 $f(x)$ 的泰勒公式,余项 $R_n(x)$ 称为拉格朗日(Lagrange)型余项.

特别地,当 $x_0 = 0$ 时,泰勒公式为

$$f(x) = f(0) + f'(0)x + \frac{1}{2!}f''(0)x^2 + \cdots + \frac{1}{n!}f^{(n)}(0)x^n + R_n(x) \tag{4}$$

其中 $\qquad R_n(x) = \frac{f^{(n+1)}(\xi)}{(n+1)!}x^{n+1}.$ 或令 $\xi = \theta x, 0 < \theta < 1$;

则 $\qquad R_n(x) = \frac{f^{(n+1)}(\theta x)}{(n+1)!}x^{n+1}$

上面的公式称为麦克劳林公式.

6.4.2 函数展开成幂级数的方法

下面着重讨论函数展开成麦克劳林级数.

定理 2 设 $f(x)$ 在 x_0 的某邻域内具有任意阶导数,则 $f(x)$ 在点 x_0 处的泰勒级数在该邻域内收敛于 $f(x)$ 的充要条件是 $\lim\limits_{n \to \infty} R(x) = 0$.

1)直接方法:就是直接使用定理 1 和定理 2 把数展开成麦克劳林级数. 步骤如下:

①求 $f(x)$ 的各阶导数;

②求 $f^{(n)}(0)(n = 1, 2, \cdots)$;

③写出幂级数 $\sum\limits_{n=0}^{\infty} \frac{f^{(n)}(0)}{n!}x^n$,并求出 R;

④考察余项 $R_n(x)$ 是否趋于零? 如趋于零,则 $f(x)$ 在 $(-R, R)$ 内的幂级数展开式为

$$f(x) = f(0) + f'(0)x + \frac{f''(0)}{2!}x^2 + \cdots + \frac{f^{(n)}(0)}{n!}x^n + \cdots (-R < x < R).$$

例 1 把 $f(x) = e^x$ 展开成 x 幂级数.

解 $f(x) = e^x$ 显然有各阶连续导数,且 $f^{(n)}(x) = e^x$,于是 $f^{(n)}(0) = e^0 = 1$. 于是 $e^x = 1 + x + \frac{1}{2!}x^2 + \cdots + \frac{1}{n!}x^n + \frac{e^\xi}{(n+1)!}x^{n+1}$,其中 ξ 在 0 到 x 之间.

因为 $0 \leqslant \lim\limits_{n \to \infty} |R_n(x)| = \lim\limits_{n \to \infty} \left| \frac{e^\xi}{(n+1)!}x^{n+1} \right| = \lim\limits_{n \to \infty} e^\xi \left| \frac{x^{n+1}}{(n+1)!} \right| \leqslant \lim\limits_{n \to +\infty} \frac{e^\xi |x|^{n+1}}{(n+1)!}$,

由于对指定的 x 来说,$|\xi| < |x|$,e^ξ 是非零有界变量. 用正项级数比值判别法可知,对任意的 $x \in R$ 级数 $\sum\limits_{n=0}^{\infty} \frac{|x|^{n+1}}{(n+1)!}$ 都收敛,因而 $\lim\limits_{n \to \infty} \frac{|x|^{n+1}}{(n+1)!} = 0$. 由两边夹定理有 $\lim\limits_{n \to \infty} |R_n(x)| = 0$. 于是,对任何实数 x,都有

$$e^x = 1 + x + \frac{x^2}{2!} + \cdots + \frac{x^n}{n!} + \cdots, (-\infty < x < +\infty)$$

例 2　把 $f(x) = \cos x$ 展开成 x 幂级数.

解　因为 $f^{(n)}(0) = \cos\left(0 + \frac{n\pi}{2}\right) = \cos\frac{n\pi}{2}$

于是　$\cos x = 1 - \frac{x^2}{2!} + \frac{x^4}{4!} - \frac{x^6}{6!} + \cdots + (-1)^n \frac{x^{2n}}{(2n)!} + R_{2n}(x)$，其中 ξ 在 0 到 x 之间.

又因为 $0 \leqslant |R_{2n}(x)| = \dfrac{\left|\cos\left(\xi + \dfrac{(n+1)\pi}{2}\right)\right|}{(2n+1)!}|x|^{2n+1} \leqslant \dfrac{|x|^{2n+1}}{(2n+1)!} \to 0, (n \to \infty)$

所以　$\cos x = 1 - \frac{x^2}{2!} + \frac{x^4}{4!} - \frac{x^6}{6!} + \cdots + (-1)^n \frac{x^{2n}}{(2n)!} + \cdots, \quad -\infty < x < +\infty$

用直接法可分别求出下列几个常见函数的展开式:

$$e^x = 1 + x + \frac{x^2}{2!} + \cdots + \frac{x^n}{n!} + \cdots, (-\infty < x < +\infty)$$

$$\sin x = x - \frac{x^3}{3!} + \frac{x^5}{5!} - \cdots + (-1)^{n-1} \frac{x^{2n-1}}{(2n-1)!} + \cdots, (-\infty < x < +\infty)$$

$$\cos x = 1 - \frac{x^2}{2!} + \frac{x^4}{4!} - \frac{x^6}{6!} + \cdots + (-1)^n \frac{x^{2n}}{(2n)!} + \cdots, \quad -\infty < x < +\infty$$

$$(1+x)^m = 1 + mx + \frac{m(m-1)}{2!}x^2 + \frac{m(m-1)(m-2)}{3!}x^3 + \cdots + \frac{m(m-1)\cdots(m-n+1)}{n!}x^n + \cdots,$$

$x \in (-1, 1)$

$$\ln(1+x) = x - \frac{x^2}{2} + \frac{x^3}{3} - \cdots + (-1)^n \frac{x^{n+1}}{n+1} + \cdots, x \in (-1, 1]$$

2)间接方法:用已知函数的泰勒级数展开式,通过适当的运算,而将给定函数简捷灵便地展开.一般是利用幂级数可以逐项求导和逐项积分的性质来进行.

例 3　把 e^{-x^2} 展开成 x 幂级数.

解　因为 $e^x = 1 + x + \frac{x^2}{2!} + \cdots + \frac{x^n}{n!} + \cdots, (-\infty < x < +\infty)$

用 $-x^2$ 代替 x 即得　$e^{-x^2} = \sum_{n=0}^{\infty} \frac{(-x^2)^n}{n!}, x \in (-\infty, \infty)$

例 4　把 $\arctan x$ 展开成 x 幂级数.

解　因为 $(\arctan x)' = \frac{1}{1+x^2} = \frac{1}{1-(-x^2)} = \sum_{n=0}^{\infty}(-1)^n x^{2n}, (-1 < x < 1)$.

于是,逐项积分可得,

$$\arctan x = \sum_{n=0}^{\infty}(-1)^n \int_0^x t^{2n}\mathrm{d}t = \sum_{n=0}^{\infty}(-1)^n \frac{x^{2n+1}}{2n+1}, (-1 < x < 1)$$

例 5　把 $\ln(3+x)$ 展开成 x 幂级数.

解　因为 $[\ln(3+x)]' = \frac{1}{3+x} = \frac{1}{3} \cdot \frac{1}{1+\frac{x}{3}} = \frac{1}{3}\sum_{n=0}^{\infty}(-1)^n\left(\frac{x}{3}\right)^n (-3 < x < 3)$.

于是,逐项积分可得,

$$\ln(3+x) = \frac{1}{3}\sum_{n=0}^{\infty}(-1)^n\int_0^x\left(\frac{t}{3}\right)^n dt = \sum_{n=0}^{\infty}(-1)^n\frac{x^{n+1}}{3^{n+1}(n+1)} \quad (-3 < x < 3)$$

例 6 展开 $(1+x)e^x$ 为 x 的幂级数.

解 因为 $e^x = \sum_{n=0}^{\infty}\frac{1}{n!}x^n$，$-\infty < x < +\infty$；所以

$$(1+x)e^x = e^x + xe^x = \sum_{n=0}^{\infty}\frac{1}{n!}x^n + \sum_{n=0}^{\infty}\frac{1}{n!}x^{n+1} = 1 + \sum_{n=0}^{\infty}\left[\frac{1}{n!} + \frac{1}{(n-1)!}\right]x^n$$

$$= 1 + \sum_{n=0}^{\infty}\frac{n+1}{n!}x^n \quad (-\infty < x < +\infty)$$

例如, $\cos x = (\sin x)' = 1 - \frac{x^2}{2!} + \frac{x^4}{4!} + \cdots + (-1)^n\frac{x^{2n}}{(2n)!} + \cdots \quad (-\infty < x < +\infty)$

由上面的例子看出, 必须熟记 $e^x, \sin x, \cos x, \ln(1+x), (1+x)^m$ 这五个函数的幂级数展开式.

例 7 将函数 $f(x) = \dfrac{1}{x^2+4x+3}$ 展开成 $(x-1)$ 的幂级数.

解 因为

$$f(x) = \frac{1}{x^2+4x+3} = \frac{1}{(x+1)(x+3)} = \frac{1}{2(1+x)} - \frac{1}{2(3+x)}$$

$$= \frac{1}{4\left(1+\dfrac{x-1}{2}\right)} - \frac{1}{8\left(1+\dfrac{x-1}{4}\right)}$$

而

$$\frac{1}{4\left(1+\dfrac{x-1}{2}\right)} = \frac{1}{4}\sum_{n=0}^{\infty}\frac{(-1)^n}{2^n}(x-1)^n, \quad (-1 < x < 3)$$

$$\frac{1}{8\left(1+\dfrac{x-1}{4}\right)} = \frac{1}{8}\sum_{n=0}^{\infty}\frac{(-1)^n}{4^n}(x-1)^n, \quad (-3 < x < 5)$$

所以

$$f(x) = \frac{1}{x^2+4x+3} = \sum_{n=0}^{\infty}(-1)^n\left(\frac{1}{2^{n+2}} - \frac{1}{2^{2n+3}}\right)(x-1)^n, \quad (-1 < x < 3)$$

*6.4.3 幂级数的展开式的应用

(1) 近似计算

例 8 求 e 的近似值, 要求误差不超过 0.000 1.

解 取 e^x 的马克劳林展开式:

$$e^x = 1 + x + \frac{x^2}{2!} + \frac{x^3}{3!} + \cdots \quad (-\infty < x < +\infty)$$

取 $e^x \approx 1 + x + \dfrac{x^2}{2!} + \dfrac{x^3}{3!} + \cdots + \dfrac{x^{n-1}}{(n-1)!}$ 作为近似式,

于是取 $x = 1$ 时, $e \approx 1 + 1 + \dfrac{1}{2!} + \dfrac{1}{3!} + \cdots + \dfrac{1}{(n-1)!}$

误差: $|r_n| = \dfrac{1}{n!} + \dfrac{1}{(n+1)!} + \dfrac{1}{(n+2)!} + \cdots$

$$= \frac{1}{n!}\left(1 + \frac{1}{n+1} + \frac{1}{(n+2)(n+1)} + \cdots\right) <$$

$$\frac{1}{n!}\left(1 + \frac{1}{n+1} + \frac{1}{(n+1)^2} + \cdots\right) \qquad (放大为等比级数)$$

$$= \frac{1}{n!} \cdot \frac{1}{1 - \frac{1}{n+1}}$$

即 $r_n < \frac{n+1}{n \cdot n!}$

因为要求 $|r_n| < 0.000\,1$,凭观察和试算,

当取 $n = 8$ 时,$\frac{9}{8 \cdot 8!} < \frac{1}{8 \cdot 8 \cdot 7 \cdot 6 \cdot 4 \cdot 3} = \frac{1}{64 \cdot 24 \cdot 21} < \frac{1}{(60)(20)^2} < 0.000\,1$

故取 $n = 8$,计算近似值 $e \approx 1 + 1 + \frac{1}{2!} + \frac{1}{3!} + \cdots + \frac{1}{7!} \approx 2.718\,25$

例 9　计算积分 $\int_0^1 \frac{\sin x}{x}dx$ 的近似值,准确到第四位小数.

解　当 $x = 0$ 时,定义 $\frac{\sin x}{x} = 1$,则函数在 $[0,1]$ 上是连续的.

因 $\frac{\sin x}{x}$ 的马克劳林级数是 $\frac{\sin x}{x} = 1 - \frac{x^2}{3!} + \frac{x^4}{5!} - \frac{x^6}{7!} + \cdots$,

故 $\int_0^1 \frac{\sin x}{x}dx = 1 - \frac{1}{3 \cdot 3!} + \frac{1}{5 \cdot 5!} - \frac{1}{7 \cdot 7!} + \cdots$,这是一个交错级数

由于第四项 $\frac{1}{7 \cdot 7!} < \frac{1}{10\,000}$,因此取前三项来计算积分的近似值,可准确到第四位小数,于是,

$$\int_0^1 \frac{\sin x}{x}dx \approx 1 - \frac{1}{3 \cdot 3!} + \frac{1}{5 \cdot 5!} \approx 0.946\,1$$

(2)证明欧拉公式 $e^{ix} = \cos x + i\sin x$

设有复数项级数为

$$(u_1 + iv_1) + (u_2 + iv_2) + \cdots + (u_n + iv_n) + \cdots$$

其中 $u_n, v_n (n = 1,2,3,\cdots)$ 为实常数或实函数.

定义复数项级数

$$e^z = 1 + z + \frac{1}{2!}z^2 + \cdots + \frac{1}{n!}z^n + \cdots (|z| < \infty)$$

其中 $z = x + iy$.

当 $z = ix$(x 为实数)时,有

$$e^{ix} = 1 + ix + \frac{1}{2!}(ix)^2 + \frac{1}{3!}(ix)^3 + \cdots + \frac{1}{n!}(ix)^n + \cdots$$

$$= \left(1 - \frac{1}{2!}x^2 + \frac{1}{4!}x^4 - \cdots\right) + i\left(x - \frac{1}{3!}x^3 + \frac{1}{5!}x^5 - \cdots\right)$$

$$= \cos x + i\sin x$$

即　　　$e^{ix} = \cos x + i\sin x$

这就是欧拉公式.

应用欧拉公式可以得出如下式子：$\begin{cases} \cos x = \dfrac{e^{ix} + e^{-ix}}{2} \\ \sin x = \dfrac{e^{ix} - e^{-ix}}{2i} \end{cases}$

上面的公式揭示了指数函数与三角函数的一种关系.

习题 6.4

1　将下列函数展开成 x 幂级数，并指明其收敛区间：

①$\sin\dfrac{x}{2}$　　②e^{2x}　　③$\dfrac{1+x}{(1-x)^3}$　　④$(1+x)\ln(1+x)$

⑤$\displaystyle\int_0^x \dfrac{\sin t}{t}dt$　　⑥$\displaystyle\int_0^x e^{-\frac{t^2}{2}}dt$　　⑦$(1+x)e^x$　　⑧$\dfrac{1}{2x^2-3x+1}$

2　利用幂级数的展开式，求下列各数的近似值（精确到小数点后第四位）.

①$\sqrt{e}$　　②$\ln 3$　　③$\cos 9$　　④$\sqrt{125}$

3　求下列定积分的近似值（精确到小数点后第四位）：

①$\displaystyle\int_0^{\frac{1}{2}} \dfrac{1}{1+x^4}dx$　　　　②$\displaystyle\int_0^{\frac{1}{2}} \dfrac{\arctan x}{x}dx$

*6.5　傅立叶（Fourier）级数

前面我们讨论了幂级数，本节我们讨论另一类函数项级数——傅立叶级数.

6.5.1　三角级数及三角函数系的正交性

定义　级数 $\dfrac{a_0}{2} + \sum_{n=1}^{\infty}(a_n\cos nx + b_n\sin nx)$ 称为三角级数. 其中 $a_0, a_n, b_n(n=1,2,3,\cdots)$ 都是常数.

由三角级数的定义知，如果三角级数有和函数，则和函数一定是以 2π 为周期的周期函数. 相反一个以 2π 为周期的函数，我们如何把它展开成一个三角级数，为此，我们首先介绍三角函数系的正交性.

定义　函数列 $1, \cos x, \sin x, \cos 2x, \sin 2x, \cdots, \cos nx, \sin nx, \cdots$ 称为三角函数系.

所谓三角函数系在区间 $[-\pi, \pi]$ 上正交，就是指在三角函数系中任何不同的两个函数的乘积在区间 $[-\pi, \pi]$ 上的积分等于零，即

$$\int_{-\pi}^{\pi} \cos nx dx = 0(n = 1,2,3,\cdots)$$

$$\int_{-\pi}^{\pi} \sin nx dx = 0(n = 1,2,3,\cdots)$$

$$\int_{-\pi}^{\pi} \sin kx \cos nx \mathrm{d}x = 0 \, (k, n = 1, 2, 3, \cdots)$$

$$\int_{-\pi}^{\pi} \cos kx \cos nx \mathrm{d}x = 0 \, (k, n = 1, 2, 3, \cdots k \neq n)$$

$$\int_{-\pi}^{\pi} \sin kx \sin nx \mathrm{d}x = 0 \, (k, n = 1, 2, 3, \cdots k \neq n)$$

以上等式,都可以通过计算定积分来验证. (请读者自行验证)

同理可以验证,在三角函数系中,两个相同函数的乘积在区间 $[-\pi, \pi]$ 上的积分不等于零,如

$$\int_{-\pi}^{\pi} 1^2 \mathrm{d}x = 2\pi, \int_{-\pi}^{\pi} \sin^2 nx \mathrm{d}x = \pi, \int_{-\pi}^{\pi} \cos^2 nx \mathrm{d}x = \pi \, (n = 1, 2, 3 \cdots) \; 等.$$

6.5.2 周期为 2π 的函数展开为傅立叶级数

设以 2π 为周期的函数 $f(x)$ 可展为三角级数

$$f(x) = \frac{a_0}{2} + \sum_{n=1}^{\infty} (a_n \cos nx + b_n \sin nx) \tag{1}$$

下面我们分别求出系数 a_0, a_n, b_n.

首先求 a_0,对(1)上式从 $-\pi$ 到 π 逐项积分:

$$\int_{-\pi}^{\pi} f(x) \mathrm{d}x = \int_{-\pi}^{\pi} \frac{a_0}{2} \mathrm{d}x + \sum_{n=1}^{\infty} \left[a_n \int_{-\pi}^{\pi} \cos nx \mathrm{d}x + b_n \int_{-\pi}^{\pi} \sin nx \mathrm{d}x \right]$$

根据三角函数系的正交性,等式右除第一项,其余都为零,所以

$\int_{-\pi}^{\pi} f(x) \mathrm{d}x = \frac{a_0}{2} \cdot 2\pi$, 于是得

$$a_0 = \frac{1}{\pi} \int_{-\pi}^{\pi} f(x) \mathrm{d}x$$

其次求 a_n,用 $\cos kx$ 乘(1)式两端,再从 $-\pi$ 到 π 逐项积分,我们得到

$$\int_{-\pi}^{\pi} f(x) \cos kx \mathrm{d}x$$

$$= \frac{a_0}{2} \int_{-\pi}^{\pi} \cos kx \mathrm{d}x + \sum_{n=1}^{\infty} \left[a_n \int_{-\pi}^{\pi} \cos kx \cos nx \mathrm{d}x + b_n \int_{-\pi}^{\pi} \cos kx \sin nx \mathrm{d}x \right]$$

根据三角函数系的正交性,等式右端除 $k = n$ 的一项处,其余各项均为零,所以

$$\int_{-\pi}^{\pi} f(x) \cos nx \mathrm{d}x = a_n \int_{-\pi}^{\pi} \cos^2 nx \mathrm{d}x = a_n \pi$$

于是得

$$a_n = \frac{1}{\pi} \int_{-\pi}^{\pi} f(x) \cos nx \mathrm{d}x \quad (n = 1, 2, 3, \cdots)$$

类似地,用 $\sin kx$ 乘(1)式两端,再从 $-\pi$ 到 π 逐项积分,我们得到

$$b_n = \frac{1}{\pi} \int_{-\pi}^{\pi} f(x) \sin nx \mathrm{d}x \quad (n = 1, 2, 3, \cdots)$$

总之,若 $f(x) = \frac{a_0}{2} + \sum_{n=1}^{\infty} (a_n \cos nx + b_n \sin nx)$,则有

$$
\begin{cases}
a_n = \dfrac{1}{\pi} \displaystyle\int_{-\pi}^{\pi} f(x)\cos nx\,\mathrm{d}x\,(n = 0,1,2,\cdots) \\[2mm]
b_n = \dfrac{1}{\pi} \displaystyle\int_{-\pi}^{\pi} f(x)\sin nx\,\mathrm{d}x\,(n = 1,2,\cdots)
\end{cases}
\tag{2}
$$

如果(2)式的积分都存在,这时它们的系数叫函数的傅立叶系数,将这些系数代入(1)式右边,所得的三角级数 $\dfrac{a_0}{2} + \displaystyle\sum_{n=1}^{\infty} (a_n\cos nx + b_n\sin nx)$ 叫做函数 $f(x)$ 的傅立叶级数.

当 $f(x)$ 是周期为 2π 的奇函数时,$f(x)\cos nx$ 是奇函数,$f(x)\sin nx$ 是偶函数,故由积分性质知,$a_{0,}a_n$ 均为 0,函数 $f(x)$ 的傅立叶级数只含有正弦项的三角级数

$$
\sum_{n=1}^{\infty} b_n\sin nx
\tag{3}
$$

所以称它为正弦级数.

当 $f(x)$ 是周期为 2π 的偶函数时,$f(x)\cos nx$ 是偶函数,$f(x)\sin nx$ 是奇函数,故由积分性质知,b_n 为 0,函数 $f(x)$ 的傅立叶级数只含有常数项、余弦项的三角级数

$$
\frac{a_0}{2} + \sum_{n=1}^{\infty} a_n\cos nx
\tag{4}
$$

所以称它为余弦级数.

傅立叶级数可能收敛也可能发散,即使是收敛,是否会收敛于 $f(x)$ 呢?下面给出这个问题的一个充分条件.

定理 (Diriclilet 收敛定理)设 $f(x)$ 是周期为 2π 的周期函数,如果它满足条件:

1)在一个周期内连续或只有有限个第一类间断点;

2)在一个周期内至多只有有限个极值点,

则 $f(x)$ 的傅立叶级数收敛,且当 x 是 $f(x)$ 的连续点时,级数收敛于 $f(x)$;当 x 是 $f(x)$ 的间断点时,级数收敛于 $\dfrac{1}{2}[f(x-0) + f(x+0)]$.

例 1 设 $f(x)$ 是以周期为 2π 的函数,它在 $[-\pi,\pi]$ 上的表达式为

$$
f(x) = \begin{cases} 0, & -\pi \leqslant x < 0 \\ x, & 0 \leqslant x \leqslant \pi \end{cases}
$$

图 6.1

将 $f(x)$ 展开为傅立叶级数.(如图 6.1)

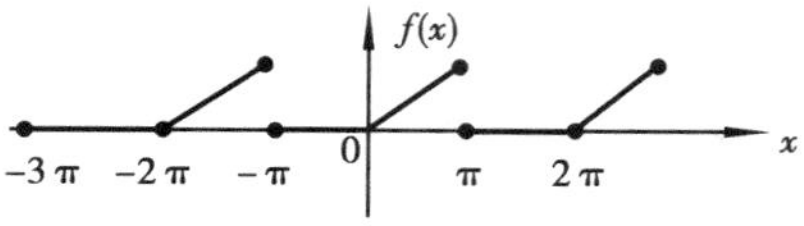

解 所给函数满足收敛定理的条件.它在点 $x = (2k+1)\pi,(k=0,\pm1,\pm2,\cdots)$ 不连续,在其他处连续.所以当 $x = (2k+1)\pi,(k=0,\pm1,\pm2,\cdots)$ 收敛于

$$
\frac{1}{2}[f(\pi-0) + f(\pi+0)] = \frac{\pi}{2}
$$

当 $x \neq (2k+1)\pi,(k=0,\pm1,\pm2,\cdots)$ 时对应的傅立叶级数收敛于 $f(x)$.下面计算傅立叶系数

$$
a_0 = \frac{1}{\pi} \int_{-\pi}^{\pi} f(x)\,\mathrm{d}x = \frac{1}{\pi} \int_{0}^{\pi} x\,\mathrm{d}x = \frac{\pi}{2}
$$

$$
a_n = \frac{1}{\pi} \int_{-\pi}^{\pi} f(x)\cos nx\,\mathrm{d}x = \frac{1}{\pi} \int_{0}^{\pi} x\cos nx\,\mathrm{d}x = \frac{1}{n^2\pi}[(-1)^n - 1] = \begin{cases} 0, & n = 2,4\cdots \\ \dfrac{-2}{n^2\pi}, & n = 1,3,\cdots \end{cases}
$$

$$b_n = \frac{1}{\pi}\int_{-\pi}^{\pi} f(x)\sin nx\,\mathrm{d}x = \frac{1}{\pi}\int_0^{\pi} x \sin nx\,\mathrm{d}x = \frac{(-1)^{n+1}}{n}, (n = 1,2,3,\cdots)$$

所以 $f(x)$ 的傅立叶展开式为

$$f(x) = \frac{\pi}{4} - \frac{2}{\pi}\left[\cos x + \frac{1}{3^2}\cos 3x + \cdots + \frac{1}{(2k-1)^2}\cos(2k-1)x + \cdots\right] +$$

$$\left[\sin x - \frac{1}{2}\sin 2x + \cdots + (-1)^{k+1}\frac{1}{k}\sin kx + \cdots\right], x \neq (2k+1)\pi, (k = 0, \pm 1, \pm 2, \cdots)$$

例2 设 $f(x)$ 是以周期为 2π 的函数,它在 $[-\pi,\pi]$ 上的表达式为 $f(x) = \begin{cases} -1, -\pi \leqslant x < 0 \\ 1, 0 \leqslant x \leqslant \pi \end{cases}$,将 $f(x)$ 展开为傅立叶级数.(如图6.2)

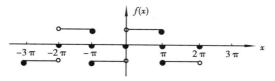

图 6.2

解 所给函数满足收敛定理的条件. 它在点 $x = k\pi, (k = 0, \pm 1, \pm 2, \cdots)$ 不连续,在其他处连续. 所以当 $x = k\pi, (k = 0, \pm 1, \pm 2, \cdots)$ 收敛于

$$\frac{1}{2}[f(\pi - 0) + f(\pi + 0)] = \frac{1}{2}[1 + (-1)] = 0$$

当 $x \neq k\pi, (k = 0, \pm 1, \pm 2, \cdots)$ 时对应的傅立叶级数收敛于 $f(x)$. 下面计算傅立叶系数

$$a_0 = \frac{1}{\pi}\int_{-\pi}^{\pi} f(x)\,\mathrm{d}x = \frac{1}{\pi}\int_{-\pi}^{0}(-1)\,\mathrm{d}x + \frac{1}{\pi}\int_0^{\pi} 1\,\mathrm{d}x = 0$$

$$a_n = \frac{1}{\pi}\int_{-\pi}^{\pi} f(x)\cos nx\,\mathrm{d}x = \frac{1}{\pi}\int_{-\pi}^{0}(-\cos nx)\,\mathrm{d}x + \frac{1}{\pi}\int_0^{\pi}\cos nx\,\mathrm{d}x = 0$$

$$b_n = \frac{1}{\pi}\int_{-\pi}^{\pi} f(x)\sin nx\,\mathrm{d}x$$

$$= \frac{1}{\pi}\int_{-\pi}^{0}(-\sin nx)\,\mathrm{d}x + \frac{1}{\pi}\int_0^{\pi}\sin nx\,\mathrm{d}x = \frac{2}{n\pi}[1 - (-1)^n] = \begin{cases} \frac{4}{n\pi}, n = 1,3,\cdots \\ 0, n = 2,4,\cdots \end{cases}$$

所以 $f(x)$ 的傅立叶展开式为

$$f(x) = \frac{4}{\pi}\left[\sin x + \frac{1}{3}\sin 3x + \cdots + \frac{1}{2k-1}\sin(2k-1)x + \cdots\right], x \neq k\pi, (k = 0, \pm 1, \pm 2, \cdots)$$

6.5.3 周期为 $2l$ 的函数展开为傅立叶级数

设函数 $f(x)$ 的周期为 $2l$ 时,作变量代换 $x = \frac{l}{\pi}t$,这时,当 x 在 $[-l,l]$ 上取值时,t 就在 $[-\pi,\pi]$ 上取值,于是有 $f(x) = f\left(\frac{l}{\pi}t\right) = F(t)$,$F(t)$ 是以 2π 为周期的函数. 设 $F(t)$ 的傅立叶级数为

$$\frac{a_0}{2} + \sum_{n=1}^{\infty}(a_n\cos nt + b_n\sin nt)$$

其中
$$\begin{cases} a_0 = \dfrac{1}{\pi}\displaystyle\int_{-\pi}^{\pi} F(t)\,\mathrm{d}t \\[2mm] a_n = \dfrac{1}{\pi}\displaystyle\int_{-\pi}^{\pi} F(t)\cos nt\,\mathrm{d}t\,(n = 1,2,\cdots) \\[2mm] b_n = \dfrac{1}{\pi}\displaystyle\int_{-\pi}^{\pi} F(t)\sin nt\,\mathrm{d}t\,(n = 1,2,\cdots) \end{cases}$$

回代 $t = \dfrac{\pi}{l}x$，可得到 $f(x)$ 的傅立叶级数为：

$$\frac{a_0}{2} + \sum_{n=1}^{\infty}\left(a_n\cos\frac{n\pi x}{l} + b_n\sin\frac{n\pi x}{l}\right) \tag{5}$$

其中
$$\begin{cases} a_0 = \dfrac{1}{l}\displaystyle\int_{-l}^{l} f(x)\,\mathrm{d}x \\[2mm] a_n = \dfrac{1}{l}\displaystyle\int_{-l}^{l} f(x)\cos\frac{n\pi x}{l}\mathrm{d}x\,(n = 1,2,\cdots) \\[2mm] b_n = \dfrac{1}{l}\displaystyle\int_{-l}^{l} f(x)\sin\frac{n\pi x}{l}\mathrm{d}x\,(n = 1,2,\cdots) \end{cases}$$

同样，当 $f(x)$ 为奇函数时，则它的傅立叶级数是正弦级数：

$$f(x) = \sum_{n=1}^{\infty} b_n\sin\frac{n\pi x}{l} \tag{6}$$

其中
$$b_n = \frac{2}{l}\int_0^l f(x)\sin\frac{n\pi x}{l}\mathrm{d}x\,(n = 1,2,\cdots)$$

当 $f(x)$ 为偶函数时，则它的傅立叶级数是余弦级数：

$$f(x) = \frac{a_0}{2} + \sum_{n=1}^{\infty} a_n\cos\frac{n\pi x}{l} \tag{7}$$

其中
$$a_n = \frac{2}{l}\int_0^l f(x)\cos\frac{n\pi x}{l}\mathrm{d}x\,(n = 0,1,2,\cdots)$$

例3 设 $f(x)$ 是以 4 为周期的函数，它在 $[-2,2]$ 上的表达式为 $f(x) = x^2$，将 $f(x)$ 展开为傅立叶级数.

解 因为 $f(x)$ 是偶函数，所以其傅立叶级数是余弦级数，于是

$$a_0 = \frac{2}{2}\int_0^2 x^2\mathrm{d}x = \frac{8}{3}$$

$$a_n = \frac{2}{2}\int_0^2 x^2\cos\frac{n\pi x}{2}\mathrm{d}x = (-1)^n\frac{16}{n^2\pi^2},\,(n = 1,2,3,\cdots)$$

所以 $f(x)$ 的傅立叶展开式为

$$f(x) = \frac{4}{3} + \frac{16}{\pi^2}\sum_{n=1}^{\infty}\frac{(-1)^n}{n^2}\cos\frac{n\pi x}{2},\,(-\infty < x < \infty)$$

在实际的应用中，有时需要把非周期函数展开为傅立叶级数，这类问题可以按如下方法来解决：

1）如果函数 $f(x)$ 只在 $[-l,l]$ 上有定义，可以在 $[-l,l]$ 外补充定义，将 $f(x)$ 拓广为周期为 $2l$ 的周期函数 $F(x)$（称周期延拓），把 $F(x)$ 展开为傅立叶级数后限定 $x \in [-l,l]$ 即可.

2）如果函数 $f(x)$ 只在 $[0,l]$（或 $[-l,0]$）上有定义，可以先在 $[-l,0]$（或 $[0,l]$）内补充定

义,得到定义在$[-l,l]$上的函数 $F(x)$.特别地可使 $F(x)$ 在$[-l,l]$上成为奇函数(或偶函数),然后再对 $F(x)$ 进行周期延拓,得到周期为 $2l$ 的周期函数 $G(x)$,然后把 $G(x)$ 展开为傅立叶级数后限定 x 的取值范围即可.

3)对于定义在$(-\infty,\infty)$上的非周期函数其展开为傅立叶级数问题请见傅立叶变换相关内容.

习题 6.5

1　下列的函数周期为 2π,在$[-\pi,\pi]$上的表达式如下,试将 $f(x)$ 展开成傅立叶级数.

① $f(x)=2x^2,(-\pi\leqslant x\leqslant\pi)$　　　② $f(x)=x^3,(-\pi\leqslant x\leqslant\pi)$

③ $f(x)=\cos\dfrac{x}{2},(-\pi\leqslant x\leqslant\pi)$　　　④ $f(x)=1+e^x,(-\pi\leqslant x\leqslant\pi)$

⑤ $f(x)=2\sin\dfrac{x}{3},(-\pi\leqslant x\leqslant\pi)$　　　⑥ $f(x)=\begin{cases}\pi+x,-\pi\leqslant x<0\\\pi-x,0\leqslant x\leqslant\pi\end{cases}$

2　将下列的周期函数展开成傅立叶级数.

① $f(x)=\dfrac{x}{2},-2\leqslant x\leqslant2$　　　② $f(x)=\begin{cases}1,-1\leqslant x<0\\x,0\leqslant x\leqslant1\end{cases}$

③ $f(x)=\begin{cases}2x+1,-3\leqslant x<0\\1,0\leqslant x\leqslant3\end{cases}$

3　将下列函数在指定的区间上展开成正弦级数或余弦级数.

① $f(x)=e^x$,在 $0<x\leqslant1$ 展开为正弦级数;

② $f(x)=\begin{cases}\cos\dfrac{\pi x}{2},0\leqslant x\leqslant1\\0,1<x\leqslant2\end{cases}$　在$(0,2]$展开为余弦级数.

*6.6　拉普拉斯变换

6.6.1　拉普拉斯变换概念和性质

(1)拉普拉斯变换的概念

定义　设函数 $f(t)$ 的定义域为$[0,+\infty)$,若广义积分 $\displaystyle\int_0^{+\infty}f(t)e^{-st}dt$ 对于 s 在某一范围内的值收敛,则此积分确定了一个参数为 s 的函数,记为 $F(s)$,即

$$F(s)=\int_0^{+\infty}f(t)e^{-st}dt \tag{1}$$

函数 $F(s)$ 称为 $f(t)$ 的拉普拉斯变换(或称为 $f(t)$ 的象函数),(1)式称为函数 $f(t)$ 的拉普拉斯变换式,用记号 $L[f(t)]$ 表示,即 $F(s)=L[f(t)]$.

关于拉普拉斯变换的定义,特作以下说明:

1）在定义中，只要求 $f(t)$ 在 $t \geqslant 0$ 有定义，为讨论的方便，以后总假定在 $t < 0$ 时，$f(t) \equiv 0$.

2）拉普拉斯变换的参数 s 一般是在复数范围内取值的，为讨论方便以及受学生基础的限制（学生没有学《复变函数论》），本节把 s 作为实数来讨论，但这并不影响对拉普拉斯变换性质的讨论和应用. 即这些结论在复数中同样成立.

3）拉普拉斯变换的实质是将给定的函数通过广义积分转为一个新的函数，是一种积分变换，我们假定所给的函数的拉普拉斯变换总是存在的.

例1 求下列函数的拉普拉斯变换：

① $f(t) = e^{at}$ ② $f(t) = at$

③ $f(t) = \sin \omega t$ ④ $u(t) = \begin{cases} 0, & t < 0 \\ 1, & t \geqslant 0 \end{cases}$（称单位阶梯函数）

解 由定义有

① $L[e^{at}] = \int_0^{+\infty} e^{at} e^{-st} dt = \dfrac{1}{s-a}, (s > a)$

② $L[at] = \int_0^{+\infty} at e^{-st} dt = \dfrac{a}{s^2}, (s > 0)$

③ $L[\sin \omega t] = \int_0^{+\infty} \sin \omega t e^{-st} dt = \dfrac{\omega}{s^2 + \omega^2}, (s > 0)$

同样方法有 $L[\cos \omega t] = \int_0^{+\infty} \cos \omega t e^{-st} dt = \dfrac{s}{s^2 + \omega^2}, (s > 0)$

④ $L[u(t)] = \int_0^{+\infty} 1 \cdot e^{-st} dt = \dfrac{1}{s}, (s > 0)$

（2）拉普拉斯变换的性质

假定所给的函数的拉普拉斯变换总是存在的. 拉普拉斯变换有如下性质：（证明略）

1）线性性质

若 α、β 是常数，且 $L[f_1(t)] = F_1(s)$，$L[f_2(t)] = F_2(s)$，则有
$$L[\alpha f_1(t) + \beta f_2(t)] = \alpha F_1(s) + \beta F_2(s)$$

2）相似性质

若 $L[f(t)] = F(s)$，$a > 0$，则 $L[f(at)] = \dfrac{1}{a} F\left(\dfrac{s}{a}\right)$.

3）平移性质

若 $L[f(t)] = F(s)$，则 $L[e^{at} f(t)] = F(s-a)$.

4）微分性质

若 $L[f(t)] = F(s)$，则 $L[f'(t)] = sF(s) - f(0)$.

类似地，有 $L[f''(t)] = s^2 F(s) - [sf(0) + f'(0)]$

一般地，有 $L[f^{(n)}(t)] = s^n F(s) - [s^{n-1}f(0) + s^{n-2}f'(0) + \cdots + f^{(n-1)}(0)]$

5）积分性质

若 $L[f(t)] = F(s)$，则 $L\left[\int_0^t f(x)dx\right] = \dfrac{F(s)}{s}$

6）若 $L[f(t)] = F(s)$，则 $L[t^n f(t)] = (-1)^n F^{(n)}(s)$

7）若 $L[f(t)] = F(s)$，则 $L\left[\dfrac{f(t)}{t}\right] = \int_s^{+\infty} F(s)ds$

8)若 $L[f(t)] = F(s)$,则 $L[f(t-a)] = \mathrm{e}^{-as}F(s)$

由上述性质可以求出一些比较复杂函数的拉普拉斯变换.

例 2　求下列函数的拉普拉斯变换:

①$f(t) = \mathrm{e}^{-at}\sin \omega t$　　　②$f(t) = t\sin \omega t$　　　③$f(t) = \int_0^t u \sin 2u \mathrm{d}u$

解　①由例 1 的(3)知 $L[\sin \omega t] = \dfrac{\omega}{s^2 + \omega^2}, (s > 0)$

由性质 3,得 $L[\mathrm{e}^{-at}\sin \omega t] = \dfrac{\omega}{(s+a)^2 + \omega^2}, (s > 0)$

同理可得 $L[\mathrm{e}^{-at}\cos \omega t] = \dfrac{\omega + a}{(s+a)^2 + \omega^2}, (s > 0)$

②因为 $L[\sin \omega t] = \dfrac{\omega}{s^2 + \omega^2}, (s > 0)$

由性质 6,得 $L[t\sin \omega t] = -\dfrac{\mathrm{d}}{\mathrm{d}s}\left(\dfrac{\omega}{s^2 + \omega^2}\right) = \dfrac{2s\omega}{(s^2 + \omega^2)^2}$

③由 ② 有 $L[t\sin 2t] = \dfrac{4s}{(s^2 + 2^2)^2}$,再由性质 5,得 $L[f(t)] = \dfrac{4}{(s^2 + 2^2)}$.

在实际应用中,为了方便,我们把常用的拉普拉斯变换列成表,以备查用.

	$f(t)$	$F(s)$		$f(t)$	$F(s)$
1	$\delta(t)$	1	11	$\sin(\omega t + \varphi)$	$\dfrac{s\sin \varphi + \omega \cos \varphi}{s^2 + \omega^2}$
2	$u(t)$	$\dfrac{1}{s}$	12	$\cos(\omega t + \varphi)$	$\dfrac{s\cos \varphi - \omega \sin \varphi}{s^2 + \omega^2}$
3	t	$\dfrac{1}{s^2}$	13	$\mathrm{e}^{-at}\sin \omega t$	$\dfrac{\omega}{(s+a)^2 + \omega^2}$
4	t^n	$\dfrac{n!}{s^{n+1}}$	14	$\mathrm{e}^{-at}\cos \omega t$	$\dfrac{s+a}{(s+a)^2 + \omega^2}$
5	e^{at}	$\dfrac{1}{s-a}$	15	$t\sin \omega t$	$\dfrac{2s\omega}{(s^2 + \omega^2)^2}$
6	$1 - \mathrm{e}^{-at}$	$\dfrac{a}{s(s+a)}$	16	$t\cos \omega t$	$\dfrac{s^2 - \omega^2}{(s^2 + \omega^2)^2}$
7	$t\mathrm{e}^{-at}$	$\dfrac{1}{(s+a)^2}$	17	$\sin \omega t - \omega t\cos \omega t$	$\dfrac{2\omega^2}{(s^2 + \omega^2)^2}$
8	$t^n\mathrm{e}^{-at}$	$\dfrac{n!}{(s+a)^{n+1}}$	18	$\mathrm{e}^{-at} - \mathrm{e}^{-bt}$	$\dfrac{b-a}{(s+a)(s+b)}$
9	$\sin \omega t$	$\dfrac{\omega}{s^2 + \omega^2}$	19	$\dfrac{1}{\omega^2}(1 - \cos \omega t)$	$\dfrac{1}{s(s^2 + \omega^2)}$
10	$\cos \omega t$	$\dfrac{s}{s^2 + \omega^2}$	20	$\dfrac{1}{\sqrt{\pi t}}$	$\dfrac{1}{\sqrt{s}}$

6.6.2 拉普拉斯逆变换及其性质

定义 若 $F(s)$ 是 $f(t)$ 的拉普拉斯变换,即

$$F(s) = \int_0^{+\infty} f(t)e^{-st}dt$$

则称 $f(t)$ 为 $F(s)$ 的拉普拉斯逆变换(或称为 $F(s)$ 的象原函数),记为 $L^{-1}[F(s)]$,即 $f(t) = L^{-1}[F(s)]$.

拉普拉斯逆变换有如下的性质:(证明略)

1)若 $\alpha \setminus \beta$ 是常数,且 $L[f_1(t)] = F_1(s)$,$L[f_2(t)] = F_2(s)$,则有

$$L^{-1}[\alpha F_1(s) + \beta F_2(s)] = \alpha f_1(t) + \beta f_2(t)$$

2)若 $L[f(t)] = F(s)$,则 $L^{-1}[F(s-a)] = e^{at}f(t)$

3)若 $L[f(t)] = F(s)$,则 $L^{-1}[e^{-as}F(s)] = f(t-a)u(t-a)$,$(a > 0)$

求拉普拉斯逆变换的方法一般是用查拉普拉斯变换表的方法,下面举例说明.

例3 求下列拉普拉斯逆变换:

① $\dfrac{3}{s(s+3)}$ ② $\dfrac{1}{s(s+1)^3}$ ③ $\dfrac{4s^2-1}{4s^2(s^2-1)}$

解 ①查表,由公式6得,$L^{-1}\left[\dfrac{3}{s(s+3)}\right] = 1 - e^{3t}$

②因为 $\dfrac{1}{s(s+1)^3} = \dfrac{1}{s} - \dfrac{1}{s+1} - \dfrac{1}{(s+1)^2} - \dfrac{1}{(s+1)^3}$,所以

$$L^{-1}\left[\dfrac{1}{s(s+1)^3}\right] = L^{-1}\left[\dfrac{1}{s}\right] - L^{-1}\left[\dfrac{1}{s+1}\right] - L^{-1}\left[\dfrac{1}{(s+1)^2}\right] - L^{-1}\left[\dfrac{1}{(s+1)^3}\right]$$

$$= 1 - e^{-t} - te^{-t} - \dfrac{1}{2}t^2e^{-t}$$

③由于 $\dfrac{4s^2-1}{4s^2(s^2-1)} = \dfrac{3}{8} \cdot \dfrac{1}{s-1} - \dfrac{3}{8} \cdot \dfrac{1}{s+1} + \dfrac{1}{4} \cdot \dfrac{1}{s^2}$,故

$$L^{-1}\left[\dfrac{4s^2-1}{4s^2(s^2-1)}\right] = \dfrac{3}{8}L^{-1}\left[\dfrac{1}{s-1}\right] - \dfrac{3}{8}L^{-1}\left[\dfrac{1}{s+1}\right] + \dfrac{1}{4}L^{-1}\left[\dfrac{1}{s^2}\right] = -\dfrac{3}{8}e^{-t} + \dfrac{3}{8}e^t + \dfrac{1}{4}t = \dfrac{1}{4}(t + 3\,\text{sh}\,t)$$

$$\left(\text{sh}\,t = \dfrac{e^t - e^{-t}}{2} \text{ 称双曲余弦函数}, \text{ch}\,t = \dfrac{e^t + e^{-t}}{2} \text{ 称双曲余弦函数}\right)$$

6.6.3 拉普拉斯变换应用举例

拉普拉斯变换在解常系数微分方程(组)时常用到,下面举例说明.

例4 求微分方程 $y'' - 3y' + 2y = 2e^{-t}$ 满足初始条件 $y(0) = 2, y'(0) = -1$ 的解.

解 对所给的微分方程两边分别作拉普拉斯变换.设 $L[y(t)] = Y(s) = Y$,则有

$$[s^2Y - sy(0) - y'(0)] - 3[sY - y(0)] + 2Y = \dfrac{2}{s+1}$$

将初始条件 $y(0) = 2, y'(0) = -1$ 代入并整理,得

$$Y = \dfrac{2s^2 - 5s - 5}{(s+1)(s-2)(s-1)} = \dfrac{1}{3} \cdot \dfrac{1}{s+1} + \dfrac{4}{s-1} - \dfrac{7}{3} \cdot \dfrac{1}{s-2}$$

再取拉普拉斯逆变换,就得方程的特解为　　　$y = \dfrac{1}{3}e^{-t} + 4e^t - \dfrac{7}{3}e^{2t}.$

例 5　求微分方程组 $\begin{cases} x'' - 2y' - x = 0 \\ x' - y = 0 \end{cases}$ 满足条件 $x(0) = 0, x'(0) = 1, y(0)1$ 的特解.

解　设 $L[x(t)] = X(s) = X, L[y(t)] = Y(s) = Y$,对方程组取拉普拉斯变换,得

$$\begin{cases} s^2 X - sx(0) - x'(0) - 2(sY - y(0)) - X = 0 \\ sX - x(0) - Y = 0 \end{cases}$$

将初始条件 $x(0) = 0, x'(0) = 1, y(0)1$ 代入并整理,得

$$\begin{cases} (s^2 - 1)X - 2sY + 1 = 0 \\ sX - Y = 0 \end{cases} \qquad \text{解方程组得} \begin{cases} X = \dfrac{1}{s^2 + 1} \\ Y = \dfrac{s}{s^2 + 1} \end{cases}$$

再取拉普拉斯逆变换,就得方程组的特解为 $\begin{cases} x(t) = \sin t \\ y(t) = \cos t \end{cases}$.

习题 6.6

1　求下列各函数的拉普拉斯变换:

①$3e^{-4t}$ 　　　　　　　②$t^2 + 6t - 3$ 　　　　　　　③$5\sin 2t - 3\cos 2t$

④$\sin 2t \cos 2t$ 　　　　　④$e^{3t}\sin 4t$ 　　　　　　　⑥$t^2 e^{-2t}$

2　求下列各函数的拉普拉斯逆变换:

①$F(s) = \dfrac{2}{s-3}$ 　　　　　②$F(s) = \dfrac{1}{3s+5}$ 　　　　　③$F(s) = \dfrac{4s}{s^2 + 15}$

④$F(s) = \dfrac{1}{s(s+1)(s+2)}$ 　　⑤$F(s) = \dfrac{s^2 + 2}{s^3 + 6s^2 + 9s}$ 　　⑥$F(s) = \dfrac{s^2 + 1}{s(s-1)^2}$

3　用拉普拉斯变换解下列微分方程(组):

①$y'' - 3y' + 2y = 4, y(0) = 0, y'(0) = 1$ 　　②$y'' + 16y = 32t, y(0) = 3, y'(0) = -2$

③$\begin{cases} x' + x - y = e^t \\ y' + 3x - 2y = 2e^t \end{cases} x(0) = y(0) = 1$ 　　④$\begin{cases} x'' + 2y = 0 \\ y' + x + y = 0 \end{cases} x(0) = 0, x'(0) = 1, y(0) = 1$

复习题 6

1　单项选择题

①级数 $\dfrac{1}{3} + \dfrac{1}{6} + \dfrac{1}{11} + \dfrac{1}{18} + \cdots$ 的一般项是(　　　).

　(A)$u_n = \dfrac{1}{2n-1}$ 　　(B)$u_n = \dfrac{1}{3n}$ 　　(C)$u_n = \dfrac{1}{n^2 + 2}$ 　　(D)$u_n = \dfrac{1}{(n+2)^2}$

②已知级数 $1 + \dfrac{1}{2} + \dfrac{1}{3} + \cdots + \dfrac{1}{n} + \cdots$ 是发散的,则级数 $\dfrac{1}{5} + \dfrac{1}{6} + \cdots + \dfrac{1}{n+4} + \cdots$ 是(　　).

　(A)收敛的　　　　(B)发散的　　　(C)不能确定

③已知级数 $\displaystyle\sum_{n=1}^{\infty} \dfrac{1}{2^n}$ 收敛,则级数 $\displaystyle\sum_{n=1}^{\infty} \dfrac{10^3}{2^n}$ 是(　　).

　(A)收敛的　　　　(B)发散的　　　(C)不能确定

④如果幂级数 $\displaystyle\sum_{n=1}^{\infty} a_n x^n$ 有 $\lim\limits_{n\to\infty} \left| \dfrac{a_{n+1}}{a_n} \right| = 0$,则该级数(　　).

　(A)收敛半径不存在　　　　　　(B)收敛半径为0

　(C)只在 $x=0$ 时收敛　　　　　(D)在 $(-\infty, +\infty)$ 上处处收敛

⑤级数 $\displaystyle\sum_{n=1}^{\infty} nx^n$ 的收敛区间是(　　).

　(A)$(-1,1]$　　　(B)$[-1,1)$　　　(C)$(-1,1)$　　　(D)$[-1,1]$

⑥如果级数 $\displaystyle\sum_{n=1}^{\infty} a_n x^n$ 的收敛半径为 ρ,则级数 $\displaystyle\sum_{n=1}^{\infty} \dfrac{a_n x^n}{C}$($C$ 为常数)的收敛半径为(　　).

　　(A)ρ　　　　　(B)$\dfrac{\rho}{C}$　　　　　(C)$C\rho$　　　　　(D)$\dfrac{1}{\rho}$

⑦级数 $\displaystyle\sum_{n=1}^{\infty} \dfrac{(-1)^n}{(n+1)^2} x^n$ 的收敛半径是(　　).

　　(A)$\dfrac{1}{2}$　　　　　(B)1　　　　　(C)$\dfrac{1}{3}$　　　　　(D)2

⑧若 $f(t)$ 是 $(-\pi, \pi)$ 上的奇函数,则傅立叶系数(　　).

　　(A)$b_n = 0; a_0 \neq 0; a_n \neq 0$　　　　　(B)$a_0 = a_n = 0; b_n \neq 0$

　　(C)$a_0 = 0; a_n \neq 0; b_n \neq 0$

2　填空题

①若级数 $\displaystyle\sum_{n=1}^{\infty} u_n$ 和 $\displaystyle\sum_{n=1}^{\infty} v_n$ 都收敛,则级数 $\displaystyle\sum_{n=1}^{\infty} (u_n + v_n)$ _____.

②级数 $\displaystyle\sum_{n=1}^{\infty} \dfrac{1}{n(n+2)}$ 的敛散性是_____.

③级数 $\displaystyle\sum_{n=1}^{\infty} \dfrac{n^2}{3^n}$ 的敛散性是_____.

④级数 $\displaystyle\sum_{n=1}^{\infty} \dfrac{1}{n \cdot 3^n} x^n$ 的收敛半径是_____.

⑤级数 $\displaystyle\sum_{n=1}^{\infty} \dfrac{(-1)^{n-1}}{n} x^n$ 的收敛区间是_____.

3　求函数 $f(x) = \ln(1 + x^2)$ 展开成的幂级数.

4　求级数 $x - \dfrac{x^3}{3} + \dfrac{x^5}{5} - \dfrac{x^7}{7} + \cdots$ 的和函数.

5　函数 $f(x) = 3x^2 + 1 (-\pi \leqslant x < \pi)$ 的周期为 2π,将其展开成傅立叶级数.

第 **7** 章
数学软件 Mathematica 应用入门

在实际应用中,我们会遇到各种各样的运算问题,如果严格按照公式和法则进行人工计算,就会花费大量的时间,而且工作的效率会很低,对于一些表达式很复杂、数据量很大的问题,用人工解答就会十分困难,有时甚至不可能完成,因此必须有解决这类问题的工具.随着计算机和计算技术的发展,现在有不少这样的应用软件,Mathematica 就是其中之一,本章仅介绍软件 Mathematica 4.0 的一些常用功能,特别是它在高等数学中的一些简单应用,需要深入掌握 Mathematica 的读者可查阅相关书籍.

7.1 软件 Mathematica 简介

7.1.1 Mathematica 的启动、运行和退出

Mathematica 是美国 Wolfram 公司生产的一种数学分析型的软件,以符号计算见长,也具有高精度的数值计算功能和强大的图形功能.

假设在 Windows 环境下已安装好 Mathematica 4.0,启动 Windows 后,在"开始"菜单的"程序"中单击 ![Mathematica 4 图标](也可以用鼠标双击桌面上的 Mathematica 图标(刺球状))就启动了 Mathematica 4.0,在屏幕上显示如图 7.1 的 Notebook 工作窗口,系统暂时取名 Untitled-1,直到用户保存时重新命名为止. 这时可以键入你想计算的东西了,比如键入 1 + 1,然后按下 Shif + Enter 键(数字键盘上只要按 Enter 键),这时系统开始计算并输出计算结果,并给输入和输出附上次序标识 In[1] 和 Out[1]. 其中"In[1] : ="表示第一个输入;"Out[1] ="表示第一个输出结果. 接下来可键入第二个输入,比如再输入第二个表达式,要求系统将一个二项式 $(x + y)^5$ 展开,按 Shift + Enter 输出计算结果后,系统分别将其标识为 In[2] 和 Out[2] (如图 7.2).按这样的方式可利用 Mathematica 进行"会话式"计算. 要注意的是:"In[1] : ="和 "Out[1] ="是系统自动添加的,不需用户键入. Mathematica 还提供"批处理"运行方式,即可以将 Mathematica 作为一种算法语言,编写程序,让计算机执行,限于篇幅本章不作介绍,读者可查阅相关书籍.

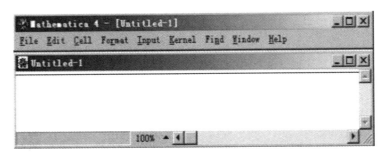

图 7.1 Mathematica 的工作窗口

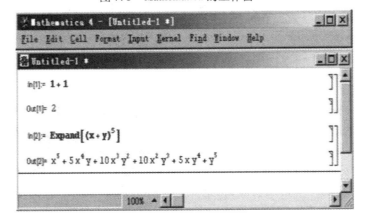

图 7.2 完成运算后的 Mathematica 窗口

另外还要说明的就是如果在启动时是在第三级菜单中单击选项［Mathematica 4 Kemel］，则打开的是 Text based 接口的"Kemel"窗口，在这里同样可以输入指令工作，各种运算在两个窗口都能进行，不同的是"Kemel"窗口没有编辑能力，使用"Notebook"工作窗口更为方便一些. 后面所举的例子都是在 Notebook 窗口进行的.

退出 Mathematica 系统则比较简单，单击窗口上方工作条上的［×］即可.

7.1.2 Mathematica 的基本运算功能

（1）算术运算

Mathematica 最基本的功能是进行算术运算，包括加（+），减（-），乘（＊），除（/），乘方（^），阶乘（！）等. 如要计算 $\{[(2+3)\times 4-6]\div 2\}^2$ 应该键入 $(((2+3)*4-6)/2)^{\wedge}2$，然后按 Shift + Enter 即可得到结果 Out［1］= 49.

需要注意的是：

①在 Mathematica 中，也可用空格代表乘号；数字和字母相乘，乘号可以省去，例如：3＊2 可写成 3 2，2＊x 可写成 2x，但字母和字母相乘，乘号不能省去. 建议大家尽可能不要省去乘号，以免引起混乱.

②在 Mathematica 中，表达式中用来表示运算的结合次序的括号只允许是圆括号（无论多少层），不允许用中括号或大括号. 例如 $(4*(2+3/(2-5)))^{\wedge}2$ 才是正确的.

③当输入式子中不含小数点，输出结果是完全精确的. 例如：输入 2/3，输出仍然为 2/3.

④为了得到计算结果的近似数或指定有效数字的位数，可以用命令 N［x］或 N［x,n］. 前

者取 x 的默认位数近似值(一般为 6 位有效数字),后者取 x 的 n 位有效数字.

⑤%表示上一个输出结果,%%表示倒数第二个输出结果,以此类推,%n 表示第 n 个输出结果(而不是倒数第 n 个结果).

⑥在 Mathematica 中,如果在输入的表达式末尾加上一个分号";",表示不显示计算结果,但你可以调用它的结果.

(2)常量和变量

在一个过程中保持不变的量称为常量,常量也称为常数,Mathematica 提供很多常用的数学常数,如:Pi :圆周率;Degree :度;Infinity :无穷大;E :自然对数的底;I :虚数单位.

在很多计算中可能多次用到同一个数值,这时可将该数值赋给一个变量. 如(为节省篇幅,将输入和输出写在同一行):

In[1]:= $x = y = 5$　Out[1]= 5

In[2]:= $z = N[Pi, 20]$　Out[2]= 3. 141 592 653 589 793 238 46

在后续计算中就可直接把 x, y, z 作为常数使用. 如

In[3]:= z^2　Out[3]= 9. 869 604 401 089 358 618 8

In[4]:= $x + y$　Out[4]= 10

你所定义的变量值是不会变的,具有永久性,一旦你给变量 x 赋值后,这一变量值将一直保持不变,直到你重新给它赋值或使用清除命令 $x = .$ 或者 Clear[x]将它清除.

在 Mathematica 中,对于变量名没有长度限制,但变量名不能以数字开头,如 $x2$ 可以作为变量名,但 $2x$ 却是 $2 * x$ 的意思,在输入含有变量的式子时,应注意 $x\ y$ 表示 $x * y$,而 xy 是一变量,x^2y 意味着(x^2) $* y$ 而不是 $x^{(2y)}$.

(3)函数

1)系统内建函数

Mathematica 提供了很多常用的函数,多达上百种,包括基本初等函数和某些特殊函数,这里仅给出其中较为常用的一些函数.

Sqrt[x]	平方根函数	Exp[x]	指数函数
Log[x]	自然对数函数	Log[b, x]	以 b 为底的对数函数
Abs[x]	绝对值函数	Mod[n, m]	n 关于 m 的模
Round[x]	四舍五入函数	Random[ ]	取 0 和 1 之间的随机数
Max[$x, y, \cdots$]	取最大值函数	Min[$x, y, \cdots$]	取最小值函数

三角函数与反三角函数

Sin[x]　Cos[x]　Tan[x]　Cot[x]　Sec[x]　Csc[x]

ArcSin[x]　ArcCos[x]　ArcTan[x]　ArcCot[x]　ArcSec[x]　ArcCsc[x]

双曲函数与反双曲函数

Sinh[x]　Cosh[x]　Tanh[x]　Coth[x]　Sech[x]　Csch[x]

ArSinh[x]　ArcCosh[x]　ArcTanh[x]　ArcCoth[x]　ArcSech[x]　ArcCsch[x]

Mathematica 提供的函数以及后面介绍的运算符都可从联机帮助文件中查到. 读者可以用它查询到 Mathematica 提供的所有函数、常数和各种符号及它们的用法. 另外,要提醒大家的是:

①Mathematica 中,大小写英文字母要严格区分开,函数名字该大写的地方一定要大写,否

则会发生语法错误.

②函数后面的表达式一定要放在方括号内(注意:不是圆括号,这一点初学者都很不习惯).

③当 Mathematica 无法计算输入的表达式的精确值,而又要求它返回精确值时,将返回原表达式. 如:$In[1] := Sqrt[2]$ $Out[1] = Sqrt[2]$

2)自定义函数

虽然 Mathematica 为用户提供了大量的函数,但是在很多时候,为了完成某些特定的运算,用户还需要自己定义一些新的函数,如:

$In[1] := f[x\_] := x^2 ; g[x\_,y\_] := (x-y)^2/y;$

$In[1]$ 分别定义了两个函数 $f(x) = x^2$ 和 $g(x,y) = \dfrac{(x-y)^2}{y}$.

注意:左边方括号中的变量后必须紧跟一下画线"_",而右边表达式中的变量后没有这一符号. 定义了函数 $f(x)$、$g(x,y)$ 后,就可对其进行各种算术运算或符号运算. 如:

$In[2] := g[2,3]$ $\qquad\qquad$ $Out[2] = \dfrac{1}{3}$

$In[3] := D[f[x],x]$ $\qquad$ $Out[3] = 2x$ $\qquad\qquad$ (D 表示求导数运算)

如果用户一时忘记了前面定义的函数,可以用下列命令查询:

$In[4] := ? f$ $\qquad\qquad$ $Out[4] = Global' f$

$\qquad\qquad\qquad\qquad\qquad\qquad f[x\_] := x^2$

$In[5] := ? g$ $\qquad\qquad$ $Out[5] = Global' g$

$\qquad\qquad\qquad\qquad\qquad\qquad g[x\_,y\_] := \dfrac{(x-y)^2}{y}$

这里的符号"Global"表示定义的函数在其后面的计算中全局有效. 当你需要废除已经定义的函数时,可以使用 $Clear[f]$;这样,前面定义的函数不再起作用. 如果一个函数的定义需要多个语句,可将它们放在一对花括号或一对圆括号中,并用分号隔开,如:

$In[6] := f[x\_,n\_] := (t = Sin[x] + Cos[x]; t^n + 2t)$

$In[6]$ 定义了一个二元函数 $f(x,n) = (\sin x + \cos x)^n + 2(\sin x + \cos x)$,它先计算 $t = Sin[x] + Cos[x]$,,然后计算 $t^n + 2t$,最终得到 $f(x,n)$.

要定义一个分段函数,一般要用到条件控制语句 If、Which 和 Switch 语句. 下面列出 Mathematica 的一些条件结构:

$Ihs := rhs/; test$ $\qquad$ 当 test 为 True 时使用定义

$If[test, then, else]$ $\qquad$ 当 test 为 True 时执行 then,否则执行 else

$If[test, then, else, unknown]$ $\qquad$ 当 test 为 True 时执行 then,否则执行 else,不清楚时执行 unknown

$Which[test1, value1, test2, value2, \dots]$ $\qquad$ 给出第一个 test i 为 True 时执行 value i

$Switch[expr, form1, value1, form2, value2, \dots, def]$ $\qquad$ 给出第一个与 expr 相匹配的 form i 对应的 valuei 值,若都不成立,结果为默认值 def

下面举例介绍分段函数的定义:

定义一个阶跃函数 $s(x) = \begin{cases} 1, x \geq 0 \\ -1, x < 0 \end{cases}$,可使用 If 语句:

$In[1] := s[x\_] := If[x >= 0, 1, -1]$

也可用 /;test 形式来分别定义它的两个部分:

$In[2] := ss[x\_] := 1/;x >= 0; ss[x\_] := -1/;x < 0$

If 函数允许指定条件既不是 True 也不是 False 时的值. 例如:

$In[3] := sl[x\_, y\_] := If[x > y, a, b, c];$ 若输入 $sl[2, 1 + I]$, 则输出 c.

在上例中, 只有当 x, y 都是实数时才可比较它们大小, 而 $1 + I$ 为一复数, 不能与 2 比较大小, 因而输出第三种结果 c.

当条件多于两个时, 可以用 If 的嵌套方式来处理, 但更方便的方法是用 Which 函数, 例如

$In[4] := hh[x\_] := Which[x < 0, x^2, x <= 5, 0, x > 5, x^3],$ 定义了以下函数

$$hh(x) = \begin{cases} x^2 & x < 0 \\ 0 & 0 \leq x \leq 5 \\ x^3 & x > 5 \end{cases}$$

(4) 集合

在进行计算时, 把许多元素放在一起并作为一个整体来处理是很方便的, 在 Mathematica 中, 集合是收集元素的一种方法, 是一种非常重要而又极其普遍的结构. Mathematica 中的集合实际上是一个数组, 即它的元素具有有序性, 而且可以重复.

$In[1] := s = \{3, 5, 1\}$ $Out[1] = \{3, 5, 1\}$

$In[2] := t = \{-1, 3, 7\}$ $Out[2] = \{-1, 3, 7\}$

以下命令把集合中的每个元素平方加 1.

$In[3] := s^2 + 1$ $Out[3] = \{10, 26, 2\}$

也可求两个集合对应元素的和差积商等, 例如:

$In[4] := s + t - 2^s + s*t + t^s/t$ $Out[4] = \{-8, 72, 14\}$

在大多数情况下, Mathematica 是把集合作为一个整体来处理, 但有时也需要对集合中的某个元素进行处理. 这里给出处理集合元素的一些常用函数:

$\{a, b, c, \cdots\}$	一个集合
$Part[list, i]$ 或 $list[[i]]$	取集合 list 中的第 i 个元素
$Part[list, \{i, j, \cdots\}]$ 或 $list[[\{i, j, \cdots\}]]$	由集合 list 的第 $i, j, \cdots$ 元素组成的集合
$Part[list, i] = value$ 或 $list[[i]] = value$	给集合 list 的第 i 个元素重新赋值

例如:

$In[5] := Part[\{1, 2, 3, 4, 5, 6\}, 3]$ $Out[5] = 3$

$In[6] := Part[\{1, 6, 3, 4, 3, -2, 7, 8, 9, \}, \{2, 5, 6\}]$

$Out[6] = \{6, 3, -2\}$

$In[7] := t[[2]] = 5$ $Out[7] = 5$

$In[8] := t$ $Out[8] = \{-1, 5, 7\}$

7.1.3 代数运算

(1) 多项式运算

Mathematica 能进行多项式的加 (+), 减 (−), 乘 (∗), 除 (/), 乘方 (^) 等运算, 不仅如此, Mathematica 还提供了许多关于多项式运算的函数, 现列出较常用的一些:

Coefficient[poly,expr]	提取多项式 poly 中 expr 的系数
Expand[poly]	展开多项式 ploy
Factor[poly]	对多项式 ploy 进行因式分解
FactorTerm[poly]	提取多项式 ploy 中的数字公因子
PolynomialGCD[ploy1,poly2,…]	计算多项式 ploy1，ploy2，…的最大公约式
PolynomialLCM[ploy1,poly2,…]	计算多项式 ploy1，ploy2，…的最小公倍式
Exponent[expr,form]	计算 expr 中 form 的最高指数
Part[expr,n]或 expr[[n]]	expr 中的第 n 项
Collect[poly,x]	以 x 的幂的形式重排多项式
Collect[poly,{x,y,…}]	以 $x,y,…$ 的幂的形式重排多项式
PolynomialQuotient[p,q,x]	计算多项式 p/q 的商，略去余式
PloynomialRemainder[p,q,x]	计算多项式 p/q 的余项

上面最后两个运算方括号中的 x 代表把多项式的变元定义为 x，以区别于多项式中可能包含的其他变量，举例如下：

$\text{In}[1]:=(x-1)\hat{\ }2*(x\hat{\ }3+1)$ 　　　　$\text{Out}[1]=(-1+x)^2(1+x^3)$

$\text{In}[2]:=t=\text{Expand}[\%]$ 　　　　$\text{Out}[2]=1-2x+x^2+x^3-2x^4+x^5$

$\text{In}[3]:=\text{Factor}[t]$ 　　　　$\text{Out}[3]=(-1+x)^2(1+x)(1-x+x^2)$

$\text{In}[4]:=\text{Expand}[(1+2x+3y)\hat{\ }3]$

$\text{Out}[4]=1+6x+12x^2+8x^3+9y+36xy+36x^2y+27y^2+54xy^2+27y^3$

$\text{In}[5]:=\text{PolynomialQuotient}[\%,x\hat{\ }2+2x-3,x]$

$\text{Out}[5]=-4+8x+36y$

$\text{In}[6]:=\text{PolynomialRemainder}[\%5,x\hat{\ }2+2x-3,x]$

$\text{Out}[6]=-11+117y+27y^2+27y^3+x(38-36y+54y^2)$

可以使用如下命令求符号表达式的值：

expr/. $x\rightarrow$value 在表达式 expr 中用 value 来替换 x

expr/. $\{x\rightarrow$xvalue$,y,\ y\rightarrow$yvalue$,…\}$ 进行一系列替换

例如：

$\text{In}[7]:=1+2x/.\ x\rightarrow3$ 　　　　$\text{Out}[7]=7$

$\text{In}[8]:=1+2x+x\hat{\ }2/.\ x\rightarrow2-y$ 　　　　$\text{Out}[8]=1+2(2-y)+(2-y)^2$

$\text{In}[9]:=(x+y)(x-y)\hat{\ }2/\{x\rightarrow3.\ y\rightarrow1-a\}$ 　　$\text{Out}[9]=\left\{\dfrac{(x-y)^2(x+y)}{x\rightarrow3.\ y\rightarrow1-a}\right\}$

（2）有理分式运算

Mathematica 也可对有理分式进行处理和化简，现列出常用的一些有理分式运算如下，请读者自己做一些实验.

Apart[expr]	把表达式写成若干项的和，每项有最简分母
Cancel[expr]	消去分子、分母中的公因子
Denominator[expr]	取出表达式的分母
Numerator[expr]	取出表达式的分子
ExpandDenominator[expr]	展开表达式的分母

ExpandNumerator[expr]　　　展开表达式的分子

Expand[expr]　　　　　　　展开表达式的分子,逐项被分母除

ExpandAll[expr]　　　　　　展开表达式的分母、分子

Factor[expr]　　　　　　　首先通分. 然后对分子、分母分解因式

Simplify[expr]　　　　　　把表达式尽可能简化

Together[expr]　　　　　　对有理式进行通分

如要把 $\dfrac{1+2x}{x^3-1}$ 分成部分分式,则

$\text{In}[1] := \text{Apart}[(2x+1)/(x\text{^}3-1)]$　　　$\text{Out}[1] = \dfrac{1}{-1+x} - \dfrac{x}{1+x+x^2}$

(3)解方程(组)

Mathematica 中方程的两边必须用等号算子" == "而不是" = "连接,如:

$\text{In}[1] := x\text{^}2 + 2x - 7 == 0$　　　$\text{Out}[1] = -7 + 2x + x^2 == 0$

可以用命令 Solve[　]求方程的两个根:

$\text{In}[2] := \text{Solve}[\% , x]$　　　$\text{Out}[2] = \{ \{ x \to -1 - 2\sqrt{2} \}, \{ x \to -1 + 2\sqrt{2} \} \}$

我们也可通过替换符来解出 x,用集合规则得到解的集合

$\text{In}[3] := x/. \%2$　　　$\text{Out}[3] = \{ -1 - 2\sqrt{2}, -1 + 2\sqrt{2} \}$

　　对于不高于四次的多项式方程,Solve 总能给出其精确解,对高于四次的多项式方程不可能有公式解,尽管如此. Mathematica 仍尽可能用因式分解及其他方法求解多项式,将高次方程改写成低次多项式方程或多项式方程组,结果 Solve 能求出许多高次多项式方程的显式代数解. 例如:

$\text{In}[5] := p = 3 + 3x - 7x\text{^}2 - x\text{^}3 + 2x\text{^}4 + 3x\text{^}7 - 3x\text{^}8 - x\text{^}9 + x\text{^}10; \text{Solve}[p == 0, x]$

$\text{Out}[5] = \{ \{ x \to 1 \}, \{ x \to -\text{Sqrt}[3] \}, \{ x \to \text{sqrt}[3] \} \}, \text{ToRules}[\text{Roots}[2x + x\text{^}7 == -1, x]] \}$

　　在上例中,Mathematica 只求出了其中的一些解,其他解写成了 ToRules 表示的符号形式. 使用 N 将给出数值解:

$\text{In}[3] := \text{N}[\%]$　$\text{Out}[3] = \{ -3.82843, 1.82843 \}$

　　如果最终只须写数值解,可使用 Nsolve[]求解,如使用命令 $\text{In}[7] := \text{NSolve}[p == 0, x]$,得到的 Out[7]与 Out[6]完全一样,此处从略.

Mathematica 能直接给出更复杂的超越方程的数值解.

$\text{In}[8] := \text{FindRoot}[x * \text{Sin}[x] - 1/2 == 0, \{ x, 1 \}]$　$\text{Out}[8] = \{ x -> 0.740841 \}$

　　上例中,$\{ x, 1 \}$ 表示求方程 $x * \text{Sin}[x] - 1/2 == 0$ 在 1 附近的解. 也可利用 Mathematica 求解方程组,命令为

$\text{Solve}[\{ equ1, equ2, \cdots equn \}, \{ x1, x2, \cdots xn \}]$,如:

$\text{In}[9] := \text{Solve}[\{ a * x + b * y == 1, x - y == 2 \}, \{ x, y \}]$

$\text{Out}[9] = \{ \{ x \to -\dfrac{-1-2b}{a+b}, y \to -\dfrac{-1+2a}{a+b} \} \}$

如果想得到 $a = 0.1234, b = 0.2$ 时的数值解,可以输入:

$\text{In}[10] := \% /. \text{a} \to 0.1234 /. \text{b} \to 0.2$　$\text{Out}[10] = \{ \{ x \to 4.329, y \to 2.329 \} \}$

注意：如果需要对表达式中多个变量赋值，可连续使用"$x{\rightarrow}\text{expr}1$"，"$y{\rightarrow}\text{expr}2$"，…它们之间必须用"$/.$"分开.

若对方程所含的全部变量求解，可略去输入语句中表示求解变量 { } 的内容. 如：

$\text{In}[11] := \text{Solve}[\{x{^\wedge}2 + y{^\wedge}2 == 1, x + y == 2\}]$

$\text{Out}[11] = \{\{x{\rightarrow}1, y{\rightarrow}1\}, \{x{\rightarrow}1, y{\rightarrow}1\}\}$

(4) 求和与积

Mathematica 提供了专门的求和运算命令 $\text{Sum}[U_n, \{n, k\}]$ 和求积运算命令 $\text{Product}[U_n, \{n, k\}]$，可求有限多项的和与积的精确结果，还可求可列无穷多项的和与积的数字结果（简单情形时也能求出精确结果）. 这里 Mathematica 默认下限 $n = 1$，即从 1 开始，直到 k 为止，步长也默认为 1. 如果要规定下限为 a 和上限为 b，则形式为 $\text{Sum}[U_n, \{n, a, b\}]$ 和 $\text{Product}[U_n, \{n, a, b\}]$，如果步长不是 1，则输入时要同时给出下限、上限和步长，其形式为

$\text{Sum}[U_n, \{n, a, b, k\}]$ 和 $\text{Product}[U_n, \{n, a, b, k\}]$

如要求出了和式 $\sum\limits_{k=1}^{15} k^2$ 的值，则

$\text{In}[1] := \text{Sum}[k{^\wedge}2, \{k, 1, 15\}]$　　　$\text{Out}[1] = 14400$

上例中默认的步长为 1，也可任意指定步长，例如：

$\text{In}[2] := \text{Sum}[x{^\wedge}k/k{^\wedge}2, \{k, 1, 8, 2\}]$　　　$\text{Out}[2] = x + \dfrac{x^3}{9} + \dfrac{x^5}{25} + \dfrac{x^7}{49}$

$\text{In}[3] := \text{Sum}[1/k{^\wedge}2, \{k, 1, \text{Infinity}\}]//N$　　　$\text{Out}[3] = 1.64493$（精确值为 $\dfrac{\pi^2}{6}$）

Sum 也可计算多重求和，请读者自己试验.

求积的运算与和的运算一样. 如要求 $\prod\limits_{k=1}^{15} k$ 的值，则

$\text{In}[4] := \text{Product}[k, \{k, 1, 15\}]$

$\text{Out}[4] = 1307674368000$

若步长取 3，则有

$\text{In}[5] := \text{Product}[k, \{k, 1, 15, 3\}]$

$\text{Out}[5] = 3640$

类似于命令 Sum，命令 Product 也可计算多重求积，请读者自己试验.

7.2　函数作图

函数的图形直观明了，在函数的研究中有重要的意义和广泛应用. 在第 4 章我们用导数研究函数的图形性态，但步骤较繁，如果函数很复杂的话甚至不可能作出其图形，而用数学软件作图则快捷简单，而且可以方便做到随意观察你想观察的哪一部分图形. Mathematica 允许用各种图形、曲线输出计算结果，甚至输出动画，因此可以实现计算的可视化. 图形的输出方式很多，此处只介绍其中的一小部分.

7.2.1 二维作图

(1)基本的一元函数作图

Mathematica 在直角坐标系中作一元函数图形的基本命令是 Plot,下面给出三个常用的形式:

$\mathrm{Plot}\big[f(x),\{x,x\min,x\max\},\mathrm{option}\rightarrow\mathrm{value}\big]$	在指定区间上按选项定义值画出函数在直角坐标系中的图形
$\mathrm{Plot}\big[\{f_1(x),f_2(x),f_3(3),\cdots\},\{x,x\min,$ $x\max\},\mathrm{option}\rightarrow\mathrm{value}\big]$	在指定区间上按选项定义值同时画出多个函数在直角坐标系中的图形
$\mathrm{ListPlot}\big[\{\{x_1,y_1\},\{x_2,y_2\},\cdots\}\big]$	绘出离散点(x_i,y_i)

Mathematica 绘图时允许用户设置选项值对绘制图形的细节提出各种要求. 例如要设置图形的高宽比,给图形加标题等. 每个选项都有一个确定的名字,以"选项名→选项值"的形式放在 Plot 中的最右边位置,一次可设置多个选项,选项依次排列,用逗号隔开,也可以不设置选项,采用系统的默认值. 下面所举的例子采用的是默认值.

例 1 绘制 $y=\dfrac{\sin x^2}{x+1}$ 的图形.

解 $\mathrm{In}\big[1\big]:=\mathrm{Plot}\big[\mathrm{Sin}\big[x^2\big]/(x+1),\{x,-2\mathrm{Pi},2\mathrm{Pi}\}\big]$

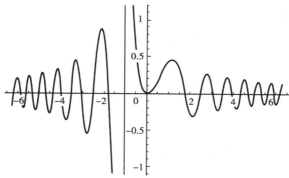

$\mathrm{Out}\big[1\big]=-\mathrm{Graphics}-$

例 2 在同一坐标系中绘制 $y=x,y=x^2,y=x^3,y=x^4$ 的图形.

解 $\mathrm{In}\big[2\big]:=\mathrm{Plot}\big[\{x,x^2,x^3,x^4\},\{x,-2,2\}\big]$

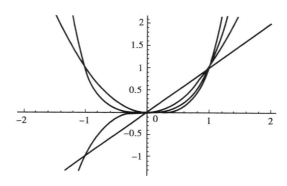

Out[2] = − Graphics −

例3 绘制分段函数 $f(x)\begin{cases} x+2, x \le -2 \\ \sin x, -2 < x \le 2 \\ \sqrt{2}, x > 2 \end{cases}$ 的图形.

解 In[3]: = f[x_]: = Which[x ≤ − 2, x + 2, x ≤ 2, Sin[x], x > 2, Sqrt[x]]

Plot[f[x], {x, − 4, 4}]

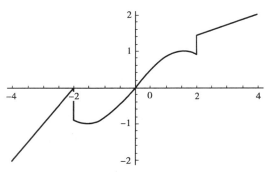

Out[3] = − Graphics −

(2) 二维参数作图

前面我们使用 Plot 命令可以绘出直角坐标系下的函数图形, 使用 ParametrecPlot 可以绘制参数曲线. 下面给出 ParametricPlot 的常用形式:

ParametricPlot[{fx, fy}, {t, tmin, tmax}]	绘出参数图
ParametricPlot[{fx, fy}, {gx, gy}, …, {t, tmin, tmax}]	绘出一组参数图
ParametricPlot[{fx, fy}, {t, tmin, tmax}, AspectRatio→Automatic]	设法保持曲线的形状

例4 绘制参数方程 $\begin{cases} x = \sin 3t \cos t \\ y = \sin 3t \sin t \end{cases}$ 的图形.

解 In[4]: = ParametricPlot[{Sin[3t]Cos[t], Sin[3t]Sin[t]}, {t, − 2, 2}]

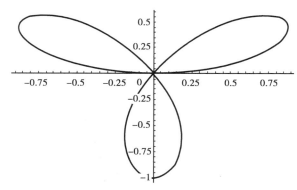

Out[4] = − Graphics −

In[5]: = ParametricPlot[{(Cos[t])^3, (Sin[t]^3)}, {t, 0, 2Pi}]

Out[5] = − Graphics −

214

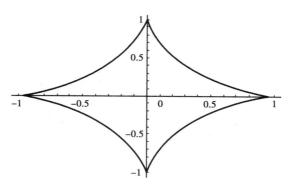

如果我们希望把几条曲线重合在一起加以比较,也可使用按以下方式操作.先画两条曲线,并给它们一个名字.然后使用命令 Show[{p1,p2}] 就能将两条曲线合在一起.如

In[6]:= Show[{%3,%4}]

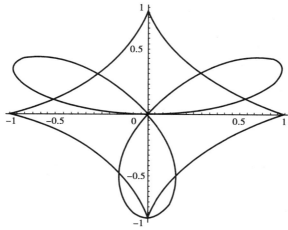

Out[6] = − Graphics −

7.2.2　三维作图

(1) 基本三维图形

绘制函数 $f(x,y)$ 在平面区域上的三维立体图形的基本命令是 Plot3D,Plot3D 和 Plot 的工作方式和选项基本相同. ListPlot3D 可以用来绘制三维数字集合的三维图形,其用法也类似于 listPlot,下面给出这两个常用的形式.

Plot3D[f ,(x,xmin,xmax),(y,ymin,ymax)]	绘制以 x 和 y 为变量的三维函数的图形
ListPlot3D[{Z_{11},Z_{12},Z_{13}},{Z_{21},Z_{22},Z_{23}},… }]	绘出高度为 Zyx 数组的三维图形

Plot3D 同平面图形一样,也有许多输出选项,你可通过多次试验找出你所需的最佳图形样式.

例 5　作函数 $y = \sin(x+y)\cos(x+y)$ 的立体图.

解　In[7]:= Plot3D[Sin[(x+y)Cos[(x+y)]], {x, −2Pi,2Pi}, {y, −2Pi,2Pi}]

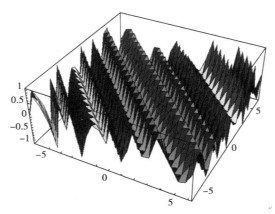

Out$[7] = -$SurfaceGraphics$-$

（2）三维空间的参数方程绘图

三维空间中的参数绘图函数 ParametricPlot3D$[\{fx,fy,fz\},\{t,tmin,tmax\}]$ 和二维空间中的 ParametricPlot 很相仿。在这种情况下，Mathematica 实际上都是根据参数 t 来产生系列的点，然后再连接起来.

三维参数作图的基本形式为：

ParametricPlot3D$[\{fx,fy,fz\},\{t,tmin,tmax\}]$	给出空间曲线的参数图
ParametricPlot3D$[\{fx,fy,fz\},\{t,tmin,tmax\},\{u,umin,umax\}]$	给出空间曲面的参数图
ParametricPlot3D$[\{fx,fy,fz,s\},\cdots]$	按照函数关系 s 绘出参数图的阴影部分
ParametricPlot3D$[\{fx,fy,fz\},\{gx,gy,gz\},\cdots]$	把一些图形绘制在一起
ContourPlot$[f(x,y),\{x,xmin,xmax\},\{y,ymin,ymax\}]$	给出函数 $f(x,y)$ 的等高线图
DensityPlot$[f(x,y),\{x,xmin,xmax\},\{y,ymin,ymax\}]$	给出函数 $f(x,y)$ 的密度图

例6 试画出空间曲线 $\begin{cases} x = \cos 3t \\ y = \sin 3t \\ z = t \end{cases}$ 的图形（螺旋线）.

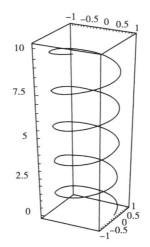

解　In[8]: = ParametricPlot3D[{Cos[3*t*],Sin[3*t*],*t*},{*t*,0,10}]

Out[8] = − Graphics3D −

例 7　试绘出抛物面 $z = x^2 + y^2$ 的图形.

解　把它转化为柱坐标系下的参数方程 $x = r \cos t, y = r \sin t, z = r^2$ 来绘图

In[9]: = ParametricPlot3D[{*r* ∗ Cos[*t*],*r* ∗ Sin[*t*],*r*^2},{*t*,0,2Pi},{*r*,0,2}]

Out[9] = − Graphics3D −

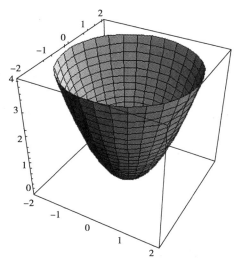

关于函数作图的问题,还有别的类型,如数据集合的图形、常用的二维图形元素等,请读者参阅 Mathematica 使用手册.

7.3　微积分的基本运算操作

在高等数学中有大量的计算问题,诸如求极限、求导数和微分、求不定积分、定积分和解微分方程等,人工计算需要用到大量的公式和法则,运算量有时会很大,又容易出错. 用 Mathematic 可以非常方便地进行这些运算,下面分别介绍.

7.3.1　计算极限

用 Mathematica 计算极限的命令是 Limit,它的使用方法主要有:

Limit[$f(x)$,$x{\rightarrow}x_0$]	当 x 趋向于 x_0 时求 $f(x)$ 的极限
Limit[$f(x)$,$x{\rightarrow}x_0$,Direction$\rightarrow$1]	当 x 趋向于 x_0 时求 $f(x)$ 的左极限
Limit[$f(x)$,$x{\rightarrow}x_0$,Direction$\rightarrow$ − 1]	当 x 趋向于 x_0 时求 $f(x)$ 的右极限

注:x 趋向的点可以是常数,也可以是 $+\infty$, $-\infty$.

例 1　求下列极限:

① $\lim\limits_{x\to 0}\dfrac{e^{2x}-1}{x}$ 　② $\lim\limits_{x\to 2}\left(\dfrac{x^2}{x^2-4}-\dfrac{1}{x-2}\right)$ 　③ $\lim\limits_{x\to 0}\left(\dfrac{x+3}{x-1}\right)^{x+2}$

④$\lim\limits_{x\to 0^+}\dfrac{2^{\frac{1}{x}}+2}{2^{\frac{1}{x}}-2}$ ⑤$\lim\limits_{x\to 0^-}\dfrac{2^{\frac{1}{x}}+2}{2^{\frac{1}{x}}-2}$ ⑥$\lim\limits_{x\to 0}(1-x)\tan\left(\dfrac{\pi x}{2}\right)$

解 ①In[1] : = Limit[(e^(2x) − 1)/x , x→0]

Out[1] = 2 Log[e]

②In[2] : = Limit[x^2/(x^2 − 4) − 1/(x − 2) , x→2]

Out[2] = $\dfrac{3}{4}$

③In[3] : = Limit[((x + 3)/(x − 1))^(x + 2) , x→Infinity]

Out[3] = e^4

④In[4] : = Limit[(2^(1/x) + 2)/(2^(1/x) − 2) , x→0 , Direction→ − 1]

Out[4] = 1

⑤In[5] : = Limit[(2^(1/x) + 2)/(2^(1/x) − 2) , x→0 , Direction→1]

Out[5] = − 1

⑥In[6] : = Limit[(1 − x) Tan[Pi/2 ∗ x] , x→1]

Out[6] = $\dfrac{2}{\pi}$

7.3.2 求导数与微分

1)在 Mathematica 计算函数的导数是非常方便的,其命令为 D,该命令的常用格式有以下几种:

D[$f(x)$,x]	计算一元函数的一阶导数
D[$f(x)$,$\{x,n\}$]	计算一元函数的 n 阶导数
D[$f(x,y)$,$\{x,n\}$]	计算二元函数对 x 的 n 阶偏导数 $\dfrac{\partial^n z}{\partial x^n}$
D[$f(x,y)$,$\{y,n\}$]	计算二元函数对 y 的 n 阶偏导数 $\dfrac{\partial^n z}{\partial y^n}$
D[$f(x,y)$,x,y]	计算二元函数的混合偏导数 $\dfrac{\partial^2 z}{\partial x\partial y}$

二元以上函数的求导输入形式与上类同,请读者自己实验.

例2 求下列各导数:

①$y = \mathrm{e}^x \sin 2x$,求 y'. ②$y = x^x$ 求 y'. ③$y = \dfrac{x}{1+x}$,求 y'''.

④$y = u(x)\mathrm{e}^{2x}$,求 y'. ⑤$z = x^3 + 2xy - 2y^2$,求 $\dfrac{\partial^2 z}{\partial x^2},\dfrac{\partial^2 z}{\partial x\partial y}$.

解 ①In[1] : = D[E^x ∗ Sin[2x] , x]

Out[1] = 2e^x Cos[2x] + e^x sin[2x]

②In[2] : = D[x^x , x]

Out[2] = x^x (1 + Log[x])

③In[3] : = D[x/(1 + x) , {x,3}]

Out$[3] = -\dfrac{6x}{(1+x)^4} + \dfrac{6}{(1+x)^3}$

④In$[4] := D[u[x]E^{\wedge}(2x), \{x,2\}]$

Out$[4] = 4e^{2x}u[x] + 4e^{2x}u'[x] + e^{2x}u''[x]$

⑤In$[5] := D[x^{\wedge}3 + 2xy - 2y^{\wedge}2, \{x,2\}]$

Out$[5] := 6x$

⑥In$[6] := D[x^{\wedge}3 + 2x*y - 2y^{\wedge}2, x, y]$

Out$[6] = 2$

2）在 Mathematica 中用命令 Dt 求一元函数与多元函数的微分.

例 3　求 $y = \sin 3x$ 的微分和 $z = 2x^2y^3$ 的全微分.

解　In$[1] := Dt[\text{Sin}[3x]]$

Out$[1] = 3\,\text{Cos}[3\,x]\,\text{Dt}[x]$

In$[2] := Dt[2x^{\wedge}2 * y^{\wedge}3]$

Out$[2] = 4xy^3\text{Dt}[x] + 6x^2y^2\text{Dt}[y]$ 　　　（注：Dt$[x]$ 即 dx，Dt$[y]$ 即 dy）

7.3.3　计算积分

在 Mathematica 中计算不定积分、定积分、重积分均用同一命令 Integerate，只是输入形式略有不同而已，下面分别介绍.

（1）求不定积分

在 Mathematica 中计算不定积分命令为 Integerate$[f(x), x]$，当然也可使用工具栏直接输入不定积分被积函数来求函数的不定积分. 用 Mathematica 计算不定积分输出只是一个原函数，需要自己加上任意常数 C. 值得注意的是并不是所有的不定积分都能求出来.

例 4　求下列不定积分：

① $\displaystyle\int \frac{1}{(x+1)^2(x^2+1)}\mathrm{d}x$　　② $\displaystyle\int \sin x^3 \cos x^2 \mathrm{d}x$　　③ $\displaystyle\int \frac{f'(x)}{f(x)}\mathrm{d}x$

解　In$[1] := $Integerate$[1/((x+1)^{\wedge}2)(x^{\wedge}2+1), x]$

Out$[1] = x - \dfrac{2}{1+x} - 2\text{Log}[1+x]$

In$\{2\} := $Integerate$[\text{Sin}[x]^{\wedge}3\ \text{Cos}[x]^{\wedge}2, x]$

Out$[2] = \dfrac{1}{30}\text{Cos}[x]^3(-7 + 3\text{Cos}[2x])$

In$[3] := $Integerate$[f'[x]/f(x), x]$

Out$[3] = \text{Log}[f[x]]$

（2）计算定积分

用 Mathematica 中计算定积分 $\displaystyle\int_a^b f(x)\mathrm{d}x$ 的求解命令也是用 Integrate，只是要在命令中加入积分限，命令的输入形式为 Integerate$[f(x), \{x, \min, \max\}]$. 或者使用工具栏输入也可以.

例 5　计算下列定积分：

（1）$\displaystyle\int_{-2}^{2} \sqrt{4 - x^2}\mathrm{d}x$　　　　　　（2）$\displaystyle\int_{0}^{1} x\mathrm{e}^{2x}\mathrm{d}x$

解 （1）In[1]：= Integrate[Sqrt[4 − x^2]，{x，−2，2}]

Out[1] = 2π

（2）In[2]：= Integrate[x * E^(2x)，{x，0，1}]

Out[2] = $\frac{1}{4}(1 + e^2)$

（3）计算广义积分

对于无穷区间上的广义积分和无界函数的广义积分，Mathematica 也能同样进行计算并得到结果，输入形式与计算定积分输入形式相同．

例6 计算下列广义积分：

（1）$\int_0^{+\infty} \frac{1}{1 + x^2} dx$ （2）$\int_1^3 \frac{x}{\sqrt{x - 1}} dx$ （3）$\int_{-1}^1 \frac{1}{x^2} dx$

解 （1）In[1]：= Integrate[1/(1 + x^2)，{x，0，Infinity}]

Out[1] = $\frac{\pi}{2}$

（2）In[2]：= Integrate[x/Sqrt[x − 1]，{x，1，3}]

Out[2] = $\frac{10\sqrt{2}}{3}$

（3）In[3]：= Integrate[1/x^2，{x，−1，1}]

Out[3] = ∞ （注：表示广义积分发散）

（4）计算重积分

用 Mathematica 的 Integrate 命令也能同样计算重积分．计算二重积分 $\iint_D f(x,y) d\sigma$，有以下几种形式：

①若积分区域 D 为 $a \le x \le b, c \le y \le d$，则积分命令的输入形式为

Integrate[f(x,y)，{x，a，b}，{y，c，d}]

②若积分区域 D 为 $a \le x \le b, \varphi_1(x) \le y \le \varphi_2(x)$，则积分命令的输入形式为

Integrate[f(x,y)，{x，a，b}，{y，$\varphi_1(x)$，$\varphi_2(x)$}]

③若积分区域 D 为 $c \le y \le d, \psi_1(y) \le x \le \psi_2(y)$，则积分命令的输入形式为

Integrate[f(x,y)，{y，a，b}，{x，$\psi_1(y)$，$\psi_2(y)$}]

例7 计算下列二重积分：

① $\iint_D xy dx dy, D:0 \le x \le 1, 1 \le y \le 2$

② $\iint_D xy dx dy, D:y^2 \le x \le y + 2, -1 \le y \le 2$

解 In[1]：= Integrate[x y，{x，0，1}，{y，1，2}]

Out[1] = $\frac{3}{4}$

In[2]：= Integrate[x y，{y，−1，2}，{x，y^2，y + 2}]

Out[2] = $\frac{45}{8}$

（5）计算数值积分

数值积分是解决求定积分的另一种有效的方法,它可以给出一个近似解.特别是对于用 Integrate 命令无法求出的定积分,数值积分更是可以发挥巨大作用.有的情形是有精确解,但有时是需要求达到一定精度的近似值即可,这样的问题也可以用求数值积分的方法直接求出.

计算数值积分的命令格式为

NIntegrate$[f,\{x,a,b\}]$	在$[a,b]$上求f数值积分
NIntegrate$[f,\{x,a,x_1,x_2,\cdots,b\}]$	以$x_1,x_2,\cdots$为分割求$[a,b]$上的数值积分
NIntegrate$[f,\{x,a,b\},\text{MaxRecursion}\rightarrow n]$	求数值积分时指定迭代次数n

如下面我们求 Sinsinx 在$[0,\text{Pi}]$上的积分值,由于这个函数的不定积分求不出,因此使用 Integrate 命令无法得到具体结果,但可以用数值积分求出结果.

例 8 求下列积分的数值解:

① $\displaystyle\int_{-2}^{2}\sqrt{4-x^2}\mathrm{d}x$ ② $\displaystyle\int_{0}^{\pi}\sin(\sin x)\mathrm{d}x$

解 ①In$[1]:=$NIntegrate$[\text{Sqrt}[4-x^2],\{x,-2,2\}]$

Out$[1]=6.28319$（注:这是近似值）

②In$[2]:=$NIntegrate$[\text{Sin}[\text{Sin}[x]],\{x,0,\text{Pi}\}]$

Out$[2]=1.78649$

二重积分类似地可以求数值积分,请读者自己实验.

7.3.4 求微分方程的解

在 Mathematica 中使用命令 Dsolove 可以求解线性和非线性微分方程（组）.在没有给定方程的初值条件下,我们所得到的解包括待定系数 $C[1],C[2]$.求解微分方程就是寻找未知的函数的表达式,在 Mathematica 中,微分方程中所求的函数用 $y[x]$ 表示,其导数用 $y'[x],y''[x]$ 等表示.

求微分方程（组）的命令输入形式为:

Dsolve$[\text{eqn},y[x],x]$	求微分方程的通解
Dsolve$[\{\text{eqn1},\text{eqn2},\cdots\},\{y_1,y_2,\cdots\},x]$	求微分方程组的通解

若要求微分方程满足某条件的特解,只要在输入方程后再将初始条件的等式一起输入即可.

例 9 求下列微分方程（组）通解（特解）:

① $y'+2y+1=0$ ② $y''+3y'=3x^2+1$

③ $y'-y=x\mathrm{e}^x,y(0)=1$ ④ $\begin{cases}y'(t)-2x(t)=1\\x'(t)-x(t)-2y(t)=1\end{cases}$ $x(0)=2,y(0)=4$

解 ①In$[1]:=$Dsolve$[y'[x]+2y[x]+1==0,y[x],x]$

Out$[1]=\left\{\left\{y[x]\rightarrow-\dfrac{1}{2}+\mathrm{e}^{-2x}C[1]\right\}\right\}$

②In[2]：= Dsolve[$y''[x] + 2y'[x] == 3x^2 + 1, y[x], x$]

Out[2] = $\left\{\left\{y[x] \rightarrow \dfrac{5x}{4} - \dfrac{3x^2}{4} + \dfrac{x^3}{2} - \dfrac{1}{2}\mathrm{e}^{-2x}C[1] + C[2]\right\}\right\}$

③In[3]：= Dsolve[$y'[x] - y[x] == xE\hat{}x, y[0] == 1, y[x], x$]

Out[3] = $\left\{\left\{y[x] \rightarrow \dfrac{-2\mathrm{e}^x + x\mathrm{E}^x + \mathrm{e}^x \mathrm{Log}[xE]}{-1 + \mathrm{Log}[xE]}\right\}\right\}$

④In[4]：= Dsolve

[$\{y'[t] + 2x[t] - y[t] == 1, x'[t] - x[t] - 2y[t] == 1, x[0] == 2, y[0] == 4\}, \{x[t], y[t], t\}$]

Out[4] = $\left\{\left\{\begin{array}{l} y[t] \rightarrow \dfrac{1}{5}(23\mathrm{e}^t \cos[2t] - 3\cos[2t]^2 - 9\mathrm{e}^t \sin[2t] - 3\sin[2t]^2), \\ x[t] \rightarrow \dfrac{1}{5}(9\mathrm{e}^t \cos[2t] + \cos[2t]^2 + 23\mathrm{e}^t \sin[2t] + \sin[2t]^2) \end{array}\right\}\right\}$

在 Mathematica 中用命令 DSolve[$eqn, y[x], x$]得到微分方程的准确解,而用命令 NDSolve 可求得到微分方程的数值解,当然在此处要给出求解区间($x, x\min, x\max$). NDSolve 命令常用的格式如下:

NDSolve[$\{eqn1, eqn2, \cdots\}, y, \{x, x\min, x\max\}$]	求函数 y 的数值解, x 属于[$x\min, x\max$]
NDsolve[$\{eqn1, eqn2, \cdots\}, \{y_1, y_2, \cdots\}, \{x, x\min, x\max\}$]	求多个函数 y_i 的数值解

请读者自己举例.

7.3.5　级数展开与运算

Mathematica 可以完成幂级数的展开的运算. 命令是 Series[$f[x], \{x, x_0, k\}$]表示把函数 $f(x)$ 在 x_0 处展开到 x 的 k 次幂.

例10　把函数 e^x 在 $x = 0$ 点展开成幂级数直至 x 的四次幂.

解　In[1]：= Series[$\mathrm{Exp}[x], \{x, 0, 4\}$]

Out[1] = $1 + x + \dfrac{x^2}{2} + \dfrac{x^3}{6} + \dfrac{x^4}{24} + 0[x]^5$

Mathematica 还可以进行更一般形式的幂级数展开,如:

In[2]：= Series[$\mathrm{Exp}[x], \{x, 1, 3\}$]

Out[2] = $\mathrm{e} + \mathrm{e}(x-1) + \dfrac{1}{2}\mathrm{e}(x-1)^2 + \dfrac{1}{6}\mathrm{e}(x-1)^3 + 0[x-1]^4$

此外 Mathematica 也可对多元函数进行幂级数展开,命令格式为:

Series[$expr, \{x, x_0, n\}, \{y, y_0, m\}$],表示先对 x 而后 y 进行展开. 如

In[3]：= Series[$\mathrm{Exp}[xy], \{x, 0, 3\}, \{y, 0, 3\}$]

Out[3] = $1 + (y + 0[y]^4)x + (\dfrac{y^2}{2} + 0[y]^4)x^2 + (\dfrac{y^3}{6} + 0[y]^4)x^3 + 0[x]^4$

Mathematica 还能进行幂级数的加、减、乘法等运算,请读者参阅有关这方面的书籍.

部分习题参考答案

习题 1.1

1. ①$(2,6]$　②$(1.9,2.1)$；$U(2,\dfrac{1}{10})$　③$(-\infty,-100)\cup(100,+\infty)$

④$(0.999,1)\cup(1,1.001)$；$\overset{0}{U}(1,0.001)$　2. ①不同　②不同　③不同　④相同

3. $\dfrac{1}{2}$；1　4. $f(t)=5t+\dfrac{2}{t^2}$；$f(t^2+1)=5(t^2+1)+\dfrac{2}{(t^2+1)^2}$　5. $f(x,y)=y^2+2x$；$f(1,2)=6$

6. ①$[-1,0)\cup(0,1]$　②$[2,4]$　③$(1,+\infty)$　④$\{(x,y)\,|\,0\leqslant y\leqslant x^2\}$

⑤$\{(x,y)\,|\,x^2+y^2<1,y^2\leqslant 4x\}$　⑥$\{(x,y)\,|\,x\geqslant 2$或$x\leqslant -2,-1\leqslant y\leqslant 1\}$

7. $f[g(x)]=\begin{cases}1,& x<0\\0,& x=0\\-1,& x>0\end{cases}$；$g[f(x)]=\begin{cases}e,& |x|<1\\1,& |x|=1\\e^{-1},& |x|>1\end{cases}$　8. ①$y=\sqrt{u},u=3x+2$

②$y=u^5,u=1+\lg x$　③$y=e^u,u=v^2,v=\sin x$　④$y=\arccos u,u=1-x^2$

⑤$y=u^2,u=\tan v,v=\dfrac{x}{2}$　⑥$y=\ln u,u=\sin v,v=2x$

9. $y=\begin{cases}0.15x,& x\leqslant 50\\0.25x-5,& x>50\end{cases}$　10. 400 件，4.6 元，360 元.

习题 1.2

1. $f(0-0)=5$，$f(0+0)=0$；不存在　2. ①2　②$\dfrac{2}{3}$　③-1　④2　⑤2

⑥$\dfrac{1}{2}$　⑦0　⑧1　⑨0　⑩∞　⑪$\dfrac{m}{n}$　⑫$\dfrac{4}{3}$

1. ①3 ②2 ③$\cos a$ ④e^2 ⑤e^2 ⑥e ⑦$\dfrac{1}{2}$ ⑧1 ⑨e^{-1} ⑩2

3. 同阶 5. 同阶 6. ①0 ②$\ln 2$ ③1 ④$\dfrac{1}{2}$ 7. 不存在

习题 1.3

1. ①可去,无穷 ②跳跃,可去,无穷 ③$(-\infty,-3)\cup(-3,2)\cup(2,+\infty)$ ④$\dfrac{\sqrt{2}}{2}$;不存在

2. 在$(-\infty,-1)\cup(-1,+\infty)$连续; 4. $x=\pm1$为跳跃间断点,其他范围连续

5. $a=0,b=e$ 6. ①0 ②e^3 ③e^{-2} ④1 ⑤2 8. ①$y=\pm x$ ②$xy=0$

复习题 1

1. ①BD ②B ③C ④D ⑤CD ⑥B ⑦ABD ⑧D ⑨D

2. ①$[2,6)\cup(6,+\infty)$ ②$x(x+1)$ ③$y=\ln u,u=\sin v,v=\sqrt{x}$ ④e^{-4};$\dfrac{1}{2\sqrt{a}}$

⑤$\dfrac{1}{2}$ ⑥$x=0;x=k\pi,(k\neq0)$ ⑦2 ⑧2 3. ①$\dfrac{4}{3}$ ②1 ③$\dfrac{1}{3}$ ④1 ⑤$\dfrac{1}{3}$ ⑥0 ⑦$\dfrac{1}{5}$

⑧2 ⑨e^{-1}

4. $a=1$ 5. $x=1$是可去间断点;$x=4$是无穷型间断点

习题 2.1

1. ①$7+3\Delta t$; ②7; ③$6t_0-5+3\Delta t$; ④$6t_0-5$.

2. ①$m=2x^2$; ②4; ③8; ④40; ⑤$4x$.

3. $y'=6x;f'(-3)=-18;f'(2)=12$.

4. $\dfrac{\mathrm{d}y}{\mathrm{d}x}=a$. 5. ①$y'=4x^3$; ②$y'=\dfrac{2}{3\sqrt[3]{x}}$; ③$y'=-\dfrac{1}{2x\sqrt{x}}$; ④$y'=-3x^{-4}$;

⑤$y'=\dfrac{7}{3}x\sqrt[3]{x}$. ⑥$y'=\dfrac{9}{4}x\sqrt[4]{x}$. 7. $-\dfrac{1}{2}$; -1. 8. $x-4y+4=0$;$4x+y-18=0$.

9. $3x-12y\pm1=0$. 11. $a=2,b=-1$.

习题 2.2

1. ①$10x^9+10^x\ln 10$; ②$e^x(x^2+5x+4)$; ③$-\dfrac{1+t}{\sqrt{t}(t-1)^2}$;

④$2x \sin^2 x + (1 + x^2) \sin 2x$;　⑤$\dfrac{\pi}{x^2} + 2x \ln a$;　⑥$\dfrac{2 \sin x}{(1 + \cos x)^2}$;

⑦$\dfrac{3}{x} + \dfrac{2}{x^2}$;　⑧$\dfrac{x + \sin x}{1 + \cos x}$;　⑨$\sin x \ln x + x \cos x \ln x + \sin x$;

⑩$2 \csc x \cot x - \sec x \cot^2 x$;　⑪$\sin x + \dfrac{\sin x}{\cos^2 x} - \dfrac{\cos x}{x} + \dfrac{\sin x}{x^2}$;

⑫$-\dfrac{3}{\sin^2 x} + \dfrac{1}{x \ln^2 x}$.

2. ①$-6\pi - 1, 6\pi - 1$;　②$\dfrac{\sqrt{2}}{8}(2 + \pi)$;　③$-\dfrac{1}{18}$;　④$\dfrac{3}{25}, \dfrac{17}{15}$

3. ①$60x(3x^2 + 1)^9$;　②$\dfrac{x}{\sqrt{1 + x^2}}$;　③$9 \cos(3x + 5)$;　④$\dfrac{1}{x - 1}$;

⑤$\sin 2x$;　⑥$\dfrac{1}{2} \sec^2 \left(\dfrac{x}{2} + 1 \right)$;　⑦$\dfrac{1}{(x + 1)\sqrt{x^2 - 1}}$;　⑧$\dfrac{x}{(1 - x^2)\sqrt{1 - x^2}}$;

⑨$\dfrac{2\sqrt{x} + 1}{4\sqrt{x} \cdot \sqrt{x + \sqrt{x}}}$;　⑩$\dfrac{2x^2 - a^2}{2\sqrt{x^2 - a^2}}$;　⑪$\sin^2 x + x \sin 2x + 2x \sin x^2$;

⑫$-6x \cos^2(x^2 + 1) \sin(x^2 + 1)$;　⑬$n \sin^{n-1} x \cos(n + 1)x$;

⑭$4(x + \sin^2 x)^3 (1 + \sin 2x)$;　⑮$\dfrac{2}{x}(1 + \ln x)$;　⑯$-\tan x$;

⑰$4(\ln\ln x)^3 \dfrac{1}{x \ln x}$;　⑱$\dfrac{x}{a^2 + x^2}$.

4. ①$\dfrac{1}{2\sqrt{x}} e^{\sqrt{x}}$;　②$\cos x \cdot 2^{\sin x} \ln 2$;　③$\dfrac{\ln x - 1}{\ln^2 x} \cdot 2^{\frac{x}{\ln x}} \cdot \ln 2$;

④$e^{-t} \left(\dfrac{1}{2} \cos \dfrac{t}{2} - \sin \dfrac{t}{2} \right)$;　⑤$\dfrac{2}{\sqrt{1 - 4x^2}}$;　⑥$\dfrac{6x}{1 + 9x^4}$;　⑦$\dfrac{1}{(1 - x)\sqrt{-x}}$;　⑧$\dfrac{1}{1 + x^2}$;

⑨$-\dfrac{x}{\sqrt{1 - x^2}} \arccos x - 1$;　⑩$\sqrt{a^2 - x^2}$.

5. $-km_0 e^{-kt}$.　6. ①$\dfrac{f'(x)g(x) - f(x)g'(x)}{f(x)g(x)}$;　②$\dfrac{x}{\sqrt{1 + x^2}} f'(\sqrt{1 + x^2})$;

③$\dfrac{f(x)f'(x) + g(x)g'(x)}{\sqrt{f^2(x) + g^2(x)}}$;　④$-g'(\cos^2 x) \cdot \sin 2x$.

7. $2; -3$.　8. $2x + 3y - 3 = 0; 3x - 2y + 2 = 0$.

习题 2.3

1. ①$4 - \dfrac{1}{x^2}$;　②$\dfrac{3x + 2x^3}{(1 + x^2)^{\frac{3}{2}}}$;　③$2xe^{x^2}(3 + 2x^2)$;　④$-2e^{-t} \cos t$;

⑤$-\dfrac{2(1 + x^2)}{(1 - x^2)^2}$;　⑥$2 \tan x \sec^2 x$;　⑦$\dfrac{6x^2 - 2}{(x^2 + 1)^3}$;　⑧$2 \arctan x + \dfrac{2x}{1 + x^2}$;

⑨ $\dfrac{2}{(1-x)^3}$.

2. ① $2^{n-1}\sin\left[2x+(n-1)\dfrac{\pi}{2}\right]$ ② $(-1)^n e^{-x}$.

4. ① $\dfrac{e^y}{1-xe^y}$;   ② $\dfrac{y-e^{x+y}}{e^{x+y}-x}$;   ③ $-e^2$;   ④ $-\dfrac{1}{2}$;

⑤ $-\dfrac{x^2+2y}{2x+5y^2}$;   ⑥ $\dfrac{\cos y-\cos(x+y)}{x\sin y+\cos(x+y)}$.

5. ① $(1-\ln x)x^{\frac{1}{x}-2}$;   ② $(\sin x)^{\cos x}\left[\dfrac{\cos^2 x-\sin^2 x\ln\sin x}{\sin x}\right]$;

③ $\left(\dfrac{x}{1+x}\right)^x\left(\dfrac{1}{1+x}+\ln\dfrac{x}{1+x}\right)$;   ④ $\dfrac{\sqrt{(x+2)(x-1)}}{(x+3)(x+1)}\left[\dfrac{1}{2(x+2)}+\dfrac{1}{2(x-1)}-\dfrac{1}{x+3}-\dfrac{1}{x+1}\right]$.

6. ① $\dfrac{3t^2-1}{2t}$;   ② $\dfrac{\cos t-t\sin t}{1-\sin t-t\cos t}$;   ③ 0;   ④ $-\dfrac{16}{3}$.

7. ① $-\dfrac{b}{a^2\sin^3 t}$;   ② $\dfrac{1}{t^3}$;   ③ $\dfrac{3}{2}e^{3t}$.   9. $-3;2;2$.

10. $\dfrac{2(x^2+y^2)}{(x-y)^3}$; $\dfrac{-2\cos^3 y}{\sin^5 y}$; $\dfrac{e^{2y}(2+xe^y)}{(1+xe^y)^3}$.

习题 2.4

1. ① $\dfrac{-2y}{(x-y)^2},\dfrac{2x}{(x-y)^2}$;   ② $-\dfrac{1}{x},\dfrac{1}{y}$;   ③ $4^{3x+4y}\cdot 3\ln 4,4^{3x+4y}\cdot 4\ln 4$;

④ $\cos x\cos y\cdot(\sin x)^{\cos y-1},-(\sin x)^{\cos y}(\ln\sin x)\cdot\sin y$.

2. $-1;2$.   3. ① $-16xy,12x^2-8y^2,12y^2-8x^2$;

② $2y(2y-1)x^{2y-2},(2+4y\ln x)x^{2y-1},4x^{2y}\ln^2 x$;

③ $\dfrac{1}{x},\dfrac{1}{y},\dfrac{-x}{y^2}$;   ④ $y^2 e^{xy},e^{xy}(1+xy),x^2 e^{xy}$.   7. $e^{-x}\left(\dfrac{1}{x}-\ln x\right)$.

9. $\dfrac{\partial z}{\partial x}=yf_u'+\dfrac{1}{y}f_v',\dfrac{\partial z}{\partial y}=xf_u'-\dfrac{x}{y^2}f_v'$;   10. $\dfrac{yz}{e^z-xy},\dfrac{xz}{e^z-xy}$.

11. $\dfrac{x}{2}=\dfrac{y-1}{1}=\dfrac{z-2}{2},2x+y+2z=5$;   12. $9x+y-z=27,\dfrac{x-3}{9}=\dfrac{y-1}{1}=\dfrac{z-1}{-1}$.

13. $\dfrac{x-0}{1}=\dfrac{y-0}{0}=\dfrac{z-1}{3};x+3z=3$;   14. $x-y+2z-\dfrac{1}{4}=0$.

习题 2.5

1. 1.161,1.1;0.110 6,0.11.   2. ① $\left(\dfrac{1}{\sqrt{x}}-\dfrac{1}{x^2}\right)dx$;

②$-3\sin 3x\,dx$;　③$12x(x^2-x+1)(2x^2-3x+6)\,dx$;　④$2\cos 2xe^{\sin 2x}\,dx$;

⑤$\dfrac{x}{x^2-1}\,dx$;　⑥$2(e^{2x}-e^{-2x})\,dx$;　⑦$e^{-x}[\sin(3-x)-\cos(3-x)]\,dx$;

⑧$e^{ax+bx^2}(a+2bx)\,dx$;　⑨$\dfrac{dx}{2x(\ln x-2)\sqrt{1-\ln x}}$;　⑩$8x\tan(1+2x^2)\sec^2(1+2x^2)\,dx$;

⑪$\dfrac{-x}{|x|\sqrt{1-x^2}}\,dx$;　⑫$\dfrac{2(x-1)e^{2x}}{x^3}\,dx$.

4. ①0.002;　②1.013;　③0.484 9;　④7.242 7;　⑤$-0.000\,87$.

5. 0.002 2.　6. ①$e^{xy}(y\,dx+x\,dy)$;　②$\dfrac{1}{1+x^2+y^2}(x\,dx+y\,dy)$;

③$\dfrac{1}{x^2+y^2}(-y\,dx+x\,dy)$;　④$\cos(x-y)(dx-dy)$;

⑤$2xyz^3\,dx+x^2z^3\,dy+3x^2yz^2\,dz$;　⑥$yzx^{yz-1}\,dx+zx^{yz}\ln x\,dy+yx^{yz}\ln x\,dz$.

7. ①0.05;　②0.2.　8. ①2.95;　②106.61.　9. 14.8.

复习题 2

1. ①ABD　②A　③ABC　④ACD　⑤D　⑥C　⑦B　⑧BD　⑨C　⑩C

2. ①27　②$x=0$　③$\sin a$;　$-16f'(4)$　④$a=4$, $b=5$　⑤$\dfrac{1}{2t}$, $-\dfrac{1+t^2}{4t^3}$　⑥$(2\cos 2x+e^x+xe^x)$

dx　⑦$\dfrac{y^3\,dx}{2-3xy^2}$　⑧$\dfrac{\ln x-1}{\ln^2 x}$　⑨$\dfrac{1}{x+\ln y}$; $\dfrac{1}{2e}$　⑩$yx^{y-1}\,dx+x^y\ln x\,dy$

4. $\dfrac{x\ln x}{(x^2-1)^{\frac{3}{2}}}\,dx$　5. ①$6x-\csc^2 x$　②$2\varphi(x)+4x\varphi'(x)+x^2\varphi''(x)$　7. t; $\dfrac{-t^3}{1+2\ln t}$

13. $80\pi\,\text{cm}^3$

习题 3.1

2. ①$\dfrac{a}{b}$;　②2;　③$\cos a$;　④$-\dfrac{1}{8}$;　⑤$\dfrac{m}{n}a^{m-n}$;　⑥$\dfrac{1}{2}$;　⑦$\dfrac{1}{2}$;　⑧$+\infty$;

⑨$-\dfrac{1}{2}$;　⑩1.　⑪e^{-1}　⑫$e^{\cot a}$　⑬e^{-1}　⑭0　⑮1

习题 3.2

1. ①$(0,100)$单调增加,$(100,+\infty)$单调减少;

②$(-\infty,-2)$,$(-1,1)$单调减少,$(-2,-1)$,$(1,+\infty)$单调增加;

③$(0,+\infty)$单调增加，$(-1,0)$单调减少；

④$(-\infty,-2)$，$(0,+\infty)$单调增加，$(-2,-1)$，$(-1,0)$单调减少；

⑤$(-\infty,-1)$，$(0,1)$单调减少，$(-1,0)$，$(1,+\infty)$单调增加；

⑥$(0,+\infty)$单调增加，$(-\infty,0)$单调减少；

⑦$(-\infty,+\infty)$单调减少；

⑧$(-1,+\infty)$单调增加，$(-\infty,-1)$单调减少；

⑨$(-\infty,+\infty)$单调增加；

⑩$(0,\dfrac{1}{2})$单调减少，$(\dfrac{1}{2},+\infty)$单调增加.

2. ①极小值-6，极大值21；　②极大值1，极小值-1；

③极大值$\dfrac{5}{4}$；　④极小值0，极大值$4e^{-2}$.　⑤极小值0，极大值$\dfrac{81}{8}\sqrt[3]{18}$；

⑥极大值3；　⑦极小值$-\dfrac{3}{5}\sqrt[3]{\dfrac{4}{25}}$，极大值$0$；　⑧极小值$\dfrac{27}{4}$；

⑨极小值$2-4\ln 2$；　⑩极小值$2\sqrt{2}$.

3. $a=2$，极大值$\sqrt{3}$.　4. $a=-\dfrac{9}{2}$；$b=6$.

习题 3.3

1. ①最大值3，最小值0；　②最大值1.25，最小值$\sqrt{6}-5$；

③最大值$\ln 5$，最小值0；　④最大值$\dfrac{3}{5}$，最小值-1.

2. $\dfrac{a^2}{4}$；　3. $1:2$.　4. 1米，1.5米，1.5平方米；　5. 300件；　6. $\dfrac{1}{3}(10-2\sqrt{7})$厘米；　7. $\sqrt{2}a$；$\sqrt{2}b$；

8. 5小时；　9. 能　10. $\varphi=60°$.　11. $1:4$

习题 3.4

1. ①拐点$(1,-2)$，$(-\infty,1)$下凹，$(1,+\infty)$上凹；

②拐点$(2,\dfrac{2}{e^2})$，$(-\infty,2)$下凹，$(2,+\infty)$上凹；

③拐点$(-1,\ln 2)$，$(1,\ln 2)$，$(-\infty,-1)$，$(1,+\infty)$下凹，$(-1,1)$上凹；

④拐点$(-\sqrt{3},-\dfrac{\sqrt{3}}{2})$，$(0,0)$，$(\sqrt{3},\dfrac{\sqrt{3}}{2})$，$(-\infty,-\sqrt{3})$，$(0,\sqrt{3})$下凹，$(-\sqrt{3},0)$，$(\sqrt{3},+\infty)$上凹.

2. $a=3$，拐点为$(1,-7)$，$(-\infty,1)$下凹，$(1,+\infty)$上凹.

3. $a=-\dfrac{3}{2}$，$b=\dfrac{9}{2}$.　4. ①$x=\pm 1$，$y=0$；　②$x=-3$，$y=1$；

③$y = 0$；④$x = 0$.

习题 3.5

1. ①$\sqrt{9x^4 - 6x^2 + 2}\,\mathrm{d}x$；　②$\sqrt{1 + \mathrm{e}^{2x}}\,\mathrm{d}x$；　③$\sqrt{\dfrac{2 + x^2}{1 + x^2}}\,\mathrm{d}x$；　④$2a\left|\sin\dfrac{t}{2}\right|\mathrm{d}t$.

2. ①$\dfrac{24}{125}, \dfrac{125}{24}$；　②$\dfrac{2}{5\sqrt{5}}, \dfrac{5\sqrt{5}}{2}$.　3. $\left(-\dfrac{1}{2}\ln 2, \dfrac{\sqrt{2}}{2}\right)$.

习题 3.6

1. ①极小值 0；　②极大值 36；　③极大值 8；　④极小值 $-\mathrm{e}/2$；　⑤极大值 31，极小值 -5.

2. $a/3$，$a/3$，$a/3$　3. $\dfrac{2a}{\sqrt{3}}$　4. 极大值 5，极小值 -5　5. A:100 元,B:50 元.

6. 最大值 8；最小值 -42　7. $\dfrac{7\sqrt{2}}{8}$　8. 长、宽、高均为 4 米时容积最大.

复习题 3

1. ①ACD　②AC　③A　④D　⑤ACD　⑥AB　⑦ABCD　⑧BCD　⑨D　⑩D

2. ①e^{-1}　②$0, 0, \mathrm{e}^2$　③$(-\infty, 1), (1, \mathrm{e}^{-2})$　④$a = -3, b = 0, c = 1$　⑤$\ln 5, 0$

⑥$y = 0, y = \pi$　⑦$1/2$

3. ①3　②$1/6$　③2　④$1/2$　⑤$1/2$　⑥1　5. ①$\left(-\infty, \dfrac{1}{2}\right)$ 单调减少,$\left(\dfrac{1}{2}, +\infty\right)$ 单调增加,

极大值 $-27/16$　②(-1.0) 单调减少,$(0, +\infty)$ 单调增加,极小值 0

③$(-\infty, 0), (1, +\infty)$ 单调增加,$(0, 1)$ 单调减少,极大值 0,极小值 $-1/2$

6. ①最大值 80,最小值 -5　②最大值 $\pi/2$,最小值 $-\pi/2$　③最大值 1.25,最小值 -2.55

8. ①1 000,　②6 000　9. ①$x = 10 - 2.5t$,　②$t = 2$　10. 极小值 -2　11.3 件 A,定价1 400元;

1 件 B,定价 800 元　12. 30,30,30

习题 4.1

1. A,B,D　2. B,D　3. $y = x^3 + 1$　4. ①$\dfrac{2}{5}x^{\frac{5}{2}} + C$　②$x^3 + \dfrac{2}{3}x^{\frac{3}{2}} - 2\ln|x| + C$

③$\dfrac{4}{7}x^{\frac{7}{4}} + C$　④$x - \arctan x + C$　⑤$-2x^{-\frac{1}{2}} + C$　⑥$x + \dfrac{4}{3}x^{\frac{3}{2}} + \dfrac{x^2}{2} + C$

⑦$\tan x - x + C$　⑧$\dfrac{2}{3}x^{\frac{3}{2}} + \dfrac{3}{4}x^{\frac{4}{3}} + \dfrac{3}{2}x^{\frac{2}{3}} + C$　⑨$\dfrac{1}{2}x^2 + 2\ln|x| - \dfrac{1}{2}x^{-2} + C$

⑩$\sin x - \cos x + C$　⑪$2x - \tan x + C$　⑫$2e^x - x + C$　⑬$\dfrac{(ae)^x}{\ln(ae)} + C$

⑭$\dfrac{1}{2}\tan x + C$　⑮$\dfrac{1}{3}x^3 - x + \arctan x + C$　⑯$-\dfrac{1}{2}\cos x - \tan x + 5\arctan x + C$

⑰$\tan x - \sec x + C$

习题 4.2

1. ① $-\dfrac{2}{3}(2-x)^{\frac{3}{2}} + C$　② $\dfrac{1}{2}\ln|2x+1| + C$　③ $-\dfrac{3}{4}(3-2x)^{\frac{2}{3}} + C$

④ $\dfrac{1}{3\ln 10}10^{3x} + C$　⑤ $-e^{-x} + C$　⑥ $\dfrac{1}{3}(x^2-3)^{\frac{3}{2}} + C$　⑦ $\dfrac{1}{2}\ln^2 x + C$

⑧ $\dfrac{1}{2}\ln(x^2+a^2) + C$　⑨ $\dfrac{2}{3}(2+e^x)^{\frac{3}{2}} + C$　⑩$e^{-\frac{1}{x}} + C$　⑪ $\arcsin\left(\dfrac{x}{a}-1\right) + C$

⑫ $\dfrac{1}{2}\sin^2 x + C$ 或 $-\dfrac{1}{4}\cos 2x + C$　⑬ $\dfrac{x}{2} - \dfrac{1}{4}\sin 2x + C$　⑭ $\dfrac{1}{3}\cos^3 x - \cos x + C$

⑮ $\dfrac{1}{2}\sin x - \dfrac{1}{10}\sin 5x + C$　⑯$\arctan e^x + C$　⑰ $\dfrac{1}{4}\sqrt{9-4x^2} + \dfrac{1}{2}\arcsin\dfrac{2x}{3} + C$

⑱$x + \dfrac{1}{3}(\sec^2 x - 4)\tan x + C$　⑲ $-2\cos(1+\sqrt{x}) + C$　⑳ $\dfrac{1}{3}\sec^3 x + C$

㉑$\ln\dfrac{\sqrt{x+1}-1}{\sqrt{x+1}+1} + C$　㉒$\ln\dfrac{\sqrt{e^x+1}-1}{\sqrt{e^x+1}+1} + C$　㉓ $\sqrt{x^2-9} + 3\arctan\dfrac{\sqrt{x^2-9}}{3} + C$

㉔ $-\dfrac{\sqrt{1+x^2}}{x} + C$　㉕ $-\dfrac{1}{2}x\sqrt{9-x^2} + \dfrac{9}{2}\arcsin\dfrac{x}{3} + C$

㉖ $\dfrac{1}{\sqrt{3}}\arctan\dfrac{2+x}{\sqrt{3}} + \ln|x^2+4x+7| + C$　㉗ $\dfrac{2}{5}(x+1)^{\frac{5}{2}} - \dfrac{2}{3}(x+1)^{\frac{3}{2}} + C$

2. ①$x\ln x - x + C$　② $\dfrac{1}{2}(x^2+1)\arctan x - \dfrac{1}{2}x + C$　③ $\dfrac{x^2}{2}\ln x - \dfrac{x^2}{4} + C$

④$x\,\mathrm{arccot}\,x + \dfrac{1}{2}\ln(1+x^2) + C$　⑤$(x^2-2)\sin x + 2x\cos x + C$

⑥ $\dfrac{1}{2}(\sec x\tan x + \ln|\sec x + \tan x|) + C$　⑦ $-xe^{-x} - e^{-x} + C$

⑧ $\dfrac{1}{13}e^{2x}(2\cos 3x + 3\sin 3x) + C$　⑨ $-2x + 2\arctan x + x\ln(1+x^2) + C$

⑩ $-\dfrac{1}{2}x[\cos(\ln x) - \sin(\ln x)] + C$　⑪$2\sqrt{x}(\ln x - 2) + C$

⑫ $-\sqrt{1-x^2}\arcsin x + x + C$

3. $\dfrac{1}{x} - \dfrac{2\ln x}{x} + C$

4. $-\sqrt{1-x^2}+C$

习题 4.3

1. ① $\dfrac{1}{2}(b^2-a^2)$ ② $e-1$

习题 4.4

1. ① $\dfrac{1-x+x^2}{1+x+x^2}$ ② x ③ $-\sqrt{1+x^2}$ ④ $2x\sqrt{1+x^4}$

⑤ $\dfrac{3x^2}{\sqrt{1+x^{12}}}-\dfrac{2x}{\sqrt{1+x^8}}$ ⑥ $\cos(\pi\cos^2 x)\cdot(-\sin x)-\cos(\pi\sin^2 x)\cdot\cos x$

2. ①1 ②1 ③ $\dfrac{1}{2}$ ④ $\dfrac{1}{3}$

3. ① $\dfrac{3}{4}(3\sqrt[3]{3}-1)$ ②2 ③ $\dfrac{7}{2}$ ④4 ⑤ $\dfrac{\pi}{3}$ ⑥ $\dfrac{\pi}{12}+1-\dfrac{\sqrt{3}}{3}$ ⑦1

⑧ $\dfrac{7\pi}{12}$ ⑨ $1-\dfrac{\pi}{4}$

4. $\dfrac{11}{6}$ 5. $\dfrac{e^2-1}{2}$ 6. $3\dfrac{1}{3}$

习题 4.5

1. ① $\dfrac{1}{2}(e-1)$ ② $\dfrac{1}{2}\ln 2$ ③ $\arctan 2-\dfrac{\pi}{4}$ ④ $\dfrac{3}{2}$ ⑤ $2\sqrt{3}-2$ ⑥ $\dfrac{1}{6}$

⑦ $\sqrt{2}-\arctan\sqrt{2}$ ⑧ $\sqrt{2}-\dfrac{2}{\sqrt{3}}$ ⑨ $\dfrac{\pi}{2}$ ⑩ $4-2\ln 3$ ⑪0 ⑫ $1-\dfrac{\sqrt{3}}{6}\pi$

⑬ $\dfrac{\pi}{12}+\dfrac{\sqrt{3}}{2}-1$ ⑭1 ⑮ $\dfrac{1}{4}(1+e^2)$ ⑯ $2-\dfrac{\pi}{2}$

习题 4.6

1. ① $\dfrac{1}{6}$ ②1 ③ $\dfrac{32}{3}$ ④ $\dfrac{32}{3}$ ⑤ $2\pi+\dfrac{4}{3}$ ⑥ $\dfrac{3}{2}-\ln 2$ ⑦ $e+\dfrac{1}{e}-2$ ⑧ $b-a$

2. $3\pi a^2$ 3. $20\dfrac{5}{6}$ 4. ①πa^2 ②$\dfrac{3}{8}\pi a^2$ 5. $\dfrac{128}{7}\pi$，$\dfrac{64}{5}\pi$ 6. $4\pi^2$，$\dfrac{4}{3}\pi$ 7. $\dfrac{P}{2}\left[\sqrt{2}+\ln(1+\sqrt{2})\right]$

8. 3.75（吨）   9. 1.65×10^6 N   10. $\dfrac{27}{7}KC^{\frac{2}{3}}a^{\frac{7}{3}}$ 11. $6.23\times10^5\,J$

习题 4.7

1. ①$\dfrac{1}{2}$ ②$\dfrac{1}{2}$ ③π ④发散   ⑤发散   ⑥1   ⑦$\dfrac{\pi}{2}$ ⑧发散   ⑨发散

2. 当 $k>1$ 时收敛；   当 $k\leqslant1$ 时发散

3. 当 $0<k<1$ 时收敛；   当 $k\geqslant1$ 时发散

4. ①40；   ②24

习题 4.8

1. ①$\displaystyle\int_0^1 dx\int_x^1 f(x,y)\,dy$ ②$\displaystyle\int_0^4 dx\int_{\frac{x}{2}}^{\sqrt{x}} f(x,y)\,dy$ ③$\displaystyle\int_{-1}^1 dx\int_0^{\sqrt{1-x^2}} f(x,y)\,dy$

④$\displaystyle\int_0^1 dy\int_{2-y}^{1+\sqrt{1-y^2}} f(x,y)\,dx$ ⑤$\displaystyle\int_0^1 dy\int_{e^y}^{e} f(x,y)\,dx$

⑥$\displaystyle\int_{-1}^0 dy\int_{-2\arcsin y}^{\pi} f(x,y)\,dx+\int_0^1 dy\int_{\arcsin y}^{\pi-\arcsin y} f(x,y)\,dx$

2. ①e^{-1} ②$\dfrac{8}{3}$ ③$\dfrac{2}{3}$ ④9   ⑤$\dfrac{6}{55}$ ⑥-2 ⑦$\dfrac{9}{4}$ ⑧1

3. ①$\pi(e^4-1)$ ②$\dfrac{\pi}{4}(2\ln2-1)$ ③$\dfrac{2}{3}\pi(b^3-a^3)$ ④$\pi\ln2$ ⑤$2\pi(\sin1-\cos1)$

⑥$\dfrac{3\pi^2}{64}$ 4. $\dfrac{8}{3}$ 5. $\dfrac{\pi}{6}(5\sqrt{5}-1)$

习题 4.9

1. $\dfrac{ab(a^2+ab+b^2)}{3(a+b)}$ 2. $\dfrac{4}{3}(2\sqrt{2}-1)$ 3. $1+\sqrt{2}$ 4. ①$-\dfrac{4a^3}{3}$ ②0

5. ①1   ②1   ③1   6. 27   7. ①$\dfrac{\pi a^4}{2}$ ②1   ③$-\dfrac{1}{44}$ 8. $\dfrac{5}{2}$ 9. ①12   ②-1

复习题 4

1. ①C ②B ③D ④D ⑤C ⑥B ⑦C ⑧C ⑨B ⑩A ⑪C,D
⑫C,D ⑬D ⑭C ⑮B

2. ①$2x + \arctan x + C$ ②$\frac{1}{3}(x^2 + 3)^{\frac{3}{2}} + C$ ③$-\frac{1}{3}\ln(3e^x - 2) + C$

④$\frac{2}{3}(x - 4)\sqrt{x + 2} + C$ ⑤$-\frac{\sqrt{x^2 + 4}}{4x} + C$ ⑥$\frac{1}{3}xe^{3x} - \frac{1}{9}e^{3x} + C$

⑦$-\frac{1}{5}e^{-x}(2\cos 2x + \sin 2x) + C$ ⑧$2\sqrt{x} - x + \frac{2}{3}x^{\frac{3}{2}} - 2\ln(1 + \sqrt{x}) + C$

⑨$4x - 5\arctan x + C$ ⑩$2\cos\sqrt{x} + 2\sqrt{x}\sin\sqrt{x} + C$

⑪$\frac{1}{6}[-x^2 + 2x^3\arctan x + \ln(1 + x^2)] + C$

3. ①$\sqrt{2} - 1$ ②$\ln\frac{e + 1}{2}$ ③$2\sqrt{2}$ ④$\frac{5}{3}$ ⑤$\frac{\pi}{3\sqrt{3}}$ ⑥$\frac{1}{5}(e^\pi - 2)$ ⑦$\frac{\pi}{4}$

⑧ 发散 ⑨ 发散 4. ①$\frac{4}{3}$ ②$\frac{16\pi}{15}$ ③$\frac{\pi}{2}$ ④$2.9579$ 5. $\frac{16}{3}R^3$

6. ①$1\frac{1}{8}$ ②$12\frac{3}{20}$ ③$\frac{2\pi}{3}a^3$.

习题 5.1

3. ①2 阶,②1 阶,③4 阶 4. $y = \ln x + 2$

习题 5.2

1. ①$y = \frac{x^3}{5} + \frac{x^2}{2} + C$; ②$y^3 + e^y = \sin x + C$; ③$y = e^{cx}$ ④$y = Cxe^{\frac{1}{x}}$; ⑤$y = C\cos x - 3$;

⑥$10^x + 10^{-y} = C$; ⑦$(1 + x)e^y = 2x + C$; ⑧$(e^x + 1)(e^y - 1) = C$; ⑨$y = x\ln\frac{C}{y}$;

⑩$\frac{y + x}{y^2 + x^2} = C$; ⑪$y = \frac{1}{4}e^{2x} + Ce^{-2x}$; ⑫$y = Ce^{\frac{3x^2}{2}} - \frac{2}{3}$;

⑬$x = (C - \ln y)y^2$; ⑭$y = x^2(C - \frac{1}{3}\cos 3x)$.

2. ①$\cos y - \sqrt{2}\cos x = 0$; ②$\ln y = \csc x - \cot x$; ③$e^y = \frac{1}{2}(1 + e^{2x})$;

④$2(x^3-y^3)+3(x^2-y^2)+5=0$；　⑤$y=\dfrac{x}{\cos x}$；　⑥$y=(1-\mathrm{e}^{\frac{1}{x}-1}+C)x^2$

3. $y=a\mathrm{e}^{-\frac{x^2}{h}}$；　4. $40\ \min$；　5. $v=\dfrac{mg}{k}(1-\mathrm{e}^{-\frac{k}{m}t})$

习题 5.3

1. ①$y=C_1\mathrm{e}^{3x}+C_2\mathrm{e}^{-3x}$；　②$y=C_1\mathrm{e}^{x}+C_2\mathrm{e}^{3x}$；　③$y=(C_1+C_2x)\mathrm{e}^{x}$；

④$y=C_1\cos\sqrt{2}x+C_2\sin\sqrt{2}x$；　⑤$y=(C_1\cos\dfrac{\sqrt{7}}{2}x+C_2\sin\dfrac{\sqrt{7}}{2}x)\mathrm{e}^{\frac{x}{2}}$

⑥$y=(C_1\cos x+C_2\sin x)\mathrm{e}^{-3x}$；　⑦$y=C_1\mathrm{e}^{-x}+C_2\mathrm{e}^{-\frac{2}{3}x}$；　⑧$y=(C_1+C_2x)\mathrm{e}^{-3x}$

2. ①$y=-2+2\mathrm{e}^{\frac{2}{3}x}$；　②$y=6\mathrm{e}^{-x}-4\mathrm{e}^{-3x}$；　③$y=2\cos 5x+\sin 5x$；　④$y=(2+x)\mathrm{e}^{-\frac{1}{2}x}$

⑤$y=3\mathrm{e}^{-\frac{1}{3}x}+x\mathrm{e}^{-\frac{1}{3}x}$；　⑥$y=(1-x)\mathrm{e}^{x}$；　⑦$y=2\mathrm{e}^{-x}-\mathrm{e}^{-2x}$

3. ①$y=\mathrm{e}^{x}+C_1\mathrm{e}^{\frac{x}{2}}+C_2\mathrm{e}^{-x}$；　②$y=C_1\mathrm{e}^{x}+C_2\mathrm{e}^{-3x}-\dfrac{2}{3}x^2-\dfrac{8}{9}x-\dfrac{28}{27}$；

③$y=\dfrac{1}{4}\mathrm{e}^{x}+2x-4+(C_1+C_2x)\mathrm{e}^{-x}$；　④$y=(C_1\cos x+C_2\sin x)+x^2-\dfrac{1}{2}x\cos x-2$；

⑤$y=C_1\mathrm{e}^{-x}+C_2\mathrm{e}^{-2x}+(\dfrac{3}{4}x-\dfrac{3}{4})\mathrm{e}^{2x}$；　⑥$y=C_1+C_2x-\sin 2x$；

⑦$y=\mathrm{e}^{\frac{x}{2}}(\dfrac{1}{4}x^2+C_1+C_2x)$；

⑧$y=(C_1\cos 2x+C_2\sin 2x)-\dfrac{1}{8}x^2\cos 2x+\dfrac{1}{16}x\sin 2x$；　⑨$y=C_1\mathrm{e}^{x}+C_2\mathrm{e}^{-x}-\dfrac{1}{2}+\dfrac{1}{10}\cos 2x$；

⑩$y=\mathrm{e}^{x}(C_1\cos 2x+C_2\sin 2x)+\dfrac{1}{3}\mathrm{e}^{x}\sin x$；　⑪$y=C_1\mathrm{e}^{-x}+C_2\mathrm{e}^{-\frac{3}{2}x}+\dfrac{1}{3}x^3-\dfrac{3}{5}x^2+\dfrac{7}{25}x$

4. ①$y=-\dfrac{7}{6}\mathrm{e}^{-2x}+\dfrac{5}{3}\mathrm{e}^{x}-x-\dfrac{1}{2}$；　②$y=-5\mathrm{e}^{x}+\dfrac{7}{2}\mathrm{e}^{2x}+\dfrac{5}{2}$；

③$y=-\cos x-\dfrac{1}{3}\sin x+\dfrac{1}{3}\sin 2x$；　④$y=2\cos x+\sin x+x^2-2+\dfrac{1}{2}x\sin x$；

⑤$y=2-\mathrm{e}^{-\frac{1}{4}x}\left(\dfrac{\sqrt{7}}{7}\cos\dfrac{\sqrt{7}}{7}x+\sin\dfrac{\sqrt{7}}{7}x\right)$；

习题 5.4

1. ①$y=\dfrac{1}{6}x^3-\sin x+C_1x+C_2$；　②$y=C_1(x-\mathrm{e}^{-x})+C_2$；　③$y=C_2\mathrm{e}^{C_1x}$

2. ①$y=2\arcsin x+1$；②$y=\sqrt{2x-x^2}$

复习题 5

1. ①D　②B　③C　④B　⑤A　⑥A

2. ①$y = \sin x + C$　②$y = \dfrac{1}{6}x^3 + C_1 x + C_2$　③$y = x$

④$y = (C_1 + C_2 x)\,\mathrm{e}^{-x}$　⑤$y = (x + 1)^2 \left(\dfrac{1}{2}x^2 + x + C \right)$

3. ①$(1 + 2y)(1 + x^2) = C$　②$y = x^2 (x^2 + C)$　③$y = x^3 + 3x + 1$

④$y = -\dfrac{1}{x}(\ln x + 1) + C$　⑤$y^3 + 3y = 3\sin x + 4$　⑥$y = C_1 \mathrm{e}^{-x} + C_2 \mathrm{e}^{3x} - x + \dfrac{1}{3}$

习题 6.1

2. ①$\dfrac{1}{2n}$;　②$(-1)^{n+1}\dfrac{n}{n+1}$;　③$\dfrac{n!}{2n+1}$;　④$\dfrac{1 \cdot 3 \cdot 5 \cdots (2n-1)}{1 \cdot 4 \cdot 7 \cdots (3n-2)}$

3. ①收敛，$-3/7$；　②发散；　③收敛，$3/2$　④发散；　⑤收敛，$1/3$；　⑥收敛，$1 - \sqrt{2}$.

4. ①发散；　②发散；　③发散；　④发散；　⑤收敛

习题 6.2

1. ①收敛　②发散　③收敛　④收敛　⑤收敛　⑥收敛　⑦收敛　⑧发散　⑨发散　⑩收敛

2. ①收敛　②收敛　③收敛　④收敛　⑤发散　⑥收敛　⑦收敛　⑧收敛　⑨收敛

3. ①收敛　②收敛　③收敛　④收敛

4. ①条件收敛　②绝对收敛　③绝对收敛　④绝对收敛

习题 6.3

1. ①$(-3, 3)$；　②$[-1, 1]$；　③$(-\mathrm{e}, \mathrm{e})$；　④$(-1, 1]$；　⑤$(-1, 1]$；　⑥$(-4, 4)$.

2. ①$\dfrac{1}{2}\ln\dfrac{1-x}{1+x}$;　②$(1 + x)\ln(1 + x) - x$;　③$\dfrac{2}{(1-x)^3}$;　④$\dfrac{1}{(1-x)^2}$;

⑤$\dfrac{1}{4}\ln\dfrac{1+x}{1-x} + \dfrac{1}{2}\arctan x - x$.

习题 6.4

1. ① $\sum\limits_{n=0}^{\infty} \frac{(-1)^n x^{2n+1}}{(2n+1)! \, 2^{2n+1}}, (-\infty, +\infty)$;　② $\sum\limits_{n=0}^{\infty} \frac{(2x)^n}{n!}, (-\infty, +\infty)$;

③ $\sum\limits_{n=0}^{\infty} (n+1)^2 x^n, (-\infty, +\infty)$;

④ $x + \sum\limits_{n=1}^{\infty} \frac{(-1)^{n+1} x^{n+1}}{n(n+1)}, [1, -1]$;　⑤ $\sum\limits_{n=0}^{\infty} \frac{(-1)^n x^{2n+1}}{(2n+1)! \, (2n+1)}, (-\infty, +\infty)$;

⑥ $\sum\limits_{n=0}^{\infty} \frac{(-1)^n x^{2n+1}}{n! \, (2n+1)2^n}, (-\infty, +\infty)$;　⑦ $1 + \sum\limits_{n=1}^{\infty} \frac{(n+1) x^{n+1}}{n!}, (-\infty, +\infty)$;

⑧ $\sum\limits_{n=0}^{\infty} (2^{n+1} - 1) x^n, (-\infty, +\infty)$.

2. ①1.648 7;　②1.098 6;　③0.156 4;　④11.180 3

3. ①0.493 9;　②0.487 2.

复习题 6

1. ①C　②B　③A　④D　⑤C　⑥A　⑦B　⑧B

2. ①收敛　②收敛　③收敛　④3　⑤$(-1, 1]$

3. $\sum\limits_{n=0}^{\infty} (-1)^n \frac{1}{n+1} x^{2(n+1)}$ $x \in [-1, 1]$　4. $f(x) = \arctan x$

5. $f(x) = \pi^2 + 1 + 12 \sum\limits_{n=1}^{\infty} \frac{(-1)^n}{n^2} \cos nx$